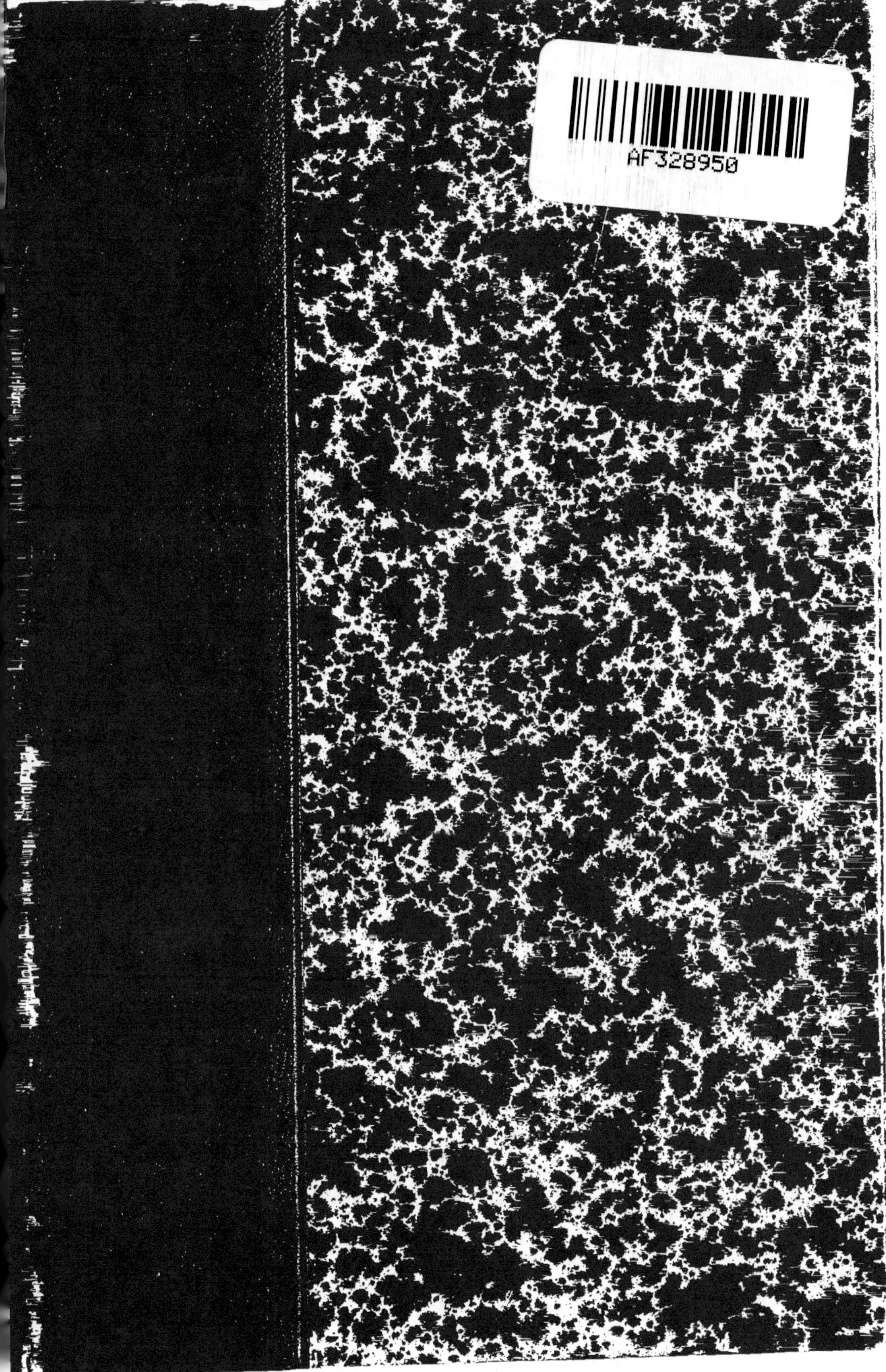
AF328950

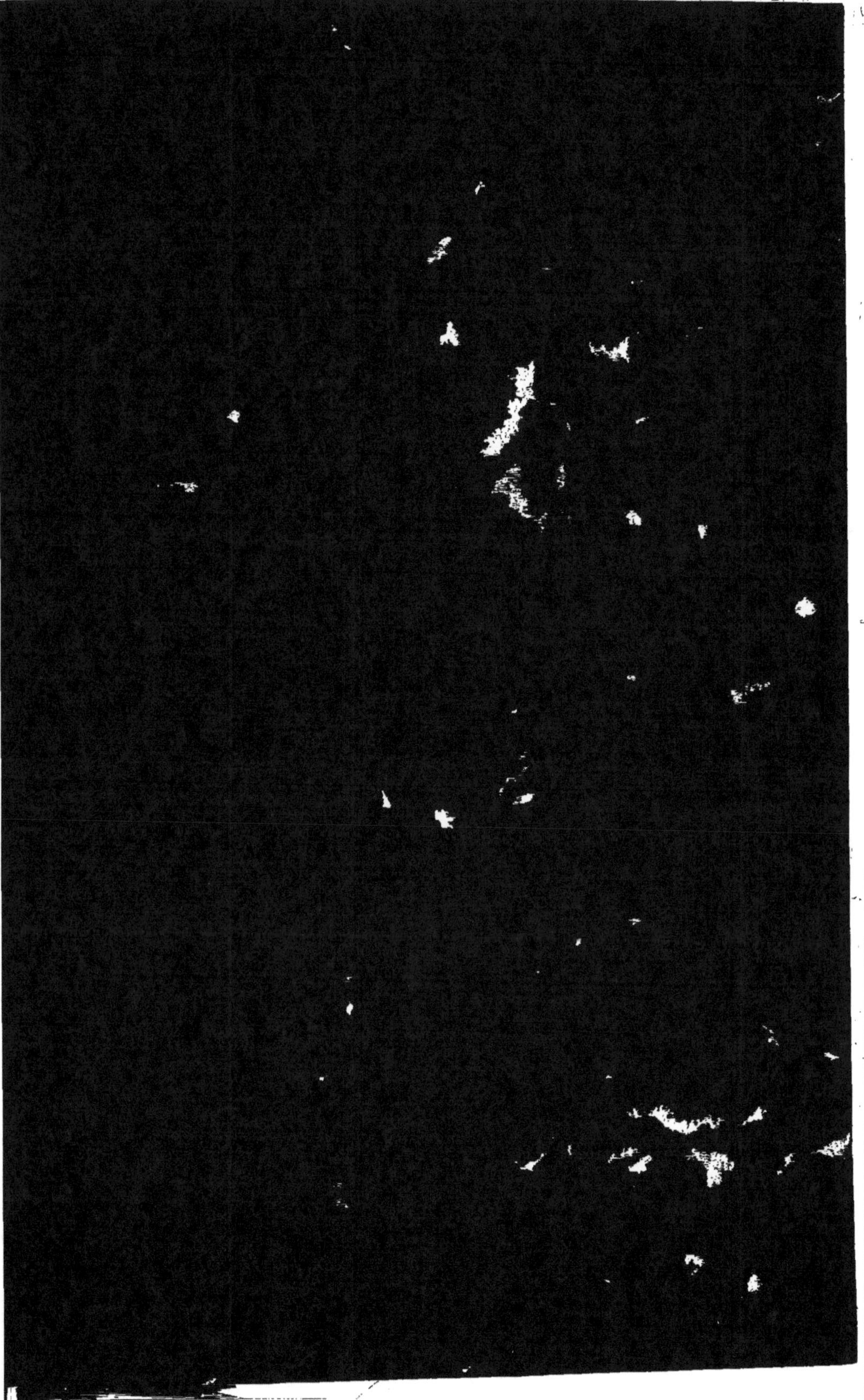

1ER CONGRÈS INTERNATIONAL

D'ENTOMOLOGIE

IER CONGRÈS INTERNATIONAL

D'ENTOMOLOGIE

—

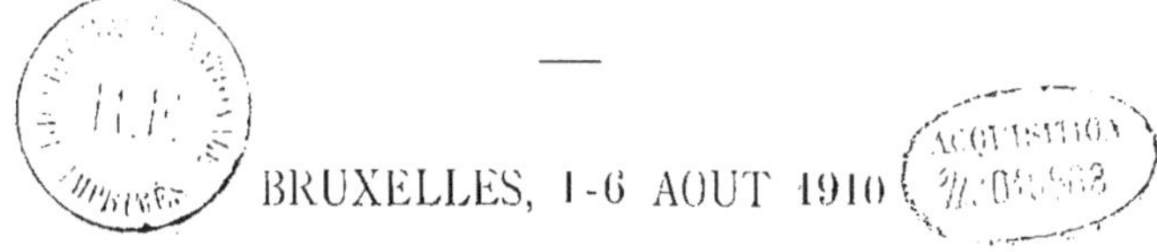

BRUXELLES, 1-6 AOUT 1910

———

VOLUME I

HISTORIQUE ET PROCÈS-VERBAUX

PAR

G. SEVERIN, Secrétaire général

assisté par

MM. **F. BALL, J. DESNEUX, L. GEDOELST, K. JORDAN, F. RIS,
M. DE SELYS LONGCHAMPS**, Secrétaires des séances des Sections.

et

MM. **W. HORN, K. JORDAN, A. LAMEERE**, Membres du Comité
de rédaction.

———

BRUXELLES

HAYEZ, IMPRIMEUR DES ACADÉMIES ROYALES
Rue de Louvain, 112

—

15 JUIN 1912

GROUPE DES CONGRESSISTES.

Pl. I.

Ier CONGRÈS INTERNATIONAL D'ENTOMOLOGIE

GROUPE DES CONGRESSISTES

1 DUPUIS, P.
2 ENGELS, Mlle
3 KERREMANS, Ch.
4 SEVERIN, Mlle
5 CLAVAREAU, H.
6 BOURGEOIS, J.
7 KOLLER, A. (Musée)
8 HORN, Mme
9 HORN, W.
10 CAUWENBERG, H. (Musée)
11 GILENS (Musée)
12 REGNIER (Musée)
13 MAGRETTI, P.
14 ROSSI, P.
15 BARNESS
16 GOUNELLE, E.
17 SCHAUS, W.
18 JORDAN, K.
19 CHAMPION, G.-G.
20 GILLANDERS, A.-J.
21 ASSMUTH, J.
22 MERRIFIELD, F.
23 MERRIFIELD, Mlle
24 ROWLAND-BROWN, Mlle
25 JOSEPH, Edw.-G.
26 ROWLAND-BROWN, H.

27 REH, L.
28 TULLGREN, A.
29 SMITS VAN BURGST
30 SMITS VAN BURGST, Mme
31 von BÜTTEL-REEPEN, H.
32 HASEBROEK, H.
33 KOLBE, Mme
34 GEDOELST, L.
35 PUNNET, R.-C.
36 BOFILL Y.-PICHOT, J. M.
37 KOLBE, H.
38 DOLLO, I. (Musée)
39 DADD, E.-M.
40 JUNK, Mme
41 RIS, F.
42 MARSHALL, G.-A.-K.
43 von SCHULTHESS, A.
44 SOLARI, F.
45 DESNEUX, J.
46 MARCHAL, P.
47 HEPBURN, Sir A. BU-CHAN
48 ROUSSEAU, E.
49 BRAEM, ?.
50 SPEISER, P.
51 DE DRYVER (Musée)
52 DE MEYERE, J.-G.-H.

53 GUILLIAUME, Dr A.
54 GOETGHEBÜR, Dr
55 BONDROIT, J.
56 KLAPÁLEK, F.
57 MATAGNE, Dr
58 SCHENKLING, S.
59 KOSMINSKI, P.
60 LAHILLE, F.
61 NAVAS, LONGINOS
62 GARCIA Y MERCET. R.
63 ARIAS ENCOBET, J.-A
64 JUNK. W.
65 D'ORCHYMONT, A.
66 CARPENTER, G.-H.
67 GAHAN, C.-J.
68 ELTRINGHAM, H.
69 SJÖSTEDT, Y.
70 SCHOUTEDEN, H.
71 POULTON, E.-B.
72 RIOTTE, C.
73 POULTON, Mme
74 GILSON, G. (Directeur du Musée)
75 DODERO, A.
76 DELECOLLE (Musée)
77 ANDRES, A.
78 ANDRES, Mme

79 SPEISER, Mme
80 TARNANI, J.-K.
81 KERTÉSZ. K.
82 BALL, F.
83 SASAKI, CHUJIRO
84 DIXEY, F.-A
85 ZAITZEW, PH.
86 BURR, MALCOLM
87 WAINWRIGHT, C. J.
88 GUILLEAUME. F.
89 HOWLETT, J.-M
90 GUILLEAUME, Mme F.
91 MAYNÉ, R.
92 EVERTS (Jonkheer), E.
93 JONES, A.-H.
94 MAC DOUGALL, R. S.
95 STRINGE, R.
96 WASMANN, P. E.
97 POULTON, Mlle
98 VETH, Mme
99 HANNON, TH. (Musée)
100 BAGNALL, R.-S.
101 INOUYE
102 OSBORN, H
103 DE DOBBELEER, F.
104 SZILADY, Z.
105 SZILADY, Mme

106 JANET, A.
107 KERTÉSZ, Mlle
108 HORVÁTH, G.
109 OLIVIER, E.
110 DONISTHORPE, H.
111 LONGSTAFF. G.-B.
112 BOUVIER, Mme
113 BOUVIER. E. L.
114 SEVERIN, G.
115 SIMON. E.
116 LAMEERE, A.
117 SKINNER. H
118 MORRIS, Sir D.
119 FERRANT, V.
120 HOLLAND, W.-J.
121 MEADE WALDO, G.-M.
122 ROTHSCHILD (Hon. N. C.)
123 HOLDHAUS, K.
124 ARROW. G.-S.
125 HANDLIRSCH, A.
126 VETH. H.-J.
127 SEITZ. A.
128 DAMPF, A.
129 ROSEN (Baron von), K.

VOLUME I

Historique du Ier Congrès international d'Entomologie. Procès=verbaux des séances et relation du séjour des congressistes à Bruxelles.

PRÉFACE

Historique de la création du Ier Congrès international d'Entomologie.

PRÉLIMINAIRES.

Les 18, 19 et 23 mars 1909 se réunissaient à Londres, à Burlington House, sur l'initiative de M. le Dr K. JORDAN, de Tring, MM. F. A. DIXEY (Oxford), H. ROWLAND-BROWN (Londres), G. C. CHAMPION (Londres), W. HORN (Berlin), A. JANET (Paris), K. JORDAN (Tring), G. SEVERIN (Bruxelles), ainsi que MM. E. B. POULTON (Oxford) et G. A. MARSHALL (Londres), afin de constituer un premier Comité provisoire qui se chargerait de faire les préparatifs nécessaires pour la réunion des entomologistes en un Congrès.

L'initiative de ce Congrès revient donc à M. le Dr K. JORDAN (Tring), et ce fut grâce à son énergie et à son insistance auprès d'un certain nombre d'entomologistes que le projet de se réunir à Londres put recevoir son exécution.

Nous avons obtenu de M. JORDAN qu'il voulût bien résumer dans une note spéciale les considérations qui l'amenèrent à croire à l'utilité d'un Congrès et rappeler les démarches préliminaires qu'il fit pour faire admettre ses vues par d'autres entomologistes :

« Meine schriftlichen und persönlichen Beziehungen zu Zoologen und Entomologen und der Besuch von Museen und anderen naturwissenschaftlichen Instituten bewiesen mir :

» 1° Dass vielfach wichtige entomologische Arbeiten, grosse Sammlungen und die Namen tüchtiger Specialisten den Nicht-Entomologen ganz unbekannt geblieben waren;

» 2° Dass hier und da unter den Entomologen eine gewisse Animosität herrscht, die der Wissenschaft nur Schaden bringt;

» 3° Dass von der gewaltigen Zahl der Entomologen bezw. Entomophilen eine ungeheuere Arbeitsmenge geleistet wird, die doch nur geringe wissenschaftliche Resultate hat;

» 4° Dass sich zu wenige wissenschaftlichen Entomologen (in Europa) mit jenen Insekten beschäftigen, die unmittelbare Bedeutung für Oekonomie und Medicin haben.

» Dem abzuhelfen, soweit das möglich ist, schienen mir ein Entomologenkongress und ein ständiges Internationales Komitee die geeignetsten Mittel zu sein. Nachdem ich mich hier und da im Gespräche vergewissert hatte, dass die Idee der Einberufung eines Kongresses Anklang finden würde, besonders auch in England, schrieb ich in 1906 zunächst an einige der Entomologen, von denen ich wusste, dass sie weite Beziehungen in entomologischen Kreisen hatten, z. B. CHR. AURIVILLIUS, K. M. HELLER, TH. BECKER, CH. und R. OBERTHÜR, und G. SEVERIN. Die Antworten waren im ganzen so sehr zustimmend, dass ich mich sofort an eine grössere Anzahl der bekanntern Entomologen wandte, um auch deren Ansichten zu hören, ehe weitere Schritte getan würden. Ich nenne nur BOUVIER, BOLIVAR, EVERTS, GESTRO, HORN, HANDLIRSCH, HORVATH, KOLBE, DE MEIJERE, RIS, SJÖSTEDT, SCHULTHESS, STANDFUSS, etc. Obwohl einige der Herren Bedenken über die praktische Durchführbarkeit des Projekts äusserten, waren jedoch alle einverstanden, dass ein Kongress der entomologischen Wissenschaft nur Nutzen bringe könne. Ehe wir jedoch die Sache in die Oeffentlichkeit dringen liessen, hielten wir es für ratsam, den Kreis der Erkundigungen noch weiter auszudehnen und besonders auch unsere Kollegen jenseits des Atlantischen Oceans heranzuziehen. Wir erhielten im ganzen nur vier ablehnende Antworten und damit schien mir das Zustandekommen eines Kongresses gesichert. Die Frage war nun, wann und wo der Kongress abgehalten werden solle.

» Da es sich um einen I. Kongress handelte, schien es uns am besten zu sein, ihn in einen der Kleinstaaten zu verlegen und nach einigem Hin- und Herschreiben wurde mit LAMEERE's und SEVE-RIN's Zustimmung Belgien gewählt. Die entomologischen Gesellschaften, welchen darauf das Projekt unterbreitet wurde, stellten sich der Sache günstig gegenüber und wir hatten somit keine Bedenken mehr, den Vorschlag in entomologischen Zeitschriften bekannt zu geben. SEVERIN erwähnte das Projekt auf dem Zoologen-kongresse in Boston in 1907. Um die Organisation des Kongresses möglichst in Einklang mit den Ansichten der Entomologen zu bringen, wurde vorgeschlagen, ein vorläufiges Internationales Komitee nach London zusammenzuberufen, das über den Kongress beraten sollte. Krankheit und andere Ursachen waren der Grund, warum das Komitee erst um Ostern 1908 zusammenkam. Es liess sich nicht einrichten, dass eine grössere Zahl Entomologen vom Kontinent an der Beratung teilnahmen. Es waren zugegen : DIXEY, CHAMPION, ROWLAND-BROWN, POULTON, MARSHALL, HORN, A. JANET, SEVERIN und JORDAN. Die Beratungen fanden Donnerstag bis Sonnabend in Burlington House statt, wo uns die Linnean Society ein Zimmer zur Verfügung gestellt hatte, und HORN, JANET, SEVERIN und JORDAN wurden beauftragt als Executiv Komitee zu fungiren.

C'est également M. JORDAN qui présenta à l'assemblée de Londres un projet relatif à l'organisation du Congrès. Après discussion, les résolutions suivantes furent prises :

I. DATE, DURÉE DU CONGRÈS ET DÉSIGNATION DE LA VILLE OÙ IL SE TIENDRA. — Il fut décidé que le Congrès aurait lieu, du 1er au 6 août 1910, à Bruxelles (du lundi au samedi), M. G. SEVERIN faisant valoir les avantages de réunir ce premier Congrès quinze jours avant le V Congrès international de Zoologie, devant avoir lieu à Graz; beaucoup de zoologistes, surtout ceux venant de l'Angleterre et des États-Unis, pourraient ainsi assister aux deux Congrès sans trop de difficultés ni de perte de temps. Il y avait en plus avantage à réunir ce Congrès à Bruxelles à cause de l'Exposition universelle qui devait avoir lieu à cette époque.

Il fut décidé, en outre, de faire la concentration le dimanche 31 juillet et de tenir une séance officieuse le soir de ce jour, afin que les congressistes pussent faire connaissance entre eux.

Il y aurait des excursions vers la fin de la semaine du Congrès, de préférence dans les Ardennes, l'Eifel et le Luxembourg, surtout pour ceux des congressistes qui voudraient ensuite se rendre au Congrès zoologique à Graz.

Les membres du Comité provisoire se réuniraient le vendredi 29 juillet à Bruxelles, afin d'arrêter le programme définitif du Congrès.

2° Adhérents. — Il fut décidé que toute personne s'intéressant à l'entomologie pourrait être membre du Congrès en versant une des cotisations suivantes :

a) *Membres à vie.* — Ils payeront une cotisation, une fois versée, de 250 francs; ils seront de ce fait membres des Congrès entomologiques futurs et ils auront droit aux publications éditées à l'occasion de ces Congrès. Cette proposition de M. G. Severin fut complétée par la condition que les versements des membres à vie seront destinés à former un fonds permanent dont les intérêts seuls pourront servir à la publication des travaux de chacun des Congrès.

b) *Membres effectifs.* — Ils payeront pour le 1er Congrès international d'Entomologie une somme de 25 francs et ils recevront en échange les comptes rendus de ce Congrès. Le chiffre de cette cotisation pourra être modifié par le Comité pour chaque Congrès.

c) *Membres associés.* — Les dames et les enfants accom-

pagnant des membres effectifs ou des membres à vie payeront une cotisation réduite à 50 % de la cotisation
ordinaire de chaque Congrès. Ces membres ne recevront
pas de publications, mais pourront profiter des avantages
offerts aux autres membres pendant la durée du Congrès,
à moins de stipulation contraire.

d) *Délégués*. — Les Gouvernements ou leurs départements s'intéressant à l'Entomologie scientifique, économique ou médicale, les académies, universités, musées,
sociétés zoologiques, entomologiques, agronomiques, médicales, horticoles, viticoles, séricicoles, forestières, etc.,
pourront être représentés par un délégué.

Ce délégué jouira de tous les avantages dévolus aux
membres du Congrès et il recevra les comptes rendus s'il
paie personnellement la cotisation.

Si l'institution qui le délègue paie cette cotisation, les
publications seront envoyées au président, au secrétaire
ou au bibliothécaire, selon les convenances, et le délégué
pourra jouir des avantages accordés aux membres, sauf stipulation contraire, mais sans avoir droit aux publications.

e) *Personnages officiels*. — Pour chacun des Congrès,
il pourra être nommé des présidents, vice-présidents et
membres d'honneur formant une sorte de Comité de
patronage. Ces personnages officiels pourront recevoir les
comptes rendus sans verser de cotisation.

Pour chaque Congrès, il y aura élection d'un président.
Celui-ci nommera un secrétaire général qui devra résider
dans le pays où se tiendra le Congrès et qui pourra,
d'accord avec le président, s'adjoindre un trésorier et des
secrétaires adjoints pour l'aider dans sa tâche.

Le Comité nomma pour le Iᵉʳ Congrès d'Entomologie :

Président : M. le Profʳ A. LAMEERE, président de la
Société entomologique de Belgique ;

Secrétaire général : M. G. SEVERIN, conservateur au Musée royal d'Histoire naturelle de Belgique.

Les pouvoirs du président et du secrétaire général d'un Congrès ne cesseront que lorsque toutes les publications afférentes à ce Congrès auront paru et que tous les comptes (recettes et dépenses) du Congrès auront été apurés par le Comité exécutif.

f. *Membres honoraires.* — Pour reconnaître les services rendus à notre science par un certain nombre d'entomologistes éminents, le Comité décida de proposer, à l'assemblée d'ouverture du 1ᵉʳ Congrès d'Entomologie, de nommer neuf membres honoraires, qui seraient considérés comme membres à vie des Congrès entomologiques, avec tous les avantages et droits attachés à ce titre.

Ils pourraient toutefois payer une cotisation s'ils désiraient le faire.

3° CIRCULAIRE. — Le Comité décida de lancer le plus tôt possible (mai 1909) une première circulaire contenant le programme provisoire et au commencement de l'année 1910 une seconde circulaire avec invitation à adhérer au Congrès.

Première circulaire.

Iᵉʳ Congrès international d'Entomologie

BRUXELLES, 1-6 AOUT 1910

Le VIIIᵉ Congrès international de Zoologie se tiendra l'an prochain à Graz (Autriche). Les Congrès de Zoologie ont été d'une grande utilité aux naturalistes, non seulement par les matériaux scientifiques présentés à l'occasion des discussions, mais aussi, et peut-être plus encore, par les occasions qu'ils ont données aux zoologistes de prendre personnellement contact entre eux. Il est naturel que dans les Congrès consacrés à la zoologie en général, l'entomologie ne joue qu'un rôle assez secondaire. Le nombre d'entomologistes présents à ces Congrès et le temps qu'il est possible, pendant leur durée, de consacrer à cette branche de la zoologie sont toujours insignifiants en comparaison du grand nombre de personnes s'intéressant à l'entomologie et du vaste développement pris aujourd'hui par cette science. L'importance scientifique de l'entomologie, surtout aux points de vue économique et hygiénique, grandit de jour en jour. Il semble donc opportun de réunir les entomologistes en un congrès exclusivement consacré à l'entomologie sous ses divers points de vue et d'établir un Comité permanent qui puisse agir comme une organisation centrale dans l'intérêt de cette science.

Notre principal désir est d'amener les entomologistes en contact plus étroit, d'une part, avec la zoologie générale et, d'autre part, avec les applications pratiques de leurs propres études. C'est dans ce but que nous proposons de tenir un Congrès entomologique tous les trois ans, environ quinze jours avant chaque Congrès zoologique triennal, de sorte que les résolutions et conclusions d'intérêt général puissent, si on le juge nécessaire, être présentées à la discussion au Congrès zoologique suivant.

Le premier Congrès international d'Entomologie sera tenu du 1er au 6 août 1910, à Bruxelles, pendant l'Exposition internationale qui y aura lieu à cette époque. Le programme définitif sera publié au cours de l'hiver 1909-1910, mais il a semblé désirable, d'ici là, de porter tout de suite à la connaissance du public entomologique les détails suivants de l'organisation projetée du Congrès.

Les sujets que les entomologistes sont invités à présenter aux séances générales et aux réunions de sections comprendront : la systématique, la nomenclature, l'anatomie, la physiologie, la psychologie, l'ontogénie, la phylogénie, l'œcologie, le mimétisme, l'étiologie, la bionomie, la paléontologie, la zoogéographie, la muséologie, l'entomologie médicale et économique.

Des comités spéciaux constitués à Bruxelles s'efforceront de rendre le séjour le plus agréable possible aux congressistes.

Le Congrès comprendra :

1° Des membres à vie payant une somme, une fois versée, d'au moins 250 francs, tenant lieu de tout paiement ultérieur pour les futurs Congrès entomologiques. Ils recevront gratuitement toutes les publications relatives à ces Congrès. Les sommes ainsi réunies constitueront un fonds dont les intérêts seuls seront à la disposition du Comité permanent international élu par le Congrès;

2" Des membres ordinaires payant une cotisation de 25 francs pour chaque Congrès auquel ils prendront part, et moyennant laquelle ils recevront toutes les publications de ce Congrès. Les dames et enfants accompagnant des congressistes jouiront, moyennant paiement de fr. 12.50, de tous les privilèges des membres du Congrès, mais ne recevront pas les publications.

Dans le but d'aider le Comité exécutif international dans le travail préliminaire très étendu qui lui incombe, un certain nombre de Comités locaux ont été établis dans divers pays. Ces Comités, dont nous donnons ci-après une liste préliminaire, fourniront tous les renseignements supplémentaires que les entomologistes pourront désirer.

Pour le Comité permanent :

E.-L. Bouvier; H. Rowland-Brown; G. C. Champion; F. A. Dixey; L. Gangblauer; W. Horn; A. Janet; K. Jordan; A. Lameere; G. B. Longstaff; E. B. Poulton; G. Severin.

Le Comité exécutif :

W. Horn; A. Janet; K. Jordan; G. Severin.

4" COMITÉ PERMANENT. — Il fut décidé que le Ier Congrès nommerait, en sa séance de clôture, un Comité permanent composé d'un grand nombre d'entomologistes de tous les pays pouvant par leur situation et leurs relations contribuer au succès des Congrès entomologiques futurs, en recherchant à cet effet des appuis matériels et moraux.

Les promoteurs, réunis à Londres, choisirent un certain nombre d'entomologistes qui constituèrent un Comité provisoire.

Invité à dresser des listes d'entomologistes à proposer au Ier Congrès pour faire partie du Comité permanent, ce Comité provisoire fut chargé également d'étudier les moyens de créer un mouvement de sympathie dans les divers pays qu'ils représentent, afin de faire pénétrer partout l'idée de la réunion de Congrès entomologiques.

Ce Comité provisoire fut composé de :

MM. E. B. POULTON (Oxford), président ;
E.-L. BOUVIER (Paris), vice-président ;
K. JORDAN (Tring), secrétaire ;
G. C. CHAMPION (Londres) ;
H. ROWLAND-BROWN (Londres) ;
L. GANGLBAUER (Vienne) ;
A. F. DIXEY (Oxford) ;
W. HORN (Berlin) ;
A. JANET (Paris) ;
A. LAMEERE (Bruxelles) ;
G. B. LONGSTAFF (1) (Londres) ;
G. SEVERIN (Bruxelles).

Afin d'aider les membres du Comité provisoire et de multiplier leur action, il fut décidé de créer des Comités locaux. A cet effet, le Comité dressa une liste des personnes qu'il crut le mieux à même de présider et de compléter éventuellement ces Comités locaux.

Liste provisoire des Comités locaux.
(Les noms des présidents sont seuls indiqués.)

AFRIQUE DU SUD : *L. Péringuey*, South African Museum, Cape-Town.

ALLEMAGNE : *S. Schenkling*, Thomasius-Strasse, 21, Berlin.

AMÉRIQUE DU SUD : *H. v. Jhering*, Sao-Paulo, Brésil.

AUSTRALIE : *W. Froggatt*, Sydney, Nouvelles-Galles du Sud.

---

(1) M. G. B. LONGSTAFF, obligé de partir pour un long voyage, fut remplacé par M. MALCOLM BURR (Douvres).

Autriche : *A. Handlirsch*, K. K. Hofmuseum, Vienne.

Belgique : *H. Schouteden*, 31, rue Vautier, Bruxelles.

Canada : *C. J. S. Bethune*, Guelph.

Danemark : *A. Klöcker*, Copenhague-Valby.

Espagne et Portugal : *I. Bolivar*, Calle de Alfonso XII, Madrid.

États des Balkans : *P. Bachmetjew*, Sophia, Bulgarie.

États-Unis d'Amérique : *H. Skinner*, Logan Square, Philadelphie.

France : *A. Grouvelle*, 126, rue de la Boëtie, Paris VIIIe.

Grande-Bretagne : *G. B. Longstaff*, Highlands, Putney Heath, Londres S. W. (Remplacé par *M. Malcolm Burr*, Douvres.)

Hollande : *J. C. H. de Meijere*, K. Zool. Genootschap Nat. Art. Mag., Amsterdam.

Hongrie : *G. Horvath*, Mus. Nat. Hongr., Budapest.

Italie : *A. Berlese*, Via Romana, 19, Florence.

Japon : *S. Matsumura*, Sapporo.

Norvège : *W. M. Schöyen*, Josefinegt, 43, Christiania.

Russie : *N. J. Kusnezov*, Universität, log. 21, St-Pétersbourg.

Suède : *Y. Sjöstedt*, K. Riksmuseum, Stockholm.

Suisse : *von Schulthess*, Thalacker, 22, Zürich.

Ces Comités reçurent les instructions suivantes :

I. Chaque Comité local comprend un président et des membres que le président choisit lui-même.

II. Si le Comité local ne peut suffire pour un pays de très grande étendue, il peut créer des sous-comités.

III. La tâche des Comités et sous-comités locaux consiste à faire connaître la création d'un organisme central employant tous les moyens possibles, dont les congrès en premier lieu, pour concentrer les efforts de tous ceux qui s'occupent d'entomologie, et à faire comprendre aux entomologistes, d'une manière quelconque, l'utilité qu'il y a pour eux de se grouper. A ces fins, les Comités doivent s'adresser non seulement aux entomologistes descripteurs ou collectionneurs, mais également à tous ceux qui, à n'importe quel point de vue, s'intéressent aux Insectes. Les Comités doivent chercher surtout à réunir le plus grand nombre d'adhérents aux congrès, ceux-ci étant destinés à contribuer puissamment au but poursuivi par cet organisme central.

IV. Les Comités locaux doivent dresser des listes de toutes les personnes qui s'occupent d'entomologie, avec nom, prénoms et adresse exacts, afin de leur faire parvenir les circulaires et communiqués du Comité provisoire.

Ces listes doivent comprendre en outre les noms et adresses de tous les :

a) Sociétés et musées entomologiques, zoologiques, médicaux et en général consacrés à l'histoire naturelle ;

b) Universités, écoles, institutions d'enseignement supérieur, écoles de médecine tropicale, etc., pour autant que les études zoologiques ou médicales y soient représentées;

c) Instituts agricoles, horticoles, sylvicoles, etc., et en général tous ceux qui s'intéressent à l'étude de l'entomologie économique ;

d) Établissements commerciaux ou personnes retirant un intérêt pécuniaire de l'entomologie : tels les apiculteurs, les éleveurs de vers à soie, etc. ;

e) Départements gouvernementaux ayant des rapports avec l'entomologie économique, tels que hygiène, agriculture, sylviculture (en y joignant le nom du ministre ou chef principal), ou avec l'entomologie artistique, tels que décoration, etc., et institutions scientifiques, telles que les instituts pour la psychologie, la variation, l'expérimentation, les recherches biologiques en général, l'anatomie, l'histologie, etc.

V. Toutes les correspondances, listes d'adresses, renseignements quelconques doivent être concentrés entre les mains du président du Comité local (1).

5° Afin de mieux répartir le travail, l'on choisit dans le Comité provisoire un Comité exécutif, composé de MM. HORN, JANET, JORDAN et SEVERIN, chargé :

a) De centraliser toutes les communications des Comités locaux.

A cet effet, M. HORN eut mission de se mettre en rapport avec les Comités locaux des pays suivants : Allemagne, Autriche-Hongrie, Suisse, Italie, Russie, Danemark, Suède, Norvège et les pays balkaniques ;

M. JANET, France et ses colonies, Espagne et Portugal ;

M. JORDAN, Angleterre et ses colonies, Amérique du Sud ;

M. SEVERIN, Belgique, Hollande, États-Unis et Amérique centrale.

b) De transmettre directement au secrétaire général tous les renseignements ainsi obtenus et de l'assister dans la préparation du Ier Congrès international d'Entomologie.

6° Le secrétaire général fut autorisé à faire confectionner, suivant les besoins de son travail, du papier à lettres, enveloppes, etc., portant la mention : « Congrès internatio-

---

(1) La formation de ces Comités locaux resta lettre morte pour la plupart des pays, les présidents, du moins un certain nombre d'entre eux, ayant préféré se charger seuls de tout le travail.

nal d'Entomologie, Bruxelles, 1ᵉʳ au 6 août 1910. Secrétaire général : G. SEVERIN, 31, rue Vautier, Bruxelles ».

7° Toutes les recettes et les dépenses furent concentrées entre les mains du trésorier du Comité provisoire, M. A. H. JONES, 10, Chandos street, Londres W.

8° L'organisation des excursions, fêtes, logements, etc., fut confiée à des Comités locaux à former, à Bruxelles, par les soins du Comité local belge aidé de la Société entomologique de Belgique. (Il fut recommandé d'éviter les dépenses somptuaires ou trop luxueuses à charge du Congrès ou des adhérents.)

9° ORGANISATION DU CONGRÈS.

a) Les séances se tiendront, de préférence, dans un local situé à ou à proximité de l'Exposition, sinon au Musée d'Histoire naturelle ou à l'Université.

b) Les séances auront lieu de la manière suivante :

Lundi matin : Réception officielle. Élection des membres des bureaux.

Lundi après-midi : Sections.

Mardi matin : Séance générale.

Mardi après-midi : Sections.

Mercredi matin : Séance générale.

Mercredi après-midi : Sections.

Jeudi matin : Séance générale.

Jeudi après-midi : Excursions.

Vendredi matin : Séance de clôture. Élection du Comité permanent international. Élection du président et choix de la ville où aura lieu le IIe Congrès d'Entomologie.

Samedi : Excursions.

A chacune des trois séances générales il sera donné une conférence importante, et l'on proposa d'inviter MM. LAMEERE, DIXEY, HEYMONS ou HANDLIRSCH à cet effet. Une seconde conférence plus courte suivra (MM. FOREL, WASSMANN, etc.).

Les présidents des séances générales seront :
Lundi, mercredi et vendredi : M. LAMEERE, président de la Société entomologique de Belgique (Bruxelles);
Mardi : M. BOUVIER, professeur au Museum de Paris ;
Jeudi : M. POULTON, professeur à l'Université d'Oxford.

c) Les causeries ou la lecture des notes présentées, à l'exception de celles mentionnées en b, devront être courtes. Un sommaire en sera envoyé préalablement au secrétaire général du Comité provisoire, avec l'indication approximative du temps qu'exigera la communication.
La discussion est admise, sauf après les conférences aux séances générales. Tout membre qui désire voir imprimer les remarques qu'il a émises, sera invité à en remettre le résumé par écrit. Ce résumé devra porter en premier lieu le nom de l'orateur et le titre du travail auquel s'appliquent ses observations. Il doit être remis entre les mains du secrétaire de la Section avant la fin de la séance.
Aucun travail ne comprenant que des descriptions d'espèces nouvelles ne sera admis.

Aucune note complémentaire à fournir plus tard ne sera recevable.

d) Les comptes rendus pourront comprendre des figures dans le texte ou des planches noires d'une confection courante et peu coûteuse.

Les planches à gravure fine ou les planches coloriées sont exclues, à moins que l'auteur ne désire en supporter les frais de publication.

Le nombre des tirés à part auquel a droit chaque auteur s'élève à trente. Il lui est toutefois loisible d'en commander davantage à ses frais.

e) Un programme détaillé sera publié avant le commencement du Congrès, donnant la liste des travaux présentés chaque jour dans les différentes séances, générale et de sections. Cette liste donnera autant que possible les résumés de ces travaux. Toutes les autres communications utiles seront publiées par les soins du secrétaire général, au fur et à mesure de la marche du Congrès.

f) Sont provisoirement formées les sections suivantes : Systématique, Nomenclature, Anatomie, Physiologie, Ontogénie, Sociologie, Œcologie, Mimétisme, Éthologie, Bionomie, Zoogéographie, Phylogénie, Entomologie médicale, Entomologie économique, Muséologie.

La formation définitive des sections se fera plus tard, suivant les nécessités et le nombre d'adhérents annoncés.

10° Il sera nommé ultérieurement, par le Comité exécutif, un Comité de rédaction comprenant : un Allemand, un Anglais, un Français ou Belge (1), pour aider le

---

(1) Le Comité nomma MM. A. Lameere (Bruxelles), K. Jordan (Tring) et W. Horn (Berlin).

secrétaire général de chaque Congrès dans la rédaction, l'impression et la correction du compte rendu.

11° Il sera nommé, par le Comité exécutif, un Comité de vérification qui, après chaque Congrès, examinera tous les comptes, donnera décharge au secrétaire général et au trésorier, et publiera le bilan dans les comptes rendus du Congrès suivant.

12° L'assemblée enfin décide de remettre toutes les questions non prévues à l'examen du Comité exécutif qu'il charge de la formation du Ier Congrès d'Entomologie à Bruxelles.

Les délégués se séparèrent le 23 mars 1909, tous fermement décidés à s'entr'aider pour la réussite de l'œuvre qu'ils venaient de créer.

ORGANISATION DU CONGRÈS.

La première et principale besogne pour le secrétaire
général fut d'imprimer et de distribuer la première circulaire, dont l'envoi avait été décidé par le Comité provisoire. (Voir p. 10.)

Le tirage fut de 15,000 exemplaires en anglais,
15,000 exemplaires en allemand et 15,000 exemplaires en
français, et l'expédition se fit en partie par l'entremise des
présidents des Comités locaux et en partie directement,
d'après des listes dressées par différents délégués étrangers, par des secrétaires de sociétés savantes qui avaient
été sollicités et, enfin, par des personnes dévouées.

Cette circulaire était indispensable pour faire connaître
que les entomologistes de tous les pays avaient le désir de
se réunir de temps en temps pour discuter leurs intérêts.
Elle fut reproduite par un grand nombre de publications
scientifiques et intercalée dans les fascicules de presque
tous les Mémoires ou Annales des Sociétés entomologiques, zoologiques, agronomiques et médicales de la
plupart des pays de l'Europe et de l'Amérique.

Une seconde circulaire, contenant des bulletins d'adhésion pour l'inscription de membre à vie, de membre
effectif et de membre associé, ainsi que des bulletins pour
retenir des chambres et des lits pendant le séjour à
Bruxelles ou pour prendre part aux excursions à faire
dans le pays, renfermait également un bulletin où les

congressistes devaient donner un aperçu sommaire des communications qu'ils comptaient faire pendant les séances du Congrès.

Cette circulaire, que nous reproduisons ici, fut imprimée en juin 1910 et tirée à 5,000 exemplaires en allemand, 3 000 exemplaires en français et 3,000 exemplaires en anglais.

Ier Congrès international d'Entomologie

BRUXELLES, 1-6 AOUT 1910

Par une circulaire antérieure, nous avons attiré votre attention sur le Ier Congrès international d'Entomologie, qui se tiendra à Bruxelles, du 1er au 6 août prochain. Nous avons actuellement le plaisir de vous en soumettre le programme préliminaire et nous nous permettons de vous inviter à nous envoyer votre adhésion. Divers Gouvernements et nombre d'institutions et sociétés scientifiques nous ont déjà annoncé l'envoi de délégués; nous avons donc le ferme espoir de voir la réunion projetée répondre dignement à l'importance de notre science.

Nous estimons que l'existence de relations amicales entre les entomologistes de divers pays est de la plus haute importance pour le progrès de leurs études; aussi avons-nous cherché à ce que le Congrès contribue à favoriser ces relations et, pour nous y aider, nous avons la bonne fortune de pouvoir nous appuyer sur un Comité d'hommes influents représentant la Belgique.

COMITÉ D'HONNEUR.

Président : M. F. SCHOLLAERT, chef du Cabinet, Ministre de l'Intérieur et de l'Agriculture.

Membres : MM. le baron ED. DESCAMPS, Ministre des Sciences et des Arts; J. RENKIN, Ministre des Colonies; ÉM. BECO, Gouverneur de la province de Brabant; ADOLPHE MAX, Bourgmestre de la ville de Bruxelles; le baron LÉON JANSSEN, président du Comité exécutif de l'Exposition.

Aux nombreuses attractions qu'offre Bruxelles, spécialement au point de vue de l'architecture et des arts, s'ajoute cette année l'attrait de l'Exposition universelle et internationale qui a lieu en cette ville, ce qui ne peut que vous engager davantage à prendre part au Congrès. Par une généreuse décision du Comité directeur, les membres du Congrès d'Entomologie auront libre accès à l'Exposition, du 1ᵉʳ au 6 août.

Pour le Comité provisoire international :

G. SEVERIN,
Secrétaire général du Congrès.

A. LAMEERE,
Président du Congrès.

RÈGLEMENT.

1. Quiconque s'intéresse à l'entomologie, sous l'un ou l'autre de ses aspects, tant appliqué que purement scientifique, peut adhérer au Congrès.

2. Le Congrès comprend :

a) Des membres honoraires ;

b) Des membres à vie. payant une cotisation unique d'au moins 250 francs. Ces cotisations formeront un fonds permanent dont les intérêts seuls seront mis à la disposition du Comité international ;

c) Des membres effectifs, payant une cotisation de 25 francs ;

d) Des membres associés, dames ou enfants accompagnant des membres effectifs, payant une cotisation de fr. 12.50. Ces membres jouiront de tous les privilèges des autres membres, mais ne recevront pas les publications.

3. Le payement des cotisations doit être fait, aussitôt que possible, par chèque ou mandat adressé à M. A. H. JONES (11, Chandos street, London W.).

4. Les discours et communications seront répartis entre cinq assemblées générales et les dix sections suivantes : 1° Systématique; 2° Nomenclature et Bibliographie; 3° Muséologie et Histoire de l'Entomologie; 4° Zoogéographie; 5° Bionomie, Œcologie, Cécidiologie et Mimétisme; 6° Physiologie et Psychologie; 7° Entomologie économique; 8° Entomologie pathologique; 9° Anatomie et Ontogénie; 10° Phylogénie, Paléontologie et Évolution.

Les communications d'intérêt général seront, autant que possible, réservées pour les assemblées générales.

5. Les membres qui ont l'intention de faire une communication ou (s'ils sont empêchés d'assister au Congrès) d'envoyer un manuscrit qu'un autre membre lira en leur nom sont priés de remplir le bulletin B ci-joint et de le renvoyer, avant la mi-juillet, à M. G. SEVERIN, rue Vautier, 31, à Bruxelles.

6. Tous les manuscrits, avec les figures les accompagnant, doivent être remis au Comité avant le 1ᵉʳ novembre 1910. Il ne sera pas accepté de planches coloriées, à moins que l'auteur n'en assume la charge. Les manuscrits ne peuvent être écrits qu'en allemand, anglais, espagnol, français, italien, latin, néerlandais ou portugais. Les auteurs recevront trente tirés à part de leurs travaux.

7. Les membres qui prennent part aux discussions et qui désirent voir acter leurs observations dans les comptes rendus du Congrès sont priés d'en remettre un résumé avant la fin de la réunion.

8. Les demandes relatives au logement, etc., doivent être adressées à M. G. SEVERIN, qui est en relation avec le Comité de logement.

PROGRAMME PRÉLIMINAIRE

Les assemblées se tiendront dans le *Palais des Fêtes* réservé à cet usage par le Comité de l'Exposition. Dans la soirée auront lieu des réunions amicales et des réceptions officielles.

Dimanche 31 juillet :

20 heures. — Réception par la Société entomologique de Belgique.

Lundi 1ᵉʳ août :

9 heures. — Réunion au *Palais des Fêtes* pour la remise du programme définitif, des insignes, etc.

10 h. 30 m. — Première assemblée générale. Discours d'ouverture par le Président. Adresse de bienvenue par le représentant du Gouvernement. Désignation des membres du Bureau et constitution des sections.

14 à 16 heures. — Séances des sections.

16 h. 30 m. — Visite de la ville, sous la conduite des membres de la Société entomologique belge.

Mardi 2 août :

9 heures. — Deuxième assemblée générale.

14 à 16 heures. — Séances des sections.

16 h. 30 m. — Visite de l'Exposition.

Mercredi 3 août :

9 heures. — Troisième assemblée générale.

L'après-midi, visite du Musée du Congo belge. Excursion à Tervueren, la forêt de Soignes, Waterloo, etc.

Jeudi 4 août :

9 heures. — Quatrième assemblée générale.

14 à 16 heures. — Séances des sections.

16 h. 30 m. — Visite du Musée royal d'Histoire naturelle.

Vendredi 5 août :

9 heures. — Cinquième assemblée générale. Désignation d'un Comité international permanent. Choix de la ville où se tiendra le IIᵉ Congrès.

Section de Nomenclature et de Bibliographie.

14 à 16 heures. — Séances des sections.

19 heures. — Banquet.

Samedi 6 août :

Excursion dans les Ardennes, à Spa, Bruges, Malines, Anvers, etc. (N.-B. Le programme définitif des réceptions et fêtes du soir sera communiqué aux adhérents ultérieurement.)

Parmi les communications d'un intérêt plus général qui nous ont déjà été annoncées, nous citerons :

W. BATESON.	Sur le Mendelisme.
R. BLANCHARD.	Sur l'Entomologie médicale.
O. CRUZ.	Prophylaxie de la fièvre jaune à Rio-de-Janeiro.
F. A. DIXEY.	Sur le Mimétisme.
A. FOREL.	Distribution et Phylogénie des Fourmis.
J.-B. GRASSI.	Transmission des maladies par les Insectes.
A. HANDLIRSCH.	Sur les Insectes fossiles.
R. HEYMONS.	Sur l'Ontogénie des Insectes.
W.-J. HOLLAND.	La conservation des types.
J. KÜNCKEL.	Les Sauterelles.
E. WASMANN.	Sur les Fourmis.

Peu de jours après l'envoi des circulaires, les bulletins d'adhésion commencèrent à affluer, ainsi que de nombreuses lettres d'approbation et de félicitations pour le Congrès, mais exprimant des regrets de ne pouvoir assister à cette première manifestation. D'autres réclamaient des renseignements sur les moyens de s'installer à Bruxelles, pendant l'Exposition, pour un séjour plus ou moins long, ou sur la possibilité de faire des excursions diverses en Belgique; d'autres désiraient venir étudier les collections des Musées de Bruxelles et de Tervueren, etc. Enfin, une correspondance très active, comprenant un ensemble de plus de 1,500 lettres, fut échangée jusqu'au moment même de l'ouverture du Congrès.

MM. Horn et Jordan, membres du Comité exécutif (M. A. Janet, empêché, n'a pu assister à ces réunions préparatoires), étaient arrivés à Bruxelles, selon une décision prise par le Comité provisoire, afin d'examiner, avec le secrétaire général, les dernières dispositions à prendre. D'accord avec le président du Congrès, M. le Prof^r Lameere, président de la Société entomologique de Belgique, de nombreuses séances furent consacrées à l'organisation des réceptions, excursions et du programme des travaux journaliers.

Les dispositions suivantes des séances furent adoptées :

PROGRAMME GÉNÉRAL.

Lundi 1er août :

9 heures. — Inscription et remise des documents officiels aux congressistes (Salle du secrétariat).

10 h. 30 m. — Ouverture du Congrès (Salle D).

2 heures. — Séances des sections :

a) Economie et Pathologie (Salle D);

b) Systématique (Salle A);

c) Nomenclature et Bibliographie (Salle B).

Mardi 2 août :

9 heures. — Séance générale (Salle D).

2 heures. — Séances des sections :

a) Bionomie, Physiologie et Psychologie (Salle C);

b) Pathologie et Économie (Salle D);

c) Nomenclature (Salle B).

Mercredi 3 août :

9 heures. — Séance générale (Salle D).
10 heures. — Section d'Évolution et de Mimicrie (Salle D).
Après-midi. — Excursions.

Jeudi 4 août :

9 heures. — Séance générale (Salle D).
2 heures. — Séances des sections :
a) Bionomie, Physiologie et Psychologie (Salle C) ;
b) Systématique (Salle A).

Vendredi 5 août :

9 heures. — Séance générale (Salle D).
Élections et Nomenclature (Salle D).
2 heures. — Séances des sections :
a) Muséologie et histoire de l'Entomologie (Salle B);
b) Zoogéographie (Salle A).

RÈGLEMENT

Les membres qui prennent part aux discussions et qui désirent voir acter leurs observations dans les comptes rendus du Congrès sont priés d'en remettre un résumé avant la fin de la réunion.

N. B. — Les orateurs sont instamment priés de parler lentement et clairement.

ORDRE DU JOUR DES SÉANCES

LUNDI 1er AOUT

10 ½ h., SÉANCE GÉNÉRALE (Salle D).

a. M. A. LAMEERE, président du Congrès : Discours d'ouverture.

b. M. G. SEVERIN, secrétaire général : Rapport.

c. Constitution des sections et désignation des membres du Bureau ;

d. Conférence par M. J. KÜNCKEL D'HERCULAIS : Les invasions des Sauterelles : ravages, destruction par les causes naturelles, destruction par l'homme. (Projections lumineuses.)

e. Réunion des présidents de sections (Salle du secrétariat).

2 heures, SÉANCES DES SECTIONS

I. — *Section d'Entomologie économique et pathologique* (Salle D).

a. M. F. V. THEOBALD : Artificial distribution of Insect pests ;

b. M. A. ANDRES : Notes sur les Papillons ravageurs des cotonniers et sur les méthodes de destruction ;

c. M. R. MAC DOUGALL : *Galerucella lineola* (Coléoptère), its life-history and habits with notes on preventive and remedial researches. (Projections lumineuses.)

RÉSUMÉ. — Description of the Beetle in its various stages of development. The life-history is detailed over the months of the year. The great damage done to the Osier (*Salix*) is described and measures of prevention and remedy are given.

d. Sir D. MORRIS : The desinfection of imported seeds of plants and the use of insecticides.

RÉSUMÉ. — Summary of laws in force in the British West Indies to control the introduction of Insect pests with a general account of the several insecticides in use and the supplementary precautions of quarantine and inspection after admission of seeds and plants.

II. — *Section de Systématique* (Salle A).

a. M. H. KOLBE : Die vergleichende Morphologie und Systematik der Coleopteren.

RÉSUMÉ. — Die vergleichende Morphologie der Bionten steht jetzt auf der Basis der Descendenztheorie. Das natürliche System ist das Resultat aus der vergleichende Morphologie unter Berücksichtigung der descendenztheoretischen Beziehungen.

b. M. K. KERTÉSZ : Ueber die generische Hinzugehörigkeit der bis jetzt beschriebenen *Pachygaster*-Arten (Dipteren).

RÉSUMÉ. — Die Gattungen *Neopachygaster* AUST. und *Zabrachia* COQ. sind berechtigt. Für *Pachygaster tarsalis* ZETT. wird eine neue Gattung, *Eupachygaster*, errichtet.

c. M. L. NAVAS : Algunos órganos de las alas de Insectos.

d. M. P. SPEISER : Der Begriff der Gattungen in der Systematik.

RÉSUMÉ. — Schaffung des Gattungsbegriffes war eine der grössten Taten LINNÉ's. Frühere Genera oft willkürlich aufgestellt. Notwendigkeit einer Nachprüfung hinsichtlich ihrer phylogenetischen Beziehungen. Auch heute noch sind viele Gattungen künstlich (nicht natürlich).

III. - *Section de Nomenclature et de Bibliographie* (Salle B).

a. M. A. JANET : Un vœu sur le mode d'inscription des espèces dans les Index (Ordre alphabétique des espèces et non pas des genres).

b. M. H. H. LYMAN : The importance of the uniform use of technical terms, referring to type, cotype, etc., and on the right of authors to change the names given by other authors (*Blakei* to *Blacei*; *Walkeri* to *Valkeri*, etc.).

c. M. W. HORN : Mitteilung der von A. de SEMENOW-TJAN SHANSKY dem Kongress eingesandten Arbeit : « Die taxonomischen Grenzen der Art und ihrer Unterabteilungen » (*Mém. Acad. Sc. St-Pétersb.*, VIIIᵉ sér., v. *25*, N. *1*).

MARDI 2 AOUT.

9 heures, SÉANCE GÉNÉRALE (Salle D).

a. M. A. FOREL : La géographie et la phylogénie des Fourmis.

b. M. R. BLANCHARD : Conférence sur l'entomologie médicale (avec planches murales).

c. R. P. E. WASMANN : Die Ameisen und ihre Gäste. (Projections lumineuses)

2 heures, SÉANCES DES SECTIONS.

I. — *Section de Bionomie, Physiologie et Psychologie* (Salle C).

a. M. H. VON BUTTEL-REEPEN : Atavistische Erscheinungen im Bienenstaat. Sind im Bienenei zwei oder drei Keimesanlagen anzunehmen?

RÉSUMÉ. — Verschiedene zum Teil noch unbeachtet gebliebene morphologische und biologische Erscheinungen im Bienenstaat (*Apis mellifica-mellifica* L.., *Apis mellifica-fasciata* LATR., *Apis mellifica remipes* PALL.., etc.; zeigen uralte Anklänge an frühere Entwicklungstufen.

b. M. J. DEWITZ : Recherches physiologiques sur la coloration des cocons de certains Lépidoptères.

c. M. K. HASEBROEK : *Cymatophora or* ab. *albingensis* WARN. und deren Bedeutung für den Melanismus um Hamburg.

d. MM. E. W. CARLIER et C. L. EVANS : Note on the chemical constitution of the red-coloured secretion of *Timarcha tenebricosa*.

e. M. HERBERT OSBORN : Remarks on the Jassid fauna of North America.

RÉSUMÉ. — A general consideration of the occurrence and distribution of N. American species, suggestions as to derivation and factors in the separation of species.

II. — *Section d'Entomologie économique et médicale* (Salle D).

a. M. F. V. THEOBALD : The distribution of the Yellow Fever Mosquito (*Stegomyia fasciata*).

b. M. V VERMOREL : La destruction des Insectes nuisibles aux plantes cultivées.

c. M J. M. HOWLETT : Economical questions in Bengal (II.

d. R. P. A. RENARD : Les Insectes qui transmettent les maladies. Théorie de la transmission des maladies par les Insectes. Prophylaxie.

e. M. G. H. CARPENTER : Notes on the Œstridae (Diptères).

RÉSUMÉ. — Account of experiments to elucidate the life-history of *Hypoderma bovis* and the economic value of preventive treatment. Observations on the Warble-Fly of the Reindeer (*Oedemagena tarandi*). (Projections lumineuses.)

f. M. L. GEDOELST : Diptères cuticoles des Bovidés au Congo.

g. M. F. DE STEFANI PEREZ Notizie preventive e informazioni sulla *Sphenoptera lineata* (Coléoptère) e la larva di un Lepidottero che attacano la Sulla (*Hedysarum coronarium*) della Tunesia e della Sicilia.

III. — *Section de Nomenclature* (Salle B).

a. M S. SCHENKLING : Mitteilung von verschiedenen der Sektion eingesandten Vorschlägen (MM. ELLIOT, LINDINGER etc.).

b. M. K. JORDAN : Mitteilung von verschiedenen der Sektion eingesandten Vorschlägen (MM. ALPHÉRAKY, HORN, PROUT, DAMPF, etc.).

MERCREDI 3 AOUT.

9 heures, SÉANCE GÉNÉRALE (Salle D).

a. M. F. A. DIXEY : Mimicry.

b. M. R. C. PUNNETT : Mendelism and Lepidoptera.

10 heures, SÉANCES DES SECTIONS (Salle D).

I. — *Section d'Évolution et Mimicrie.*

a. M. F. MERRIFIELD : Experimental Entomology.

b. M. W. SCHAUS : A quoi sert le mimétisme?

RÉSUMÉ. — Les lois de la nature et de l'évolution. Observations faites pendant de longues années dans les forêts de la région néo-tropicale. Les Oiseaux n'attaquent que rarement les Papillons diurnes, qui n'ont pas besoin de se parer de couleurs protectrices.

c. M. K. JORDAN : The Systematics of certain Lepidoptera which resemble each other, and their bearing on general questions of Evolution. (Projections lumineuses.)

d. M. E. B. POULTON : M. C. A. WIGGINS's Researches on Mimicry in the Forest Butterflies of Uganda (1909-1910).

RÉSUMÉ. — The Danaine and Acraeine models fly in the same forest with their Nymphaline, Papilionine and other Mimics; and their proportions vary very greatly at different times of the year.

JEUDI 4 AOUT.

9 heures, SÉANCE GÉNÉRALE (Salle D).

a. M. A. HANDLIRSCH : Rekonstruktionen fossiler Insekten. (Projections lumineuses.)

b. M. H. DONISTHORPE : Ants and their guests. (Projections lumineuses.)

c. M. Y. SJÖSTEDT : Die schwedische Kilimandjaro-Expedition und deren Ergebnisse. (Projections lumineuses.)

2 heures, SÉANCES DES SECTIONS

I. — *Section de Bionomie, Physiologie et Psychologie* (Salle C).

a. M. W. HORN : Analoge Erscheinungen von zweigebewohnenden Cicindelinen-Larven (Coleopteren) der orientalischen und neotropischen Region. (Démonstration.)

b. M. E.-L. BOUVIER : Sur les Fourmis moissonneuses des environs de Royan.

c. M. R. GARCIA Y MERCET : La nidification, la biologie et les parasites de quelques Sphégides (*Pelopœus destillatorius, Chalybion bengalensis, Stigmus Solskyi, Diodontus minutus*, etc).

d. M K. HASEBROEK : Durch Röntgenstrahlen veränderte *Vanessa urticæ* und *Plusia moneta*. (Démonstration.)

e. M. E. OLIVIER : Les accouplements anormaux chez les Insectes.

f. M. G. HORVATH : Les Polycténides et leur adaptation à la vie parasitaire.

g. M. M. BACHMETJEW : Anabiose bei Insekten (lebloser Zustand, welcher durch ein besonderes Temperaturverfahren bewirkt wird).

II. — *Section de Systématique* (Salle A).

a. M. E.-L. BOUVIER : Pycnogonides décapodes.

b M. A. SCHULZ : Systematische Uebersicht der Monomachiden (Hymenopteren).

c. M. S. SCHENKLING : Der neue Catalogus Coleopterorum (JUNK-SCHENKLING).

d. M. M. BACHMETJEW : Räumliche Anordnung der Systematik.

RÉSUMÉ. — Räumliche Anordnung der Systematik wird im Raume nach drie Koordinaten dargestellt, wobei das Vorhanden sein der + oder — Formen gerechtfertigt wird. Auch ihre Benennungen werden einfacher.

VENDREDI 5 AOUT.

9 heures, SÉANCE GÉNÉRALE (Salle D).

a. Désignation d'un Comité international permanent. Élection du Bureau central de nomenclature.

b. Choix de la ville où se tiendra le IIe Congrès. Élection du président.

2 heures, SÉANCES DES SECTIONS.

I. — *Section de Muséologie et d'Histoire de l'entomologie* (Salle D).

a. M. W. J. HOLLAND : On the conservation of types in museums.

b. M. J. M. HOWLETT : Preservation of collections in tropical climates.

c. M. R. GARCIA Y MERCET : Histoire de l'entomologie en Espagne.

d. M. H. SKINNER : One hundred years of entomology in the United States of America.

RÉSUMÉ. — An account is given of the few papers published on entomology prior to the year 1800. The work of the pioneers is mentioned and the condition of affairs during the activity of THOMAS SAY, the father of American entomology.

II. — *Section de Zoogéographie* (Salle A).

a. M. K. HOLDHAUS : Ueber die Abhängigkeit der Fauna vom Boden (Einfluss der Bodenbeschaffenheit auf die Biocönotik und geographische Verbreitung der Insekten).

b. M. E. OLIVIER : Distribution géographique et physiologie des Coléoptères Lampyrides.

c. M. W. HORN : Ueber die Weddabrücke (tertiäre Landverbindung zwischen Ceylon und dem Südosten des asiatischen Kontinents).

d. M. S. SAINTE CLAIRE-DEVILLE : Limites en France des faunes hypogées et cavernicoles.

Un Comité de dames fut constitué afin de faciliter et rendre agréable le séjour des membres associés, femmes ou filles des congressistes.

MM^{mes} Lameere, Schouteden, Séverin, et MM^{lles} Engels, Kerremans, Le Lorrain et Séverin voulurent bien accepter cette charge, qu'elles remplirent avec le plus grand dévouement.

Enfin, la Société entomologique de Belgique se chargea de recevoir les entomologistes adhérents et elle avait engagé ses membres à se mettre à la disposition du Comité exécutif. Elle déclara, en outre, qu'elle offrait une fête de réception à tous ceux qui se trouveraient à Bruxelles la veille de l'ouverture du Congrès.

Cette fête eut lieu le **dimanche 31 juillet,** à 8 heures, dans les Salons de la *Taverne Royale*, rue d'Arenberg, et eut un succès de franche cordialité et de sympathie.

Chaque membre reçut une pochette comprenant :

1° Une carte de congressiste lui donnant l'entrée gratuite à l'Exposition internationale, du 1er au 6 août ;

2° Un guide illustré de Bruxelles et de l'Exposition avec carte ;

3° Une invitation du Directeur du Musée royal d'Histoire naturelle de Belgique à visiter les collections le 4 août, à 4 h. 30 ;

4° Une invitation du Directeur du Musée du Congo belge à visiter les collections le 3 août, à 3 heures ;

5° Une invitation du Conseil communal de Bruxelles à assister au raout offert à l'Hôtel de Ville le 7 août, à 9 ¼ heures du soir ;

6° Une invitation à s'inscrire pour diverses excursions à Tervueren, Waterloo, la Forêt de Soignes, Bruges et

Ostende, Malines et Anvers, et les Ardennes, ainsi qu'au banquet de clôture qui aurait lieu le 5 août, à 7 heures, à la *Taverne Royale* ;

7° Divers communiqués, circulaires, etc.

Plus de cent entomologistes étrangers, dont beaucoup accompagnés de leur famille, se trouvèrent réunis avec environ quarante membres de la Société belge. Soirée gaie et animée, où nombre d'anciennes relations furent renouvelées et de nouvelles ébauchées, et où la satisfaction de se trouver ensemble, alors que l'on se connaissait par correspondance depuis de longues années, éclatait sur toutes les figures.

Ce n'est que bien tard que les derniers quittaient cette salle de présentation, se promettant bien de se retrouver les jours suivants pour continuer à échanger de nouvelles protestations d'amitié.

Liste des membres adhérents au Congrès.

Les astérisques indiquent les noms de ceux qui sont membres à vie
et les noms en italiques les membres qui ont assisté au Congrès.)

Adkin, R., Lingards Road, 4, Lewisham, S. E., Londres.
Alderson, Miss E.-M., Parkhouse, Worksop (Notts).
Andres, A., Alexandrie (Bacos-Ramleh).
Arias Encobet, J., Conservateur au Musée d'Histoire naturelle,
  Calle de Nuñez de Balboa, 50, Madrid.
Arrow, G.-S., British Museum (Nat. Hist.), Cromwell Road,
  Londres S. W.
Assmuth, J., Rév. Père, St-Xavier's College, Bombay.
* Aurivillius, Chr., Secrétaire perpétuel de l'Académie des sciences,
  Stockholm..
Avinoff, A., Souvorowsky Prospekt, 25, St-Pétersbourg.

Bagnall, R.-S., Penshaw, C° Durham, Penshaw Lodge.
Ball, F.-J., rue Belliard, 160, Bruxelles.
Bankes, E.-R., Norden, Corfe Castle, Warcham.
Barker, C.-W., Malvern Natal.
Becker, Th., Stadbaurath a D. und Stadtältester, Weissen-
  burgerstrasse, 3, Liegnitz.
Bemmelen (van), J.-F., Profr-Dr, Zuiderpark, 22, Groningen.
Bethune, O.-C.-J.-S. Prof., Editor of the Canadian Entom.,
  Guelph (Ontario).
Bethune-Baker, G.-T., Clarendon Road, 19, Edgbaston, Bir-
  mingham.
* Biederman, R., Thurmhaldenstrasse, 20, Wintherthur.

Biervliet, I. van, avenue de la Couronne, 161, Bruxelles.

Bivort, A., Banquier, Fleurus.

Blanchard, R., Prof^r-D^r, boulevard Saint-Germain, 226, Paris.

Bofill y Pichot, J.-M., Institucio Catalana de Hist. nat. de Barcelona, Barcelone.

Boileau, H., rue de la Côte Saint-Thibault, 99, Bois-Colombes.

Bolivar y Urrutia, I., Prof^r, Directeur du Musée d'Histoire naturelle, Hippodromo, Madrid.

Boone, A., Notaire, rue de l'Hôpital, Turnhout.

Boucomont, rue du Cours, 18, Cosne (Nièvre).

Bourgeois, J., Entomologiste, Sainte-Marie-aux-Mines (Alsace).

Bouvier, E.-L., Prof^r-D^r, rue Claude-Bernard, 39, Paris.

Bovie, A , rue des Fabriques, Bruxelles.

Braem, R., rue du Monastère, 20, Bruxelles.

Brain, C.-K., Cape-Town.

Brölemann, H.-W., Pau (Basses-Pyrénées).

Brown, H.-Rowland, 11, Chandos street, Cavendish Square, Londres W.

Bruch, C., Prof^r à l'Université de La Plata, La Plata (République Argentine).

Buchan-Hepburn, Sir A., Dover street, 34, Londres.

* *Burr, Malcolm*, D^r, Castle Hill House, Dover.

Burr (Mme), Dover.

Buttel-Reepen, H. von, D^r, Bismarckstrasse, 32, Oldenburg i. Gr.

Bugnion, E., D^r en médecine, Prof^r à l'Université de Lausanne, Blonay-sur-Vevey.

Calvert, P.-P., Assistent Prof^r of Zoology, University of Pennsylvania, Philadelphia.

* *Candèze, L.*, Mont-Saint-Martin, Liége.

Carié, P., boulevard de Courcelles, 40, Paris.

Carlier, E.-W.-W., Prof^r, University, Birmingham.

Carpenter, G.-H., Prof^r, Royal College of Sciences, Dublin.

Champion, G.-C., Horsell, Woking.

Chapman, T.-A., Betula, Reigate (Surrey).

Comber, E., Karachi (Indes anglaises).

Crahay, N.-I., Inspecteur principal des Eaux et Forêts, rue Augustin Delporte, 86, Bruxelles.

Crombrugghe de Picquendaele, baron G. de, rue du Châtelain, 35, Bruxelles.

Dadd, E.-M., Annastrasse, 6, Zehlendorf bei Berlin.
Dampf, A., D[r], Zool. Museum der Universität, Königsberg i. Pr.
Desguin, J., avenue des Arts, 68, Anvers.
Desneux, J., D[r], rue du Midi, 19, Bruxelles.
Dewitz, G., D[r], Voigt-Rheetz Platz, 8, Metz.
Dissel, E.-P. van, Inspecteur des Forêts, Utrecht.
Dixey, F.-A., D[r], Wadham College, Oxford.
Dixon, R.-M., Poona (Indes anglaises).
Dobbeleer F. de, Château de Frasnes lez-Gosselies, Frasnes.
Dodero, A., via Sturla, 49, Sturla (Gênes).
Dodero (Mme), Sturla (Gênes).
Donisthorpe, H., Kensington Mansions, 58, Londres S. W.
Donisthorpe (Mme), Londres S. W.
Dordu de Borre, V., D[r], rue du Trône, 20, Bruxelles.
Dupont, P.-R., Seychelles.
Dupuis, P., rue de l'Abbaye, 33, Bruxelles.
Dusmet y Alonso, J.-M., Plaza de Santa Cruz, 7, Madrid.

Eltringham, H., Museum Road, 8, Oxford.
Engels, E.-L., rue de l'Arbre-Bénit, 83, Bruxelles.
Escher-Kündig, J., Gotthardstrasse, 35, Zürich.
Everts (Jh[r]), *E.-J.-G.,* D[r], Emmastraat, 28, La Haye.

Fall, H.-C., Prof[r], B. Sc., Pasadena (Calif.), U. S. A.
Feltham, H.-L.-L., Johannesburg.
Fenwick, N.-P., The Gables, Esher (Surrey).
Fenyes, A., East Colorado street, 61, Pasadena, California.
Ferrant, V., Conservateur du Musée d'Histoire naturelle,
  Luxembourg (Limpertsberg).
Froggatt, W.-W., Government Entomologist, Sydney.
Fey, H.-A., Johannesburg.

Gadeau de Kerville, H., rue Dupont, 7, Rouen.
Gahan, C.-J., Assistant Brit. Museum, Cromwell Road,
  Londres S. W.
Ganglbauer, L., Regierungsrath, Director am K. K. naturh.
  Hofmuseum, Burgring, 7, Vienne I.
Garcia y Mercet, Calle de la Princesa, 11, Madrid.
Gedoelst, L., Prof[r], rue David Desvachez, 23, Bruxelles.
Gestro, R., Sous-directeur du Musée civique d'Hist. naturelle,
  Gênes.

Gibbs, A.-E., Kitchener's Meads street, St-Albans.

Gillanders, A.-J., Park Cottage, Alnwick.

Goetgebühr, D^r, rue de la Tour-Rouge, 7, Gand.

Goffart, L., rue Masui, Bruxelles.

Gounelle, E., rue Raffet, 39, Paris (XVIe).

* Green, E., Government Entomologist, Royal Botanic Gardens, Peradeniya, Ceylan.

Grouvelle, A.-H., Directeur honoraire des Manufactures de tabacs de l'État, rue La Boëtie, 126, Paris.

Guilleaume, F., rue des Eburons, 52, Bruxelles.

Guilliaume, A., D^r, avenue de l'Hippodrome, 12, Bruxelles.

Hamilton, J.-L., Sussex square, 30, Brighton.

Handlirsch, A., Kustos am K. K. Hofmuseum, Burgring, 7, Vienne I.

Hannington, F., Darjeeling (Bengale).

Hasebroek, H., D^r, Graumansweg, 89, Hambourg.

Hastert, P., Industriel, Luxembourg (Grund).

Hayez, Ed., rue de Louvain, 112, Bruxelles.

Heller, K.-M., Prof^r-D^r, Kustos des Königl. Zool. Museum, Franklinstrasse, 22, Dresden.

Hennin - Boussu - Walcourt, Em. de, rue de l'Activité, 56, Bruxelles.

Hennin-Boussu-Walcourt, Dom Guy de, Prof^r, Rév. P., abbaye de Maredsous, Maredret-Sosoye.

* Henshaw, S., Museum of Comparative Zoology, Cambridge (Mass.).

Hetschko, A. Prof., Villenstrasse, 13, Teschen.

Hewitt, C.-G., D^r, Entomologist Dep. of Agriculture, Ottawa.

Holdhaus, K., D^r, Kustos am K. K. Hofmuseum, Burgring, 7, Vienne I.

Holland, W.-J., Directeur du Carnegie Institute, Pittsburg.

Horn, W., D^r, Gosslerstrasse, 18, Berlin-Dalhem.

Horn (Mme), Berlin-Dahlem.

Horváth, G., D^r, Directeur du Musée national hongrois, Budapest.

Howard, L.-O., D^r, Chief, Bureau of Entomology, Department of Agriculture, Washington, D. C.

Howard, C.-W., Lourenço Marquez.

Howard (Mme), Lourenço Marquez.

Howlett, F.-M., Agricultural Research Institute Pusa (Bengale).

Ihering, H. von, Prof^r-D^r, Directeur du Musée Paulista, Sâo-Paulo.

Imhoff, O.-E., Dr, Windisch-Koenigsfelden (Kt. Aargau).
Innes Bey, W.-F., Dr, Square Halim Esbekieh, Le Caire.
Inouvl, Tokio.

Jacobson, G.-G., Conservateur du Musée zoologique de l'Académie impériale des sciences, Saint-Pétersbourg.
* *Janet, A*., Ingénieur de la marine, Paris (IXe), rue Cadet, 26.
Janet, C., Dr, Ingénieur des arts et manufactures, rue Réaumur, 37, Paris.
Janse, A.-J.-T., Normal College, Pretoria.
Jentink, F.-A., Dr, Directeur van 's Rijks Museum van nat. historie, Leiden.
Jentink, A.-M. (Mlle), Rembrandtstraat, Leiden.
Jones, A.-H., 11, Chandos street, Cavendish square, Londres, W.
* *Jordan, K.*, Dr, Tring (Herts.).
Joseph, E.-G., Lincoln College, Oxford.
Junk, W., Kurfürstendamm, 201, Berlin 15.

Kerremans, Ch., rue du Magistrat, 44, Bruxelles.
Kertész, K., Dr, Conservateur au Musée national hongrois, Budapest.
Kertész (Mlle), Budapest.
Klapálek, F., Profr, Karlin, 263, Prague.
Kolbe, H.-J., Profr, Custos am Zoolog. Museum, Invalidenstrasse, 43, Berlin 4.
Kolbe (Mme), Gr. Lichterfelde-West, Steinäckerstrasse, 12, Berlin.
Kosminski, P., Musée zoologique de l'Université de Moscou Moscou.
Künckel d'Herculais, J., rue de Buffon, 55, Paris.
Künckel d'Herculais (Mme), Paris.
Kuntze, A., Kreuzkirche, 1, Dresden.

Lambertie, M., Cours Chapeau-Rouge, 42bis, Bordeaux.
Lameere, A., Profr à l'Université, rue Defacqz, 78, Bruxelles.
Lahille, F., Dr, Ministère de l'Agriculture, Buenos-Aires.
Lauffer, J., Calle de Juan de Mena, 5, Madrid.
Lavallée, A., château de Segrez (par Boissy sous Saint-Yon), Segrez (S.- et -O.).
Leal, Amaral., Lourenço Marquez.

Lesne, P., Assistant au Musée national d'Histoire naturelle, rue de Buffon, 55, Paris.
Lightfoot, R.-M., Cape-Town.
Longstaff, G.-B., D^r, Highlands, Putney Heath.
Longstaff (Mme), Putney Heath.
Lounsbury, C.-P., Government Entomologist, Cape-Town.
Lyman, H.-H., Mc Tavish street, 74, Montreal.

MacDougall, R.-S., D^r, University, Edinburgh.
Magretti, P., D^r, Cassina Amata, Paderno-Dugnano.
Mann, H.-H., D^r, Principal of the Agricultural College, Poona.
Marchal, P., Prof^r-D^r, Directeur de la Station entomologique, rue Claude Bernard, 16, Paris.
Marshall, G.-A.-K., Chester Place, 6, Hyde Park Square, Londres W.
Martin, R., rue d'Angoulême, 20, Paris.
Matagne, D^r, avenue des Courses, 31, Bruxelles.
Meade-Waldo, G., Hever Warren, Hever (Kent).
Merrifield, F., Barrister at Law, Clifton Terrace, 14, Brighton.
Merrifield (Mlle), Brighton.
Meyere, J.-C.-H. de, Prof^r.-D^r, Conservateur du Musée « Natura Artis Magistra », Amsterdam.
Misch, Mart,, avenue de Cortenberg, 12, Bruxelles.
Moffarts, baron P. de, Botassart (Noirefontaine).
Moser, H.-J., Bülowstrasse, 59, Berlin W.

Navas, L., Rév. Père, Colegio del Salvador, Saragosse.
Newstead, R., Prof^r, Johnston Tropical Laboratory, University, Liverpool.

Oberthür, Ch., Faubourg de Paris, 36, Rennes (Ille-et-Vilaine).
Olivier, E., Cour de la Préfecture, 10, Moulins (Allier).
Orchymont, A. d', rue de la Station, 57, Menin.
Osborn, H., Prof^r, Ohio State University, Colombus (Ohio).
Oshanin, B., Musée zoologique, Académie des sciences, Saint-Pétersbourg.

Peringuey, L., D^r, Directeur du Musée d'Histoire naturelle du Cap, Cape-Town.
Peyerimhoff de Fontenelle, P. de, Inspecteur des Forêts, avenue Dejonchay, Alger.

Philippson, M., rue de la Loi, 25ª, Bruxelles.
Pic, M., Digoin (Saône-et-Loire).
Piepers, M.-C., Dr, Noordeinde, 10ª, La Haye.
Pirsoul, F., rue François Dufer, 14, Salzinnes (Namur).
Poulton, E.-B., Profr-Dr, Wykeham House, Oxford.
Poulton (Mme), Oxford.
Poulton (Mlle), Oxford.
Punnet, R.-C., Profr, Caius College, Cambridge.

Reh, L., Dr, Naturhist. Museum, Hambourg I.
Renard, Rev. Père A., Recteur du Collège Saint-Servais, rue
  St-Gilles, 92, Liége.
Rimsky-Korsakow, Zoologisches Institut (Alte Akademie),
  München.
Riotte, Rév. Père C., Missionshaus Steyl, Kaldenkirchen.
Ris, F., Dr, Rheinau (Zürich).
Ritzema Bos, J., Prof.-Dr, Directeur de l'Institut de phytopatho-
  logie, Wageningen.
Rodriguez, Juan-J., Directeur du Musée d'Histoire naturelle,
  Guatémala.
Roelofs, P.-J., rue des Palais, 16, Anvers.
Ronchetti, V., Dr, Milan.
Rosen, Baron Kurt von, Theresienstrasse, 35, Münich, III.
Rossi, P., Dr, Via S. Maria Valle, 5, Milan.
* *Rothschild, Hon. L.-W.*, Dr, Tring (Herts).
* *Róthschild, Hon. N.-C.*, Arundel House, Kensington, Lon-
  don W.
Rousseau, E., Dr, rue de Theux, 79, Bruxelles.

Sainte Claire-Deville, J.-C.-A., Cap. d'art., avenue de la Loge
  Blanche, 1, Epinal (Vosges).
Sainte Claire-Deville (Mme), Epinal (Vosges).
Saltet, K.-H., Profr-Dr, Kloveniersburgwal, 84, Amsterdam.
Sasaki, Chujiro, Profr, Faculté d'Agriculture de l'Université
  de Tokio, Tokio.
Schaus, W., Elm Park Gardens, 97, Londres, S. W.
Schenkling, S., Gosslerstrasse, 20, Berlin-Dahlem.
Scherdlin, P., Industriel, rue de Wissembourg, 11, Strasbourg.
Schnabl, J., Profr-Dr, Faubourg de Cracovie, 59, Varsovie.
Schouteden, H., Dr, Attaché au Musée de Tervueren, rue des
  Francs, 11, Bruxelles.

Schubert, K., Maximilianstrasse, 4, Pankow (Berlin).

Schulthess - Rechberg A. von, D^r, Kreuzbühlstrasse, 16, Zürich V.

Schulz, A., rue Auguste Amsen, 35, Villefranche s Saône.

Scott, H., Superintendent of the « Museum », Cambridge.

Seeldrayers, E., rue van Aa, 85, Bruxelles.

Segovia y Corrales, A., Prof^r-D^r, Calle de Leganitos, 57, Madrid.

Seillière, G., rue de Varenne, 51, Paris (VIIe).

Seitz, Prof^r-D^r, Bismarckstrasse, 59, Darmstadt.

Selys Longchamps, baron Marc de, avenue Jean Linden, 39, Bruxelles.

Selys Longchamps, baron Maurice de, boulevard d'Avroy, 45, Liége.

Selys Longchamps, baron W. de, Halloy par Ciney.

Semenov-Tian-Shansky, A. P. de, Vass. Ostr., 6e ligne, 39, Saint-Pétersbourg.

Severin, G., Conservateur au Musée royal d'Histoire naturelle, avenue Nouvelle, 75, Bruxelles.

Silvestri, F., Prof^r, R. Scuola Superiore d'Agricoltura, Portici.

Simon, E., Villa Said, 16, Paris (XVIe).

Sjöstedt, Y., Prof^r-D^r, Custos am Reichsmuseum. Drottning-gatan, 96, Stockholm.

Skinner, H, Prof^r-D^r, Logan Square, Philadelphia.

Smith, John-B., Prof^r of Entomology at Rutgers College, N. J., U. S. A., New Brunswick.

Smits van Burgh, J. P., Coenstraat, 33, La Haye.

Smits van Burgh (Mme), J. P., La Haye.

Solari, F., via XX Settembre, 41, Génes.

Solari, E. (Mlle), Génes.

Solari, M. (Mme), Gênes.

Solvay, E., rue des Champs-Élysées, 45, Bruxelles.

Speiser, P.-G.-E, D^r, Labes (in Pommeren).

Speiser (Mme), Labes (in Pommeren).

Standfuss, M.-R., Prof^r-D^r, Zürich.

Steinmetz, F., rue de la Mélane, 10, Malines.

Stepham Perez, Th. de, via Alloso, 49, Palerme.

Stringe, R., Neuer Markt, 12, Königsberg (Prusse).

Sturgess, W.-B., « Moncloa », Gerrards Cross (Bucks).

Sziladv, Z., Dr Privatdozent, Nagy Enyed (Hongrie).

Szilady (Mme), Nagy Enyed (Hongrie).

Tarnani, I.-K., Prof^r, Forst und Landw. Institut Nowo-Alexan-
drea, Lublin (Russie).
Theobald, F.-V., Prof^r, Wye Court, Wye (Kent).
Thron, Jos., avenue Rogier, 162, Bruxelles.
Trimen, R., « Southbury », Lawn Road, Guildford.
Trimen (Mme), « Southbury », Lawn Road, Guildford.
Trotter, A., Prof^r-D^r, Avellino.
Tullgren, A., Directeur der Entom. Abt. der Zentralanstalt für
Landw. Versuchswesen Experimentalfältet (Stockholm).
Turati, E. comte, place Saint-Alexandre, 4, Milan.
Turati (Mme la comtesse), Milan.

Vaughan-Williams, R., Trobirer street, 4, Londres, S.-W.
Veld, E. van de, avenue de la Brabançonne, 12, Bruxelles.
Vermorel, V., Directeur de la Station viticole et végétale de
pathologie, Villefranche (Rhône).
* *Verall, G.-H.*, Sussex Lodge, Newmarket (Cambridgshire).
Veth, H.-J., D^r, Sweelinckplein, 83, La Haye.
Veth (Mme), *J.-P.*, La Haye.
Villeneuve, J.-T., D^r, rue des Vignes, Rambouillet (Seine-
et-Oise).

Wainwright, C.-J., Handsworterwood road, 45, Birmingham.
Wasmann, P.-E., R. P., Ignacius College, Valkenburg.
Willcocks, F.-C., Khedivial Agricultural Society, Le Caire.
Willem, V., Prof^r, rue Willems, Gand.
Wheeler, W.-M., Prof^r, Harward University, Forest Hills
(Mass.).
Wolfenden, Stuart N., The Grange, Sidcup (Kent).
Wytsman, P.-Z., Tervueren-Bruxelles.

Zaitzew, Ph., Musée zoologique de l'Académie impériale des
sciences, Saint-Pétersbourg.

Liste des membres du Congrès par ordre géographique.

(Les noms en italiques sont ceux des adhérents présents au Congrès.)

Afrique du Sud.

Barker, C.-N., Malvern Natal.
Brain, C.-K., Cape-Town.
Feltham, H.-L.-L., Johannesburg.
Fey, H.-A., Johannesburg.
Howard, C.-W., Lourenço Marquez.
Howard (Mme), Lourenço Marquez.
Janse, A.-J.-T., Pretoria.
Leal, Amaral, Lourenço Marquez.
Lightfoot, R.-M., Cape-Town.
Lounsbury, C.-P., Cape-Town.
Peringuey, L., Cape-Town.

Allemagne.

Becker, Th., Liegnitz.
Bourgeois, J., Sainte-Marie-aux-Mines (Alsace).
Buttel-Reepen, H. von, Oldenburg i. Gr.
Dadd, E.-M., Zehlendorf bei Berlin.
Dampf, A., Königsberg i. Pr.
Dewitz, G., Metz.
Hasebroek, K., Hamburg.
Heller, K.-M., Dresden.
Horn (Mme), Berlin-Dahlem.
Horn, W., Berlin-Dahlem.
Junk, W., Berlin.
Kolbe, H.-J., Berlin.
Kolbe (Mme), Gr. Lichtervelde.

Kuntze, A., Dresden.
Moser, H.-J., Berlin.
Reh, L., Hamburg.
Rimsky-Korsakow, Munich.
Rosen, baron Kurt von, Munich
Schenkling, S., Berlin.
Scherdlin, P., Strasbourg.
Schubert, K., Pankow-Berlin.
Seitz, Darmstadt.
Speiser, P.-G.-E., Labes (in Pommern).
Speiser (Mme), Labes (in Pommern).
Stringe, R., Königsberg i. Pr.

ARGENTINE.

Bruch, C., La Plata.
Lahille, F., Buenos-Aires.

AUSTRALIE.

Froggatt, W.-W., Sydney.

AUTRICHE.

Ganglbauer, L., Vienne.
Handlirsch, A., Vienne.
Hetschko, A., Teschen.
Holdhaus, K., Vienne.
Klapálek, F., Prague.

BELGIQUE.

Ball, F.-J., Bruxelles.
Biervliet, I. van, Bruxelles.
Bivort, A., Fleurus.
Boone, Alp., Turnhout.
Bovie, A., Bruxelles.
Braem, R., Bruxelles.
Candèze, L., Liége.
Crahay, N.-J., Bruxelles.
Crombrugghe de Picquendaele, baron G. de, Bruxelles.

Desguin, J., Anvers.
Desneux, J., Bruxelles.
Dobbeleer, F. de, Frasnes.
Dordu de Borre, V., Bruxelles.
Dupuis, P., Bruxelles.
Engels, E.-L., Bruxelles.
Gedoelst, L., Bruxelles.
Goetgebühr, Gand.
Goffart, L., Bruxelles.
Guilleaume, F., Bruxelles.
Guilliaume, A., D^r, Bruxelles.
Hayez, Ed., Bruxelles.
Hennin-Boussu-Walcourt, Em. de, Bruxelles.
Hennin-Boussu-Walcourt, Dom Guy de, Maredret-Sosoye.
Kerremans, Ch., Bruxelles.
Lameere, A., Bruxelles.
Matagne, Bruxelles.
Misch, M., Bruxelles.
Moffarts, baron P. de, Botassart.
Orchymont, A. d', Menin.
Philippson, M., Bruxelles.
Pirsoul, F., Salzinnes.
Renard, A., Liége.
Roelofs, P.-J., Anvers.
Rousseau, E., Bruxelles.
Schouteden, H., Bruxelles.
Seeldrayers, E., Bruxelles.
Selys Longchamps, baron Marc de, Bruxelles.
Selys Longchamps, baron Maurice de, Liége.
Selys Longchamps, baron Walthère de, Halloy.
Severin, G., Bruxelles.
Solvay, E., Bruxelles.
Steinmetz, F., Malines.
Thron, J., Bruxelles.
Veld, E. van de, Bruxelles.
Willem, V., Gand.
Wytsman, P., Bruxelles.

BRÉSIL.

Ihering, H. von Sâo-Paulo.

CANADA.

Bethune C.-J.-S., Guelph.
Hewitt, C.-G., Ottawa.
Lyman, H.-H., Montréal.

ÉGYPTE.

Andres, A., Alexandrie.
Innes Bey, W.-F., Le Caire.
Willcocks, F.-C., Le Caire.

ESPAGNE.

Arias Encobet, J.-A., Madrid.
Bofill y Pichot, J.-M., Barcelone.
Bolivar y Urrutia, I., Madrid.
Dusmet y Alonso, Madrid.
Lauffer, J., Madrid.
Garcia y Mercet, R., Madrid.
Navas, L., Saragosse.
Segovia y Corrales, A., Madrid.

ÉTATS-UNIS

Calvert, P.-P., Philadelphia.
Fall, H.-C., Pasadena, California.
Fenyes, A., California.
Henshaw, S., Cambridge.
Holland, W.-J., Pittsburgh.
Howard, L.-O., Washington.
Osborn, H., Columbus.
Skinner, H., Philadelphia.
Smith, J.-B., New Brunswick.
Wheeler, W.-M., Forest Hills.

FRANCE.

Blanchard, R., Paris.
Boileau, H., Bois-Colombes.
Boucomont, Cosne.

Bouvier, E.-L., Paris.
Brölemann, H.-W., Pau.
Carié, P., Paris.
Gadeau de Kerville, H., Rouen.
Gounelle, E., Paris.
Grouvelle, A.-H., Paris.
Janet, A., Paris.
Janet, C., Paris.
Künckel d'Herculais, J., Paris.
Künckel d'Herculais (Mme), Paris.
Lambertie, M., Bordeaux.
Lavallée, A., Segrez.
Lesne, P., Paris.
Marchal, P., Paris.
Martin, R., Paris.
Oberthür, Ch., Rennes.
Olivier, E., Moulins.
Peyerimhoff de Fontenelle, P. de, Alger.
Pic, M., Digoin.
Sainte Claire-Deville, J.-C.-A., Épinal.
Sainte Claire-Deville (Mme), Épinal.
Schulz, A., Villefranche.
Seillière, G., Paris.
Simon, E., Paris.
Vermorel, V., Villefranche.
Villeneuve, J.-T., Rambouillet

GRANDE-BRETAGNE ET IRLANDE.

Adkin, R., Lewisham.
Alderson, E.-M. (Miss), Worksop.
Arrow, G.-S., Londres.
Bagnall, R.-S., Penshaw.
Bankes, E.-R., Norden.
Bethune-Baker, G.-T., Birmingham.
Brown, H.-Rowland, Londres.
Buchan-Hepburn, Sir *A.*, Londres.
Burr, Malcolm, Dover.
Burr (Mme), Dover.
Carlier, E.-W.-W., Birmingham.
Carpenter, G.-H., Dublin.

Champion, G.-C., Woking.
Chapman, T.-A., Reigate.
Dixey, F.-A., Oxford.
Donisthorpe, H, Londres.
Donisthorpe (Mme), Londres.
Eltringham, H., Oxford.
Fenwick, N.-P., Esher.
Gahan, C.-J., Londres.
Gibbs, A.-E., St-Albans.
Gillanders, A.-J., Alnwick.
Hamilton, J.-L., Brighton.
Jones, A.-H., Londres.
Jordan, K., Tring.
Joseph, E.-G., Oxford.
Longstaff, G.-B., Putney Heath.
Longstaff (Mme), Putney Heath.
MacDougall, R.-S., Edinburgh.
Marshall, G.-A.-K., Londres.
Meade Waldo, G., Hever.
Merrifield, F., Brighton.
Merrifield (Mlle), Brighton.
Newstead, R., Liverpool.
Poulton, E.-B., Oxford.
Poulton (Mme), Oxford.
Poulton (Mlle), Oxford.
Punnet, R.-C., Cambridge.
Rothschild, Hon., N.-C., Londres.
Rothschild, Hon., L.-W., Tring.
Schaus, W., Londres.
Scott, H., Cambridge.
Sturgess W.-B., Gerrards Cross.
Theobald, F.-V., Wye.
Trimen, R., Guildford.
Trimen (Mme), Guildford.
Vaughan, W.-R., Londres.
Verrall, G.-H., Newmarket.
Wainwrigh, C.-J., Birmingham.
Wolfenden, S.-N., Sidcup.

GUATEMALA.

Rodriguez, J.-J., Guatemala.

HONGRIE.

Horváth, G., Budapest.
Kertész, K., Budapest.
Kertész (Mlle), Budapest.
Szilady, Z., Nagy Enyed.
Szilady (Mme), Nagy Enyed.

INDES ORIENTALES.

Assmuth, Bombay.
Dixon, R.-M., Pusa.
Comber, E.
Hannington, F., Karachi.
Howlett, J.-M., Pusa.
Mann, H.-H., Poona.
Maxwell Lefroy, H., Pusa.

ITALIE.

Dodero, A., Sturla.
Dodero (Mme), Sturla.
Gestro, R., Gênes.
Magretti, P., Paderno-Dugnano.
Ronchetti, V., Milan.
Rossi, P., Milan.
Silvestri, F., Portici.
Solari, F., Gênes.
Solari, E. (Mlle), Gênes.
Solari, M. (Mlle), Gênes.
Stephani Perez, Th. de, Palerme.
Trotter, A., Avellino.
Turati, comte E., Milan.
Turati, comtesse (Mme), Milan.

JAPON.

Inouvl, Tokio.
Sasaki, Chujiro, Tokio.

LUXEMBOURG.

Ferrant, V., Luxembourg.
Hastert, P., Luxembourg.

PAYS-BAS.

Bemmelen, J.-F. van, Groningen.
Dissel, E.-P. van, Utrecht.
Everts Jhr E.-J.-G., La Haye
Jentink, F.-A., Leiden.
Jentink, A.-M. (Mlle), Leiden.
Meyere, J.-C.-H. de, Amsterdam.
Piepers, M.-C., La Haye.
Riotte, C., Steyl.
Ritzema Bos, Wageningen.
Saltet, K.-H., Amsterdam.
Smits van Burgh, La Haye.
Smits van Burgh (Mme), La Haye.
Veth, H.-J., La Haye.
Veth, J.-P. (Mme), La Haye.
Wasmann, P.-E., Valkenburg.

POSSESSIONS ANGLAISES.

Dupont, P.-R., Seychelles.
Green, E., Ceylan.

RUSSIE.

Avinoff, A., Saint-Pétersbourg.
Jacobson, G.-G., Saint-Pétersbourg.
Kosminski, P., Moscou.
Oshanin, B., Saint-Pétersbourg.
Schnabl, J., Varsovie.
Semenov-Tjan-Shansky, A.-P. de, Saint-Pétersbourg.
Tarnani, J.-K., Lublin.
Zaitzew, Ph., Saint-Pétersbourg.

SUÈDE.

Sjöstedt, Y., Stockholm.
Tullgren, A., Experimentalfältet.

SUISSE.

Biederman, R., Wintherthur.
Bugnion, E., Blonay-sur-Vevey.
Escher-Kündig, J., Zürich.
Imhoff, O.-E., Windisch-Koenigsfelden.
Ris, F., Rheinau.
Schulthess-Rechberg, A. von, Zürich.
Standfuss, M.-R., Zürich.

Liste des Gouvernements, Universités, Instituts, Musées et Sociétés qui ont adhéré au Ier Congrès international d'Entomologie.

(L'astérisque * indique une souscription à vie.)

AFRIQUE DU SUD.

* Gouvernement du Natal.
Département de l'Agriculture de Bloemfonteyn.
* Département de l'Agriculture de Pietermaritzburg.
* Département de l'Agriculture de Prétoria.
Museum de Prétoria (Transvaal).
South African Museum (Cape-Town).

AUSTRALIE.

The Hon. The Premier of Sydney.
The Hon. The Premier of Melbourne.
The Hon. The Premier of Brisbane.
The Hon. The Premier of Adelaide.
The Hon. The Premier of Perth.
The Hon. The Premier of Hobart.

ALLEMAGNE.

Museum de Hambourg.
* Deutsches Entomologisches Museum, Berlin-Dahlem.

Argentine.

Museo Nacional de Buenos-Aires.

Autriche.

Comité permanent de la Diète du royaume de Galicie avec le
  Grand-Duché de Cracovie « Wydriat Krajowy », à Lemberg.
Societas Entomologica Bohemiae.

Belgique.

* Bibliothèque du Ministère des Colonies, Bruxelles.
* Bibliothèque du Ministère de l'Agriculture, Bruxelles.
* Institut agricole de Gembloux.
  École de médecine vétérinaire, Bruxelles.
* École de médecine tropicale, Bruxelles
* Musée du Congo belge, Tervueren-Bruxelles.
* Société entomologique de Belgique, Bruxelles.
* Musée forestier, Jardin Botanique, Bruxelles.
* Musée royal d'Histoire naturelle de Belgique.

Égypte.

Khedivial Agricultural Society, Le Caire.

Espagne.

Real Academia de Ciencias y Artes, Barcelone.
Laboratoire d'Entomologie du Musée de Sciences naturelles,
  Madrid.
Real Sociedad d'Hist nat., Madrid.
Sociedad Aragonesa de Ciencias naturales, Zaragoza.

États-Unis.

* Museum of Comparative Zoology, Cambridge (Mass.).
* Board of Carnegie Institute, Pittsburgh.
  The American Entomological Society, Philadelphia.

France.

Société Linnéenne de Bordeaux.
Société de vulgarisation des sciences naturelles des Deux-Sèvres.

Grande-Bretagne et Irlande.

British Museum (Natural History), Londres.
Board of Agriculture and Fisheries, Londres.
* Colonial Office, Londres.
County Council of Lancashire.
Edinburgh and East of Scotland College of Agriculture.
Public Libraries of Newcastle on Tyne.
Public Libraries, Museum and Art Gallery, Sunderland.
Royal Colonial Institute, Londres.
Local Government Board, Londres.
South Eastern Agricultural College, Wye.
* Tropical African Entomological Research Committee, Londres.
Oxfordshire Education Committee.
Royal College of Science, Dublin.
East Kent Scientific Society.
* Entomological Society of London, Londres.
Literary and Philosophical Society of Newcastle on Tyne.
Linnean Society, Londres.
Natural History Society of Northumberland, Durham and Newcastle on Tyne.
* Northamptonshire Natural History Society and Field Club, Northampton.
Royal British Arboricultural Society.
Royal Society, Londres.
South London Entomological and Natural History Society, Londres.
Vale of Derwent Naturalist's Field Club.
Zoological Society of London, Londres.

Hongrie.

Société entomologique de Hongrie.

INDES ORIENTALES.

* Indian Museum, Calcutta.
* Agricultural Research Institute, Pusa (Bengale).
* Imperial Forest Zoologist, Pusa (Bengale)

ITALIE.

Soc. Entomol. Italiana, Florence.

PAYS-BAS.

s' Rijks Museum voor Natuurlijke Historie, Leiden.
Koninklijk Zoologisch Genootschap « Natura Artis Magistra »,
    Amsterdam.

POSSESSIONS ANGLAISES.

Sarawak Museum.
Department of Agriculture, West Indies.
Board of Agriculture, Trinidad.

SUISSE.

Eidgen. Polytechnicum Zürich (Entom. Museum).
Schweizerische Entomologische Gesellschaft, Zürich.
Naturforschende Gesellschaft, Zürich.

URUGUAY.

Museo Nacional, Montevideo.

Liste des Délégués.

Afrique du Sud.

Gouvernement, M. Roland Trimen, Directeur honoraire du
Musée du Cap.

Allemagne.

* Deutsches Entomologisches Museum, Berlin-Dahlem, S. SCHEN-
KLING.
Königl. Museum für Naturkunde, Berlin, Prof[r] H.-J. KOLBE.
Berliner Entomologischer Verein, M. E.-M. DADD.
Deutsche Entomologische Gesellschaft, Berlin, Prof[r] H.-J.
KOLBE.

Argentine.

Gouvernement, Dr F. LAHILLE, Chef de la Section de zoologie
du Département de l'Agriculture.

Australie.

Gouvernement, M. F.-V. THEOBALD, Prof[r] d'Entomologie économique et de Zoologie au Collège d'Agriculture de Wye.

Autriche.

Kais. Königl. Hofmuseum, Vienne, M. A. Handlirsch.
Kais. Königl. Zoologische Botanische Gesellschaft, M. A. Hand-
  lirsch.
Societas Entomologica Bohemiae, Profᶠ F. Klapálek.

Belgique.

* Musée du Congo belge, Tervueren, Dʳ H. Schouteden.
* Ecole de médecine tropicale, Bruxelles, Dʳ Jacqué.

Espagne.

Gouvernement, Ministère de l'Instruction publique et des Beaux-
  Arts, M. D.-R. Garcia y Mercet, Naturaliste agrégé au
  Musée d'Histoire naturelle de Madrid.
Real Academia de Ciencias y Artes, Barcelona, Rév. P. Lon-
  ginos Navas.
Razon y Fé, Madrid, Rév. P. Longinos Navas.
Sociedad Aragonesa de Ciencias naturales, Zaragoza, Rév. P.
  Longinos Navas.

États-Unis.

* Museum of Comparative Zoology, Cambridge (Mass.), M. S.
  Henshaw.
Philadelphia Academy, Dʳ H. Skinner.
The Academy of Natural Sciences of Philadelphia, Dʳ H. Skin-
  ner.
The American Entomological Society, Philadelphia, Dʳ H.
  Skinner.
The Entomological Society of America, Dʳ H. Skinner,
  Profᶠ H. Osborn, Dʳ W.-J. Holland.

GRANDE-BRETAGNE ET IRLANDE.

Université de Cambridge, Hon. N.-C. ROTHSCHILD, Prof R.-C. PUNNETT. ·

Université d'Edimbourg, D R.-S. MacDOUGALL.

Université de Londres, F.-V. THEOBALD.

Université d'Oxford, D M. BURR, Prof E.-B. POULTON, D F.-A. DIXEY.

British Museum (Natural History), D the Hon. L.-W. ROTHSCHILD.

Board of Agricultural and Fisheries, London, D R.-S. MacDOUGALL.

* Colonial Office, London, Hon. N.-C. ROTHSCHILD.

County Council of Lancashire, M. J.-D. SCOTT.

Edinburgh and East of Scotland College of Agriculture, D R.-S. MacDOUGALL.

Essex Education Committee, Chelmsford. M. C.-A. EALAND

The Incorporated Liverpool School of Tropical Medicine. M. R. NEWSTEAD.

Public Libraries of Newcastle on Tyne, M. R.-S. BAGNALL.

Public Libraries, Museum and Art Gallery, Sunderland, M. R.-S. BAGNALL.

Royal College of Science, Dublin, Prof G.-H. CARPENTER.

Royal Colonial Institute, London, Sir D. MORRIS.

South Eastern Agricultural College of Wye, Prof F.-V. THEOBALD

* Entomological Research Committee (Tropical Africa), Hon. N.-C. ROTHSCHILD.

Birmingham Entomological Society, M. J. COLBRAN WAINWRIGHT.

East Kent Scientific Society, D M. BURR.

Entomological Society of London, D F.-A. DIXEY, M. H.-S.-K. DONISTHORPE, M. F. MERRIFIELD, M. R. TRIMEN.

Literary and Philosophical Society of Newcastle on Tyne, M. R.-S. BAGNALL.

Linnean Society, London, Prof E.-B. POULTON.

Natural History Society of Northumberland, Durham and Newcastle on Tyne, M. H. ELTRINGHAM, M. R.-S. BAGNALL.

* Northamptonshire Natural History Society and Field Club,
Northampton, Hon. N.-C. ROTHSCHILD.
Royal British Arboricultural Society, M. A.-T. GILLENDERS.
Royal Society, London, Prof E.-B. POULTON.
South London Entomological and Natural History Society,
Dr M. BURR.
The South East Union of Scientific Societies. M. J.-W. TUTT
Vale of Derwent Naturalist's Field Club, M. R.-S. BAGNALL.
Zoological Society of London, M. G.-A.-K. MARSHALL.

HONGRIE.

Musée national hongrois, Budapest, Dr G. HORVATH
Société entomologique de Hongrie, Dr G HORVÁTH, Dr C.-K.
KERTÉSZ.
Société royale des Sciences naturelles de Hongrie, Dr G.
HORVÁTH.

INDES ORIENTALES.

* Agricultural Research Institute, Pusa, M. J.-M. HOWLETT

ITALIE.

Union Zoologica Italiana, Prof A. BERLESE.

JAPON.

Gouvernement, C. SASAKI, Prof de Zoologie, d'Entomologie
et de Sériciculture à l'Université de Tokio.

LUXEMBOURG.

Gouvernement, M V. FERRANT, Directeur du Musée d'Histoire
naturelle de Luxembourg.
Société des Naturalistes luxembourgeois, M. V. FERRANT.

Pays-Bas.

's Rijks Museum voor Natuurlijke Historie, Leiden, Dr F.-A. Jentink.
Natura Artis Magistra, Amsterdam, Prof J.-C.-H. de Meyere.
Nederlandsche Dierkundige Vereeniging, Dr H.-J. Veth.
Nederlandsche Entomologische Vereeniging, La Haye, Jhr Dr E.-J.-G. Everts.

Suède.

Gouvernement, Prof Dr Y. Sjöstedt, Intendant au Musée d'Histoire naturelle de Stockholm.

Suisse.

Gouvernement, Dr A. von Schulthess-Rechberg.
Naturforschende Gesellschaft, Zürich, Dr A. von Schulthess-Rechberg.
Schweizerische Entomologische Gesellschaft, Dr A. von Schulthess-Rechberg.

LE CONGRÈS

PROCÈS-VERBAUX.

LUNDI 1er AOUT

9 heures. — Ouverture du Bureau pour la distribution des cartes et circulaires à ceux des adhérents qui n'ont pu assister à la fête inaugurale offerte par la Société entomologique de Bruxelles.

10 $^1/_2$ heures. — *a*) M. A. LAMEERE, président du Congrès : Discours d'ouverture.

b) M. G. SEVERIN, secrétaire général : Rapport.

c) Constitution et désignation des membres du Bureau et des Comités.

d) Conférence par M. Y. SJÖSTEDT (Stockholm) : Die schwedische Kilimandjaro-Expedition und deren Ergebnisse. (Projections lumineuses.)

e) Réunion des Présidents des Sections.

Séance générale.

Président :   M. A. LAMEERE (Bruxelles).
Vice-Président : M. E. SIMON (Paris).
Secrétaire :   M. G. SEVERIN.

Dès 9 heures du matin, le Palais des fêtes de l'Exposition, où se tenaient les assises du Iᵉʳ Congrès international d'Entomologie, reçut la visite de nombreux congressistes qui n'avaient pu assister à la réception de la Société entomologique de Belgique et qui étaient désireux de retirer leur insigne ou d'obtenir des renseignements sur le programme du Congrès.

Le Secrétariat général avait été installé dans la salle D du Palais des fêtes. Le nombre de congressistes présents est assez considérable et beaucoup se connaissent déjà depuis le soir précédent, tandis que les nouveaux sont présentés ; et nous constatons dès ce premier jour une cordialité et une sympathie entre les assistants, qui ne fera qu'augmenter pendant toute la durée du Congrès. Il est vrai de dire que, relativement peu nombreux, ceux qui sont venus jusqu'à Bruxelles portent en général des noms connus en entomologie et que la plupart d'entre eux ne se connaissent que par des relations écrites, situation spéciale qui ne se présentera peut-être plus à l'avenir, lorsque le nombre des adhérents réguliers se sera accru considérablement.

Vers 10 ¹⁄₂ heures, le Bureau s'installe et M. le Profᵗ A. LAMEERE, président de la Société entomologique de Belgique et professeur de zoologie et d'anatomie comparée à l'Université de Bruxelles,

ouvre le Ier Congrès international d'Entomologie par le discours
suivant :

Discours d'ouverture par M. le Prof^r A. LAMEERE, président du Congrès.

MESDAMES, MESSIEURS,

Les promoteurs de cette réunion scientifique ont désiré qu'elle
fût présidée par le Président de la Société entomologique de Belgique ; je déclare en conséquence ouvert le Ier Congrès international d'Entomologie.

Il est dans les vœux de vous tous que je commence par exprimer
notre reconnaissance à ceux qui ont permis la réalisation de l'œuvre
nouvelle, à ceux qui ont facilité la venue en cette ville des représentants les plus autorisés de notre science, à ceux aussi qui con-
tribueront à laisser aux congressistes un souvenir aimable de
l'hospitalité bruxelloise.

Je remercie les Gouvernements qui nous ont accordé leur appui
officiel et qui nous ont envoyé des délégués, ainsi que les institutions scientifiques, universités, écoles de médecine, administrations agricoles ou forestières, musées et sociétés savantes, qui ont
tenu à se faire représenter à ces assises où l'entomologie doit
s'affirmer comme une science indépendante et victorieuse.

L'idée de réunir en un congrès les entomologistes de tous les
pays a pris naissance en Angleterre. C'est notre savant collègue
M. le Dr KARL JORDAN qui y songea le premier ; secondé par
MM. W. ROTHSCHILD, W. HORN et G. SEVERIN, il réunit les
adhésions enthousiastes de bon nombre d'entomologistes de nationalités diverses, qui lancèrent un premier appel en 1907 ; cette
manifestation devait amener l'assemblée d'élite que j'ai le grand
honneur de présider aujourd'hui.

En 1889, la Société zoologique de France prenait l'initiative d'un
Congrès international de Zoologie : l'institution fut couronnée de
succès et elle n'a fait que progresser depuis ; les zoologistes se sont
réunis régulièrement tous les trois ans, et le VIIIe Congrès de
Zoologie aura lieu dans quelques jours à Graz.

Les botanistes ont suivi l'exemple des zoologistes : leur III⁰ Congrès international a eu lieu à Bruxelles au mois de mai dernier.

A leur tour, les entomologistes entrent en scène ; jusqu'ici un certain nombre d'entre eux ont participé aux congrès de zoologie et ils continueront à y assister dans l'avenir ; la création d'un congrès nouveau n'est qu'une application plus efficace de la loi de division du travail qui s'impose à la faiblesse humaine ; elle n'est nullement une manifestation destinée à diminuer en quoi que ce soit l'importance des congrès de zoologie ; au contraire, en appelant, d'une part, davantage l'attention des zoologistes sur la valeur de l'entomologie et, d'autre part, en coordonnant les efforts des entomologistes en vue de synthétiser leurs recherches, l'institution que nous inaugurons à cette heure contribuera à rapprocher les deux catégories de biologistes et à étendre le domaine de connaissances qui leur est commun.

Les entomologistes se sentent quelque peu dépaysés dans les congrès de zoologie ; aussi, bien que leur nombre dépasse de beaucoup celui de tous les autres zoologistes, ils n'y sont que faiblement représentés. C'est que les zoologistes proprement dits sont généralement étrangers à l'entomologie, qu'ils se sont habitués à traiter en spécialité très nettement distincte ; leurs préoccupations sont souvent toutes différentes de celles des entomologistes, lesquels en ont eux-mêmes une foule qu'ils ne peuvent discuter qu'entre eux. Une section seulement est réservée à l'entomologie dans les congrès zoologiques : c'est beaucoup trop peu, car l'entomologie est à elle seule une science plus étendue que toutes les autres disciplines zoologiques.

La division du travail entre biologistes a été fort mal préparée par la nature : il y a des Végétaux et des Animaux, il y a aussi des botanistes et des zoologistes ; l'on s'est habitué à considérer les lots attribués aux uns et aux autres comme équivalents, ce qui se traduit, dans l'enseignement notamment, par une égale importance donnée aux deux sciences. Or, la botanique a pour objet l'étude d'organismes non seulement beaucoup moins nombreux que les Animaux, mais encore beaucoup moins compliqués et surtout moins différenciés ; le résultat en est que, par suite d'une répartition très inégale de la tâche à accomplir, les zoologistes se trouvent être fort en retard sur les botanistes à bien des points de vue. Ouvrez un traité de botanique : vous y verrez une partie systématique bien coordonnée, puis une partie générale où l'anatomie, la physiologie, l'éthologie se trouvent traitées d'une manière synthétique et déjà très parfaite. Un traité de zoologie, au contraire, est réduit à une partie systématique dans laquelle les rapports entre les embranchements ne sont même pas indiqués; il n'y a point de synthèse physiologique, car l'on ne peut décorer du titre de physiologie animale les données fragmentaires réunies sous le nom de physiologie humaine ; il n'y a point non plus de morphologie générale des Animaux, les traités d'anatomie comparée étant spéciaux aux seuls Vertébrés, ou bien constituant des tranches de zoologie systématique réduites à de l'anatomie; quant à l'éthologie, elle est encore si peu dans les préoccupations des zoologistes, que notre collègue M. le Prof^r EMERY rompait énergiquement une lance en sa faveur et la présentait presque comme une nouveauté, en 1904, au Congrès zoologique de Berne.

Maintenant, s'il consulte un traité de zoologie, l'entomologiste éprouvera toujours une déception : il trouvera peut-être le chapitre des Crustacés traité aussi bien que celui des Vers, des Échinodermes ou des Mollusques, mais pour ce qui concerne les Araignées et surtout les Insectes, il constatera que l'auteur, loin de profiter de la somme énorme de connaissances accumulées par les entomologistes, trésor immense qui aurait pu faire de cette partie de son œuvre la plus belle et la plus intéressante peut-être au point de vue de la philosophie naturelle, a presque tout laissé dans l'ombre pour s'en tenir à quelques données superficielles.

Le zoologiste s'excusera d'ailleurs parfois de ne pouvoir traiter les Insectes sur le même plan que les autres groupes : l'étendue de son ouvrage en aurait été doublée ou triplée, force lui a été d'en faire le sacrifice.

L'entomologie se trouve ainsi placée, à cause de son étendue, au rang des parias dans la zoologie; elle est la Cendrillon des sciences biologiques, et il est facile de remonter aux causes de cet ostracisme : elles ont leur source première dans l'enseignement universitaire.

Il y a généralement dans les universités un seul professeur de zoologie qui est en même temps chargé le plus souvent du cours d'anatomie comparée. Qui dit enseignement dit élagage : le professeur de zoologie doit choisir, dans l'immense domaine qu'il a à explorer, ce qui convient le mieux à l'éducation de ses élèves ; il devra amputer, rogner sans cesse, et tout naturellement, sans qu'on puisse lui en faire aucun reproche, il arrivera à sacrifier presque complètement l'entomologie.

C'est le spectacle que nous offre l'enseignement universitaire à la fin du XIXe siècle et au commencement du XXe : la zoologie n'est pas encore totalement affranchie de la tutelle de l'anthropologie prise dans son sens le plus large; le professeur ayant affaire à des étudiants qui, pour la plupart, se destinent à la médecine, se voit obligé d'apporter une attention spéciale à l'étude des Vertébrés et de tous les types qui pourraient en avoir été des ancêtres ou qui se rattachent directement à des ancêtres présumés; le zoologiste s'est petit à petit habitué ainsi à s'intéresser surtout aux Animaux marins : les formes terrestres autres que les Vertébrés ont été presque complètement délaissées, et la création de magnifiques laboratoires au bord de la mer dans presque tous les pays civilisés est venue consacrer cet état de choses. L'exemple nous vient d'ailleurs de l'illustre GEORGES CUVIER qui dut laisser à PIERRE LATREILLE, le prince des entomologistes, le soin de rédiger toute la partie entomologique, c'est-à-dire près de la moitié, du Règne animal.

Nul ne songera à critiquer l'attitude prise par les universitaires, leur manière d'agir s'imposant pour eux d'autant plus que les Animaux marins leur fournissent le matériel d'élection pour la solution des problèmes les plus passionnants de la phylogénie et de la zoologie générale; l'immense impulsion donnée à la biologie par les zoologistes en ces dernières années justifie pleinement la division du travail qui les a obligés à sacrifier l'entomologie.

Les zoologistes auraient pu, il est vrai, choisir des Arthropodes terrestres comme matériel pour résoudre des problèmes d'ordre général, mais ils ne l'ont fait que rarement, et seulement en quelque sorte lorsqu'ils y étaient forcés. C'est qu'ils se sont habitués peu à peu à un procédé de recherches exclusif, celui des coupes au microtome; or les Arthropodes, par leur revêtement chitineux, se prêtent mal à ce genre de méthode, il en résulte que leur anatomie a été très insuffisamment étudiée; la légende s'est peu à peu accréditée que cette anatomie est trop uniforme pour qu'elle mérite les peines qu'il faudrait se donner pour la connaître; erreur! S'il est vrai qu'il n'y a qu'un Insecte, cet organisme est cependant comparable à un diamant à milliers de facettes, et ces facettes il faut les mettre en lumière pour apprécier toute la beauté de cet incomparable joyau. L'Insecte est peut-être assez uniforme, en effet, dans sa structure intérieure, mais toutes les complications anatomiques des autres Animaux se retrouvent et au delà dans son squelette; seulement l'intérêt de toutes les particularités que l'Insecte montre ne se dévoile que par l'étude des rapports que ces caractères, souvent insignifiants pour un esprit non prévenu, montrent avec le monde extérieur; il faut étudier les mœurs des Insectes pour apprécier leur anatomie, et ce n'a point été jusqu'ici la mode chez les zoologistes d'apporter à l'étude des mœurs des Animaux une grande importance et à faire en même temps de l'éthologie.

Le zoologiste est aujourd'hui avant tout un homme de laboratoire, qui fait des coupes, qui les étudie au microscope et qui les décrit; il sort parfois de cette spécialité, mais alors c'est pour rester fidèle aux Animaux marins, et il n'a souvent d'yeux que pour le plancton. L'entomologiste est, au contraire, un naturaliste de plein air; la découverte de ses sujets d'étude est déjà une science; après avoir regardé ses Insectes avec des loupes ou avec les microscopes spéciaux que l'on construit aujourd'hui à son intention, il doit chercher à comprendre ce qu'il a vu en allant, dans les bois ou dans les champs, voir vivre les organismes qui font l'objet de ses investigations.

Les professeurs de zoologie, leurs assistants, leurs élèves ne sont donc pas, à de rares exceptions près, des entomologistes; placez-les au bord de la mer, ils seront dans leur élément et ils pourront disserter longuement sur tous les Animaux que vous aurez l'occasion de leur montrer, mais demandez-leur de vous accompagner dans votre jardin, et ils vous avoueront, de très bonne grâce d'ailleurs, que la population d'Insectes qui l'habitent leur est presque totalement inconnue.

Eh bien! ce sont ces universitaires qui forment la grande majorité des adhérents aux congrès de zoologie; les quelques entomologistes qui se joignent à eux poursuivent peut-être, comme ces savants, les mêmes problèmes biologiques généraux, mais la plupart des entomologistes ont une autre éducation, une autre méthode de travail, et ils partent d'une base différente; ils sont aussi éloignés des zoologistes, tout en ayant accumulé une somme de science au moins égale, que les uns et les autres le sont des botanistes; l'on comprend que, dans ces conditions, ils aient hésité à venir dans les congrès de zoologie et que leur réunion en des congrès spéciaux s'imposât.

Un congrès peut, en effet, rendre à la science des services, à condition de ne pas grouper des éléments trop disparates, car son utilité réside essentiellement en la rencontre d'hommes ayant les mêmes préoccupations, en vue d'une action commune.

Les entomologistes ont un intérêt puissant à entrer en relations les uns avec les autres, et il est encore plus avantageux qu'ils apprennent à se connaître personnellement, pour échanger des réflexions et des idées, au besoin pour voir disparaître certaines préventions injustifiées; la spécialisation poussée forcément chez eux à un degré souvent excessif n'est compatible, pour être fructueuse, qu'avec une entr'aide mutuelle de tous les instants.

Nous pouvons donc être persuadés que, plus encore peut-être que pour les autres naturalistes, les congrès ont leur raison d'être pour ceux qui s'adonnent à l'étude des innombrables Arthropodes. Les entomologistes discuteront entre eux les nombreuses questions qui sont particulières à leur science et prendront des résolutions que quelques-uns d'entre eux pourront alors, si elles intéressent l'ensemble des sciences zoologiques, soumettre aux congrès internationaux de zoologie. C'est dans cette pensée que les organisateurs des congrès d'entomologie ont songé à les réunir la même année et quinze jours avant les congrès de zoologie.

La création de congrès entomologiques aura probablement encore une autre conséquence des plus favorables au développement de notre science, celle d'affirmer la puissance de l'entomologie et de la révéler telle qu'elle est, comme un corps de doctrine de première importance, à ceux qui l'ignorent, qui la négligent ou qui la considèrent comme accessoire. L'exemple que nous donnons aujourd'hui en proclamant notre indépendance devrait avoir sa répercussion ailleurs.

Déjà les administrations de certains musées, celle de Budapest notamment, se sont rendu compte de la situation intolérable faite à l'entomologie dans le système très habituel qui consiste à confier à un seul fonctionnaire la charge de toutes les collections d'Arthropodes ou même d'Insectes : il ne faut pas perdre de vue en effet que bien des familles d'Insectes ont une importance plus grande que les classes de Vertébrés et que le labeur qu'exige la bonne tenue scientifique de la collection de chacun des grands ordres d'Insectes est plus considérable que celui que réclament tous les Vertébrés réunis.

L'on finira par comprendre peut-être aussi que la division du travail est essentiellement mal faite parmi les biologistes universitaires : personne n'a jamais trouvé à redire à la séparation des zoologistes et des botanistes, mais n'y aurait-il pas les plus grands avantages à établir trois catégories, l'entomologie ayant une importance au moins égale à celle de la botanique ou du reste de la zoologie ?

Les universités ne peuvent pas, sans mentir à la devise qui leur a valu leur nom *Universis disciplinis*, persister dans les errements actuels : étant donné que les professeurs de zoologie doivent forcément sacrifier l'entomologie, ne devraient-ils pas suivre l'exemple de Cuvier et réclamer à côté d'eux l'aide d'un Latreille? Déjà plusieurs universités des États-Unis sont entrées dans cette voie en nommant des professeurs d'entomologie, et nous avons tous applaudi au geste de l'Université d'Amsterdam créant une chaire d'entomologie pour notre savant collègue M. le Dr de Meyere. Rappelons que pendant de longues années l'Université de Vienne eut un professeur d'entomologie, l'illustre Fr. Brauer, dont la mémoire doit nous être particulièrement chère; son influence a fait de la capitale autrichienne un des centres entomologiques les plus éclairés de notre temps.

Pour justifier l'importance que nous accordons à l'entomologie, établissons son bilan et montrons les promesses qu'elle nous fait pour l'avenir. Quel meilleur plaidoyer d'ailleurs en sa faveur que la liste des communications annoncées comme devant être faites à ce Congrès !

La valeur d'une science doit s'apprécier non seulement par l'utilité qu'elle peut avoir pour l'homme, mais encore par la somme de jouissances intellectuelles qu'elle apporte à l'humanité.

Voyons d'abord le point de vue utilitaire, celui qui est de nature à nous rallier le plus d'adeptes.

Au moyen âge, les hommes faisaient des procès aux Insectes nuisibles, mais aujourd'hui ils s'adressent aux entomologistes et leur demandent de détruire ces ennemis de leurs récoltes et de leurs forêts. Dans toutes les écoles de sylviculture et d'agriculture, il y a actuellement des cours d'entomologie, et nous possédons d'excellents traités d'entomologie forestière ou agricole, d'entomologie forestière surtout. Il y a mieux à faire cependant que de donner des cours qui résument l'acquit de la science en vue des applications individuelles que chaque forestier ou chaque agriculteur sera appelé à en faire dans sa sphère d'action limitée : la constatation faite que certains Insectes, que beaucoup d'espèces d'Insectes font perdre à l'humanité chaque année des millions transporte l'entomologie dans le domaine de l'économie politique. La recherche de moyens de destruction radicaux et, si possible, définitifs s'impose : elle suppose au préalable une connaissance approfondie de l'ennemi et surtout de ses mœurs; elle exige souvent de longues investigations et elle se heurte plus fréquemment encore à de multiples tâtonnements, à des essais infructueux et coûteux, à des résultats souvent aléatoires. L'expérience a cependant démontré qu'il n'y a pas lieu de se rebuter. Depuis longtemps les États-Unis, pays de cultures très étendues, ont compris la nécessité de chercher à soustraire les récoltes au tribut considérable que prélèvent sur elles certains Insectes : des laboratoires, des stations d'entomologie appliquée ont été créés, et on les a multipliés de plus en plus, tant les résultats qu'ils ont donnés ont été remarquables; l'exemple s'est propagé à la vieille Europe dont la plupart des États ont également créé des stations expérimentales en vue de la recherche des procédés de destruction des Insectes nuisibles; le succès de ces institutions nous fait déplorer que certains pays soient en retard sur leurs voisins et n'aient pas encore compris la nécessité de marcher dans cette voie féconde.

Les entomologistes n'ont eu qu'à se féliciter de la création de ces laboratoires d'entomologie appliquée, et ils doivent encourager par tous leurs efforts leur institution : c'est avec joie qu'ils en verraient créer dans les régions tropicales. En effet, la nécessité de connaître les Insectes nuisibles a inévitablement entraîné ceux qui cherchent à les détruire, à faire en même temps de l'entomologie pure et à enrichir le trésor de nos connaissances : voyez combien nous utilisons encore aujourd'hui, pour y puiser à pleines mains, les ouvrages du vieux forestier RATZEBURG : quelle mine inépuisable de renseignements sur les métamorphoses, sur les mœurs des Insectes ne trouvons-nous pas dans les rapports des stations entomologiques américaines, que ne devons-nous pas au fondateur de ces institutions, notre infortuné confrère RILEY; en Europe, les travaux faits par les chefs des laboratoires d'entomologie appliquée ne comptent-ils pas parmi les meilleurs et parfois parmi les plus remarquables de ceux qui sont publiés chaque jour ?

L'entomologie appliquée est la sœur cadette de l'entomologie pure; celle-ci a guidé ses premiers pas; aujourd'hui qu'elle est émancipée, l'entomologie appliquée paye largement sa dette de reconnaissance à sa sœur aînée.

Il est donc tout naturel de voir réunis en ce Congrès les praticiens et les théoriciens de l'entomologie; les uns et les autres ont à se prêter constamment un mutuel appui.

Le domaine de l'entomologie appliquée s'est tout à coup, en ces dernières années, singulièrement élargi par l'aide inattendue que l'entomologie est venue apporter à la médecine et à l'hygiène.

Jusqu'ici les Acariens et les Insectes parasites de l'Homme

n'avaient été considérés que comme désagréables, et voilà qu'il y a lieu maintenant de les accuser des pires méfaits; non seulement les Ixodes, les Poux, les Punaises, les Puces et même les Mouches peuvent nous introduire dans le sang des microbes pernicieux, mais il se fait que certains Diptères sont les agents naturels de propagation de maladies effroyables. Les Culicides sont devenus tristement célèbres comme inoculateurs de Sporozoaires qui produisent des fièvres mortelles, rendant les contrées humides et principalement les régions tropicales excessivement dangereuses pour l'humanité. Puis voici venir les Mouches Tsé-tsé qui jouent le même rôle dans la transmission des Trypanosomes, causant l'épouvantable maladie du sommeil ou décimant le bétail dans les colonies équatoriales.

Nous pouvons nous réjouir doublement de voir ainsi le chapitre entomologie de la zoologie médicale prendre une importance exceptionnelle, les médecins obligés de se rapprocher des entomologistes et de devenir des entomologistes eux-mêmes en ajoutant à leurs bagages pour les régions tropicales un filet à Papillons; d'une part, une grande découverte a été faite, et l'humanité se trouve devant un peu moins d'inconnu, ce qui peut déjà lui apporter quelque espérance; d'autre part, l'expérience a montré que l'entomologie pouvait fournir une aide plus efficace encore que celle de la médecine dans la lutte contre le mal, puisque c'est par des moyens entomologiques et non médicaux que les Américains ont détruit la fièvre jaune à La Havane.

Il est permis de penser, par analogie, qu'une étude approfondie des mœurs des *Glossina* nous fera peut-être vaincre la maladie du sommeil et le nagana : ce sont plutôt des entomologistes bien au courant des mœurs des Diptères que des médecins qu'il faut envoyer dans les régions tropicales pour découvrir les moyens d'avoir raison de ces lamentables fléaux.

Faisons des vœux pour que dans un avenir peu éloigné nous puissions enregistrer un nouveau triomphe de l'entomologie!

L'impulsion donnée à notre science par l'appui qu'elle apporte à la prophylaxie des maladies infectieuses a été tout aussi considérable que celle que lui donnent constamment ses applications agricoles et forestières : puisse ce mouvement s'accentuer encore, puisse-t-il appeler davantage l'attention de tous sur la valeur de l'entomologie théorique.

Au point de vue intellectuel pur, il y a lieu d'envisager, d'une part, l'apport de l'entomologie à la biologie générale et à l'ensemble de nos connaissances zoologiques essentielles, d'autre part, l'intérêt que l'entomologie présente pour elle-même. Nous avons, en effet, le devoir d'utiliser les divers organismes que nous connaissons pour arriver à découvrir les lois de la vie et les phénomènes communs à tous les êtres organisés : l'entomologiste ne devrait jamais perdre de vue qu'il n'y a pas de plus noble but à ses études que de contribuer à ajouter une pierre à l'édifice des connaissances générales dont l'ensemble forme la philosophie naturelle; la spécialisation n'est qu'un moyen pour arriver, par un effort commun, à des résultats synthétiques.

L'étude des Arthropodes suffirait presque à elle seule pour nous donner une conception très complète de l'ensemble des phénomènes biologiques et pour nous faire comprendre ce que sont les Animaux; si les Arthropodes n'existaient pas, les pages les plus éloquentes peut-être du livre de la vie seraient restées à jamais blanches pour nous, et d'autres nous apparaîtraient comme indéchiffrables.

En 1884 déjà, l'abbé CARNOY, professeur à l'Université de Louvain, signalait les cellules des Arthropodes comme étant les plus dignes d'attirer l'attention des cytologistes : elles sont immenses, d'une beauté ravissante, d'une incomparable perfection, avec des noyaux gigantesques; elles suffiraient à écrire toute la biologie cellulaire. Aussi les avons-nous vues à diverses reprises, en ces dernières années, mises largement à contribution par les zoologistes, et elles leur ont fait découvrir des phénomènes essentiels; seules elles ont permis de débrouiller quelques-uns des problèmes les plus importants relatifs à la fécondation, à l'activité du protoplasme, aux rapports de celui-ci avec le noyau.

L'incursion des zoologistes de laboratoire dans ce domaine est malheureusement trop peu fréquente encore ; il n'est point douteux qu'une connaissance plus sérieuse de l'entomologie systématique leur permettra d'aller bien au delà de ce qu'ils ont obtenu jusqu'ici : l'avenir de la biologie cellulaire est peut-être surtout dans l'étude des Insectes.

Dirons-nous tout ce que la zoologie doit à la connaissance de l'histologie, de l'anatomie, de l'embryologie, de la physiologie, de la psychologie des Arthropodes! Ce n'est pas que nous rencontrons ici, comme chez les Animaux inférieurs, des dispositions primitives qui nous permettent d'interpréter plus facilement la genèse des complications que nous offrent les Vertébrés. Nous avons, au contraire, affaire à des organismes très compliqués, mais montrant des complications d'un genre souvent opposé. Les Arthropodes sont comme des Animaux d'un autre monde: leur étude pour la connaissance de l'Homme même offre cet avantage de nous permettre la comparaison avec des Animaux d'organisation très différente.

N'ont-ils pas un tissu musculaire tout spécial, plus perfectionné que celui des Vertébrés même? Les Araignées et les Insectes ne montrent-ils pas, grâce à la présence de trachées, un renversement des rapports entre la respiration et la circulation du sang? Nous trouvons chez les Arthropodes des reins distincts de ceux de tous les autres Animaux, une digestion très particulière, les modes de locomotion les plus variés, y compris le vol, un système nerveux très éloigné de celui des Vertébrés, des organes des sens très perfectionnés, mais construits sur un type tout à fait spécial et ayant pour conséquence une autre audition, un autre odorat, une vision peut-être toute différente.

Et que dire des instincts merveilleux inscrits dans l'énigmatique système nerveux de nos bestioles, de la véritable intelligence que quelques Insectes supérieurs sont seuls peut-être à posséder parmi les Animaux avec les Vertébrés, cette intelligence dont la constatation a tant fait pour faire sortir la psychologie de l'ornière de la métaphysique.

Combien il est à regretter que cette organisation si remarquable des Arthropodes ne soit pas fouillée davantage et que leur physiologie surtout soit si peu étudiée que, parmi les zoologistes universitaires, notre vénéré collègue M. le Prof PLATEAU est à peu près le seul qui soit sorti de la routine habituelle pour explorer ce domaine.

Parlons aussi de l'embryologie : un œuf à segmentation très particulière, une formation des feuillets encore mal élucidée et dont la connaissance viendrait peut-être jeter de la lumière sur la conception que nous devons avoir de ce processus dans l'ensemble du règne animal, d'extraordinaires complications amenées chez les Insectes par la présence d'annexes de l'embryon et dont les analogues se trouvent chez les Vertébrés supérieurs, enfin la polyembryonie par séparation des blastomères de l'œuf, phénomène si suggestif découvert chez certains Chalcidides et Proctotrypides par M. PAUL MARCHAL, le savant professeur à l'Institut national agronomique de France, viennent donner à ce chapitre de l'entomologie un puissant intérêt; mais cet intérêt est surpassé encore par deux particularités qui constituent ce que j'appellerais volontiers la gloire scientifique des Arthropodes, la parthénogenèse et les métamorphoses.

Faut-il rappeler l'émoi dû à la constatation faite par BONNET, philosophe de Genève, du viviparisme des Pucerons et de leur reproduction sans le concours du mâle? L'exception, dit-on, confirme la règle, et en biologie c'est souvent par le chemin détourné de l'exception que nous arrivons à la découverte de la loi générale. Voyez le rôle que joue la parthénogenèse dans les grandes conceptions biologiques et particulièrement dans l'œuvre de WEISMANN.

Il y aurait trop à dire sur les métamorphoses. Celles des Crustacés ont puissamment contribué à faire admettre la loi biogénétique fondamentale en vertu de laquelle les organismes repassent, pendant leur existence individuelle, par les caractères de leurs ancêtres; celles des Insectes constituent un des plus merveilleux phénomènes d'adaptation de la nature entière.

Mais là où éclate la supériorité incontestable de l'entomologie sur les autres départements de la zoologie, c'est dans le domaine de l'étude des rapports que les organismes offrent avec leur milieu, cette science que l'on appelle souvent bionomie et à laquelle il vaut mieux, je pense, conserver le nom d'éthologie sous lequel l'a désignée en premier lieu ISIDORE GEOFFROY SAINT-HILAIRE.

Les Animaux marins ne laissent guère deviner leurs mœurs; de là vient peut-être que les zoologistes se sont confinés trop exclusivement dans l'étude de leur anatomie et de leur embryogénie; par contre, quels meilleurs sujets que les Insectes pourrait-on trouver dans l'animalité entière pour faire de l'éthologie? Tous les genres de vie accompagnés des industries les plus diverses, toutes les adaptations, les formes les plus variées de la protection de l'individu, allant de la phosphorescence au mimétisme, tous les rapports possibles avec d'autres organismes, parasitisme souvent compliqué de génération alternante, mutualisme avec les plantes auxquelles ils ont fourni l'occasion de constituer des galles protectrices ou de cacher du nectar dans des fleurs odoriférantes en vue de la fécondation croisée, vie sociale caractérisée par l'existence de neutres, symbiose avec des Animaux domestiques, culture de Champignons ou de Phanérogames, que de faits admirables ayant non seulement leur intérêt pour eux-mêmes, mais étant encore de la plus haute valeur dans la discussion des facteurs de l'évolution et pour la compréhension du mécanisme général des grands phénomènes de la nature.

L'apport de l'entomologie à la biologie est donc immense, mais s'il a pu en être ainsi, si nous avons foi que dans l'avenir l'étude des Arthropodes continuera à contribuer encore davantage au développement des connaissances essentielles dont l'humanité s'honore, c'est que des légions de naturalistes ont cultivé l'entomologie pour elle-même, parce que des amateurs, et cette appellation d'amateurs n'est pas prise par moi dans un sens défavorable, bien au contraire, parce que des spécialistes infiniment plus nombreux que dans les autres départements de la zoologie se sont voués notamment à la passion des Insectes, concentrant sur ces organismes prestigieux toute l'admiration que leur inspire la beauté de la nature. Ce sont en effet surtout des amateurs qui ont constitué l'entomologie systématique; celle-ci a été et restera toujours le préliminaire obligé de toutes les recherches morphologiques, physiologiques et éthologiques; elle est la base fondamentale de la science.

Combien n'avons nous pas à nous féliciter que les Insectes se prêtent facilement à faire des collections? Que connaîtrions-nous de cette admirable armée dix fois plus nombreuse en espèces peut-être que tous les autres êtres vivants réunis, si elle n'avait pas le privilège d'être revêtue d'une cuirasse inaltérable, délicieusement ciselée et décorée des tons les plus séduisants ou de l'éclat le plus étincelant? Heureux les collectionneurs et honneur à eux! car c'est de la foule de leurs travaux isolés, c'est de leurs inévitables tâtonnements successifs en face du chaos, que sortent enfin les monographies synthétiques dans lesquelles, comme le disait le tant regretté Profʳ ALFRED GIARD, ceux qui peuvent aller au delà trouvent les matériaux dont ils édifient les grandes conceptions scientifiques.

Les amateurs ont cependant été souvent décriés, et, permettez-moi de le dire. c'est quelquefois à juste titre. Si les zoologistes ont pris l'habitude, dont ils commencent à revenir d'ailleurs, de mettre en quelque sorte l'entomologie systématique au ban de la science, c'est, d'une part, certes parce que, connaissant très mal les Insectes, ils ne pouvaient pas se rendre compte des difficultés de la tâche, mais c'est aussi beaucoup la faute aux entomologistes eux-mêmes.

Ce qui nous manque surtout c'est la méthode et un certain nombre de connaissances générales faciles à acquérir; je fais des vœux pour que nos congrès aient ce résultat de contribuer à mettre nos collègues dans la bonne voie, de diminuer le nombre des travaux inutiles et de faire cesser des pratiques peut-être inévitables au début de la science, mais qui sont devenues déplorables aujourd'hui. Les descriptions isolées et surtout non comparatives devraient être absolument proscrites; l'heure est venue de coordonner. Si nous avons une espèce nouvelle à décrire, revisons au moins le genre ou le sous-genre dont cette espèce fait partie. Afin d'éviter la plaie de la synonymie, prenons des mesures pour la conservation des types, et surtout facilitons, par tous les moyens en notre pouvoir, la communication des types à ceux qui pourraient en faire un usage utile, les musées étant tout désignés pour servir d'intermédiaires vis-à-vis des chercheurs pour éviter les pertes ou les abus. Renonçons surtout à publier des descriptions de formes nouvelles dans de petits journaux entomologiques locaux qui ne sont pas en relations d'échange avec les grands centres, et élevons-nous énergiquement contre l'insertion de diagnoses dans les catalogues des marchands !

Ce ne sont là toutefois que questions accessoires ; le plus grand reproche à faire aux entomologistes qui s'occupent de systématique est de se tenir trop en dehors du mouvement scientifique contemporain. Nous ne sommes plus au temps de LINNÉ : classer les organismes, ce n'est plus les distribuer dans des tiroirs commodes afin de faciliter leur étude, et la classification n'est pas un simple inventaire de la nature.

Aujourd'hui le transformisme est admis par tous les savants, même par notre illustre collègue le R. P. WASMANN de la Société de Jésus, c'est-à-dire que la classification est devenue morphologique, phylogénétique, généalogique, qu'elle est la recherche des liens de descendance qui unissent les êtres vivants, qu'elle est un but et plus un simple moyen. La plupart des entomologistes actuels semblent encore l'ignorer et persistent dans les anciens errements : l'on voit tous les jours paraître des travaux excellents, mais qui seront complètement à refaire pour qu'ils répondent aux nécessités de la science ; si cet état de choses persistait, le divorce entre les zoologistes proprement dits et les entomologistes irait en s'accentuant, les uns et les autres ayant des méthodes très différentes et ne pouvant plus se comprendre. Toute l'entomologie systématique est à reconstituer ; nous avons des classifications linéaires débutant par des formes quelconques : il nous faut *la classification*, dans laquelle chaque branche sera disposée, depuis son origine jusqu'à son extrémité, dans l'ordre où elle se présente sur l'arbre généalogique.

Les Arthropodes s'offrent dans d'excellentes conditions au point de vue de la phylogénie ; ils sont d'abord au nombre des organismes dont nous possédons des fossiles, et le magistral ouvrage que vient de publier notre savant collègue M. A. HANDLIRSCH, dans lequel se trouve révisée toute la paléontologie des Insectes, montre combien ces fossiles sont utilisables. La morphologie des Arthropodes, autre base de la phylogénie, c'est-à-dire, comme l'exprime si bien M. Ch. Janet, la connaissance du plan fondamental qui synthétise l'organisation de toutes les formes ancestrales et de toutes les espèces actuelles du groupe, commence à se dégager nettement.

Nous avons, en outre, désormais un fil conducteur admirable pour nous guider dans ce dédale de l'évolution des Insectes, c'est la nervation des ailes dont les recherches de MM. Comstock et Needham ont enfin livré le secret.

La phylogénie est la raison d'être de la systématique; elle a non seulement sa valeur en soi, mais elle est encore la base de l'étude de l'évolution des caractères, et, mariée à l'éthologie, elle nous montre le comment de cette évolution. Nous n'avons plus aujourd'hui simplement à décrire les Insectes, nous avons à les expliquer.

Compagne obligée de la systématique, l'étude de la répartition géographique des organismes doit subir également, dans le domaine de l'entomologie, une réforme en rapport avec le point de vue transformiste; l'on se contente aujourd'hui de baser cette géographie sur des données statistiques : il y a lieu de tenir compte aussi de la qualité phylogénétique des éléments des faunes; il ne suffit pas de constater, par exemple, que deux contrées ont une population différente, il faut déterminer si la population de l'une est inférieure ou supérieure, au point de vue de la descendance, à la population de l'autre; il faut arriver à découvrir de cette manière le sens dans lequel s'est faite la migration des espèces et se servir au besoin de la géologie pour expliquer ces migrations.

Enfin, si tout le monde admet que les êtres vivants se sont modifiés au cours des temps pour constituer les espèces actuelles, l'accord est loin d'être unanime sur le mécanisme de cette évolution même : ici encore l'entomologie a un grand rôle à remplir. Par une critique raisonnée des différences qui existent entre les espèces, et surtout par l'étude bien comprise des variations, nous pouvons venir en aide à la méthode expérimentale appliquée avec tant d'éclat, sur l'initiative des Poulton et des Standfuss, au problème du transformisme.

Des horizons illimités s'ouvrent devant nous...

Les promoteurs de ce Congrès ont été mus essentiellement par une pensée d'union : ils ont voulu, d'une part, établir un rapprochement entre les entomologistes et les autres zoologistes; montrons ce qu'est l'entomologie, les zoologistes viendront à nous;

modifions nos méthodes et nous nous ferons comprendre des zoologistes; d'autre part, les promoteurs du Congrès ont voulu aussi un rapprochement entre tous les entomologistes et particulièrement entre les théoriciens et les praticiens; que cette pensée d'union préside à nos débats; faisons abstraction de toute cause de dissentiment étrangère à la science, oublions que nous appartenons à des nationalités différentes, soyons frères et travaillons pour la gloire de l'entomologie.

MESSIEURS,

Avant d'entamer nos travaux et afin de les placer sous le patronage d'hommes qui ont rendu à l'entomologie des services éminents, j'ai l'honneur de vous informer que le Bureau provisoire vous propose de nommer un Comité d'honneur composé des personnalités suivantes :

MM. C. BRUNNER VON WATTENWYL, de Vienne.

C. EMERY, de Bologne.

J. H. FABRE, de Sérignan.

L. VON HEYDEN, de Francfort.

F. V. A. MEINERT, de Copenhague.

F. PLATEAU, de Gand.

O. M. REUTER, de Åbo.

S. H. SCUDDER, de Cambridge.

P. C. T. SNELLEN, de Rotterdam.

ALFR. RUSSEL WALLACE, de Broadstone.

Adhésion unanime.

Le Président donne ensuite la parole à M. G. SEVERIN, conservateur au Musée royal d'Histoire naturelle, secrétaire général, qui donne lecture d'un court rapport comprenant l'historique de la création et de l'organisation de ce premier Congrès entomologique (voir p. 5), les travaux exécutés par les Comités provisoires et locaux, ainsi que les décisions prises par le Comité exécutif.

Au nom de ce Comité, il propose à l'assemblée de constituer

les travaux des séances générales et des séances de sections de la
manière suivante :

Présidents et Vice=Présidents :

SÉANCES GÉNÉRALES :

Lundi :

Président :   A. LAMEERE, Bruxelles.
Vice-Président : EUG. SIMON, Paris.

Mardi :

Président :   E.-L. BOUVIER, Paris.
Vice-Président : HON. W. ROTHSCHILD. Tring.

Mercredi :

Président :   R. TRIMEN, Woking.
Vice-Président : A. HANDLIRSCH, Vienne.

Jeudi :

Président :   E. B. POULTON, Oxford.
Vice-Président : Jonkh. ED. EVERTS, La Haye.

Vendredi :

Président :   A. LAMEERE, Bruxelles.
Vice-Président : G. HORVATH, Budapest.

SÉANCES DES SECTIONS :

Lundi :

Section d'Entomologie économique et pathologique :

Président :   R. BLANCHARD, Paris.
Vice-Président : F. THEOBALD, Wye.

Section de Systématique :

Président :   H. KOLBE, Berlin.
Vice-Président : J. VILLENEUVE, Rambouillet.

Section de Nomenclature et de Bibliographie :

Président :   S. SCHENKLING, Berlin.
Vice-Président : K. KERTÉSZ, Budapest.

Mardi :

Section de Bionomie, Physiologie et Psychologie :

Président :   H. VON BUTTEL-REEPEN, Oldenburg.
Vice-Président : H. OSBORN, Columbus.

Section d'Entomologie économique et médicale :

Président :   Sir DANIEL MORRIS, Londres.
Vice-Président : J. KUNCKEL D'HERCULAIS, Paris.

Section de Nomenclature :

Président :   H. SKINNER, Philadelphie.
Vice-Président : P. MAGRETTI, Milan.

Mercredi :

Section d'Évolution :

Président :   F. MERRIFIELD, Brighton.
Vice-Président : S. SJÖSTEDT, Stockholm.

Jeudi :

Section de Bionomie, Physiologie et Psychologie :

Président :   R. P. E. WASMANN, Luxembourg.
Vice-Président : P. MARCHAL, Paris.

Section de Systématique :

Président :   A. VON SCHULTHESS, Zurich.
Vice-Président : C. GAHAN, Londres.

Vendredi :

Section de Muséologie et d'Histoire de l'entomologie :
Président :   W. J. HOLLAND, Pittsburg.
Vice-Président : J.-C.-H. DE MEYERE, Amsterdam

Section de Zoogéographie :
Président :   R. HOLDHAUS, Vienne.
Vice-Président : E. OLIVIER, Moulins.

Secrétaires pour la durée du Congrès :

MM. FR. BALL,
     J. DESNEUX,
     Baron MARC DE SELYS LONGCHAMPS,
     M. PHILIPPSON,
     H. SCHOUTEDEN,
Membres de la Société entomologique de Belgique (1).

Cette proposition est adoptée par les applaudissements de l'assemblée.

Le Secrétaire général donne lecture de la correspondance :
Un grand nombre d'entomologistes ont écrit pour approuver l'idée de la formation du Congrès et pour souhaiter qu'il ait plein succès, tout en s'excusant de ne pouvoir venir à Bruxelles. Ils sont trop nombreux pour les citer tous. D'autres ont adhéré, puis, pour des causes spéciales, ont dû renoncer à leur voyage, tels que M. A. BERLESE, de Florence, appelé en mission par le Gouvernement italien, M. R. NEWSTEAD, de Liverpool, envoyé à Malte par le Gouvernement anglais, MM. L. GANGLBAUER, prince ROLAND BONAPARTE, F. V. A. MEINERT, O. M. REUTER, F. PLATEAU, F. A. JENTINCK, A. FOREL, retenus pour cause de maladie ou par des obligations imprévues.

1, Je dois placer ici une mention toute particulière pour M. A. KOLLER, mon collaborateur au Musée, qui avec une attention de tous les instants et une inlassable patience m'a secondé dans les mille complications du travail difficile qu'entraîne l'organisation d'un Congrès.

Ont envoyé des télégrammes de félicitations :

M. N. J. Kusnetzow, de Saint-Pétersbourg : « Salutations cordiales Congrès ».

M. André Semenow-Tian-Shansky : « Salut cordial, vif regret de ne pas pouvoir prendre part travail initial. Meilleurs souhaits ».

Enfin le Secrétaire annonce qu'il a reçu 284 adhésions, celles de 24 membres à vie, de 20 membres associés et de 240 membres effectifs, y compris 61 musées, académies et sociétés scientifiques (1).

Le Président présente M. S. Sjöstedt et lui donne la parole pour sa communication, avec projections lumineuses, sur :

Die schwedische Kilimandjaro=Expedition und ihre Resultate.

(Planches II, III.)

Professor Sjöstedt berichtete in einem von zahlreichen Licht-bilden begleiteten Vortrag über die 1905-1906 ausgeführte letzte Afrika-Expedition, die der Erforschung der Tierwelt auf dem Kilimandjaro, dem Meru und den umgebenden Massaisteppen in Deutsch-Ostafrika galt.

Das Interesse, sagte der Vortragende, das man in den letzteren Jahren der Erforschung der in dieser oder jener Beziehung noch unbekannten Teile der Welt gewidmet hat, galt, wie bekannt, nicht zum mindesten dem schwarzen Weltteil. Es ist deshalb eigentümlich, dass der höchste Berg dieses Weltteils, der Kili-mandjaro, mit seinen eisgekrönten oberen Teilen, seinen wechseln-den Zonen — von der umgebenden Steppe durch Mischwald, Kulturzone, Regenwald und Bergwiesen bis zu den sterilen obersten Teilen mit ihren Gletschern und Schneefeldern — vor

---

(1) Au moment de l'impression de ce volume, nous constatons que par une erreur d'inscription il manque sur les listes des adhérents « *Department of Agri cultura (Salisbury) of the British South African Company (Rhodesia)* » avec une souscription à vie. Les chiffres définitifs s'établissent actuellement de la manière suivante : Membres adhérents. 250, dont 12 membres à vie, et parmi lesquels 147 sont venus au Congrès, plus 75 académies, musées et sociétés adhérents, dont 22 souscriptions à vie, ce qui fait un total actuel de 334 adhérents dont 34 à vie.

Lagerplatz in den Akazienwäldern am Meru.

Bild von der schwedischen zoologischen Station am Kilimandjaro.

Die Karawane (80 Leute) auf dem Wege durch Usambara und Pare zum Kilimandjaro.

Erlegte Giraffe.

dieser Reise, mit Ausnahme einiger Gruppen, höherer Tiere zoologisch beinahe unbekannt geblieben ist, während er geologisch und botanisch von den Professoren HANS MEYER und GEORG VOLKENS in einer ausserordentlich verdienstvollen Weise erforscht ist. Am besten war die Vogel- und Säugetierfauna bekannt; im übrigen kannte man nur hier und da einige Tierformen aus dieser Gegend, die jedoch in keinem Verhältnis zu dem Reichtum stehen, den die Fauna hier aufzuweisen hat.

Die Ursache, dass dieser merkwürdige Berg noch in so vielen Teilen unbekannt geblieben ist, dürfte vielleicht in den lange Zeit dort herrschenden unruhigen Verhältnissen, den oft gegen die Weissen ausbrechenden Empörungen und vielleicht auch in dem traurigen Schicksale zu suchen sein, das den ersten hier arbeitenden Zoologen, Dr. KRETSCHMER, traf, der zusammen mit dem Geologen Dr. LENT 1894 auf einem Marsch durch die östlichen Landschaften von den Eingeborenen überfallen und getödtet worden war. Zweifellos waren jedoch auch später die Blicke vieler Zoologen auf diesen Berg gerichtet, und es galt, einen raschen Entschluss zu fassen, wenn man diese in hohem Grade lockenden Untersuchungen ausführen wollte. Der einige Tagemärsche vom Kilimandjaro belegene Meruberg, der ebenfalls das Ziel der Reise bildete und auch höher ist als der Riesenberg Westafrika's, Kamerun, war zoologisch beinahe vollständig eine *terra incognita*.

Am 20. April 1905 wurde die Reise von Stockholm aus angetreten und am 2. August 1906 erfolgte die Rückkehr in Schweden. Nach verschiedenen Schwierigkeiten erhielten wir in Mambo, der damaligen Endstation der Usambara-Eisenbahn, 80 von den eigentlich erforderlichen 120 Mann, und am 15. Juni wurde mit diesen der Marsch durch Usambara und Pare zum Kilimandjaro angetreten, dessen Westseite nach sechzehn Marschtagen erreicht wurde. Hier, auf einer Höhe von 1,300 m. ü. d. M. wurde in der Landschaft Kibonoto eine Station als Ausgangspunkt für die zoologischen Untersuchungen errichtet.

Im Anschluss an die vorgeführten Lichtbilder : Landschaften, Lagerbilder, Jagdzüge, lebende und erlegte Tiere, Arbeit an der zoologischen Station u. s. w., berichtete der Vortragende über den Gang und das Resultat der Expedition, über die verschiedenen Teile des Berges von der umgebenden Steppe durch Kulturzone, Regenwald, Bergwiesen nach dem ewigen Schnee hinauf, an dessen Rand bei 5,500 Meter Höhe ein paar Tierformen, nämlich eine Collembole (*Mesira annulicornis*) und eine Spinne, eine Lyco-

side, angetroffen wurden. Zum ersten Male hatte ein Zoolog die
Schneefelder des Kilimandjaro, und damit den höchsten Punkt
Afrika's erreicht, und dort Tierleben unter Angabe einer bestimmten Form konstatiert. Auch der höchste Teil des Meru ist
bestiegen worden; die erste dieser Fahrten war ausserordentlich
schwer und kostete leider ein Menschenleben.

Im Zusammenhange mit dem Vortrage legte der Vortragende
dem Kongresse das im grossen ganzen abgeschlossene Reisewerk,
das die ganze Tierserie von Vertebraten bis zu Vermes behandelt,
vor. Das heimgebrachte, 137 Trägerlasten umfassende Material
bestand aus über 59,000 Tieren. Es umfasste über 4,300 Arten,
darunter mehr als 1,400 für die Wissenschaft neue. Das Werk, auf
dessen einleitende Darstellung im übrigen verwiesen wird, besteht
aus drei Bänden in-4° mit 87 Tafeln.

M. le Président remercie M. SJÖSTEDT pour son intéressante
causerie; il le félicite des résultats de son voyage et de la publication de l'ouvrage auquel il a donné lieu.

La séance générale est levée à midi.

Immédiatement après la séance, les présidents, vice-présidents
et secrétaires se réunissent pour prendre des décisions relatives à la
bonne marche des travaux des sections. Il est décidé de maintenir
strictement les recommandations du Comité exécutif de ne pas
laisser dépasser aux communications le temps de trente minutes.
Quant aux discussions, elles ne peuvent dépasser le maximum de
dix minutes, et chacun des membres qui désire voir imprimer ses
remarques ou observations doit en remettre le résumé écrit *avant* la
fin de la séance.

SÉANCE DES SECTIONS

I. — Section d'Entomologie économique et pathologique.

a. M. F. V. Theobald (Wye) : Artificial distribution of Insect pests.
Discussion : MM. T. A. Dixey, R. Trimen, F. V. Theobald, H. Rowland-Brown.

b. Sir Daniel Morris (Londres): The desinfection of imported seeds of plants and the use of insecticides.
Discussion : MM. F. Merrifield, R. Mayné, H. Rowland-Brown, Sir D. Morris, F. V. Theobald.

c. M. le Prof^r L. Gedoelst (Bruxelles) : Diptères cuticoles des Bovidés du Congo.
Discussion : M. F. Lahille.

La séance est ouverte, à 2 heures, par Sir D. Morris (Londres).
Vice-Président : M. F. V. Theobald (Wye).
Secrétaire :   M. J. Desneux (Bruxelles).

M. F. V. Theobald propose à l'assemblée, en l'absence de M. le Prof^r R. Blanchard, de nommer président M. D. Morris. Celui-ci donne la parole à M. F. V. Theobald pour la lecture de sa note sur :

The Economic Importance of the Collembola.
(Résumé.) (1)

That the Collembola could damage plants was known by Lub-

---

(1) Sauf indication spéciale, tous les resumés ont été rédigés par les auteurs des travaux lus pendant les séances.

BOCK and CURTIS. More recent researches by CARPENTER have shown that they do considerable harm to the roots of plants, to seedlings, etc.

A number of species (22) have been found to do harm, including species of the genera *Sminthurus, Lipura, Achorutes, Entomobrya, Orchisella, Podura, Isotoma, Templetonia* and *Degeeria.* Some recent serious damage in Britain to currants, apple and potato has been traced to *Sminthurus luteus* LUBBOCK, the leaves being eaten in small patches and the result being small stunted and deformed growths.

Another *Sminthurus* has been found to do considerable harm to the foliage of dwarf beans, peas, turnips, asparagus and maize in Britain.

A species of *Templetonia* has also been attacking the roots of the strawberry, and in one case a considerable acreage of hops was badly damaged by an *Entomobrya (E. nivalis).*

The *Lipura* damage roots of plants. *Achorutes* have been doing much harm to mushrooms as well as cabbage and roots.

Various experiments were conducted to destroy these Aptera on currants, and it was found that spraying with arsenate of lead or nicotine wash destroyed those on the foliage, but that it was essential to spray the soil also with paraffin emulsion or treat it with a heavy dressing of lime and soot at the same time. Various other methods have been adopted for other attacks. (**Vol. II, Mémoires, p. 1.**)

M. le Dr T. A. DIXEY (Oxford).

Asked whether the different ways in which different plants suffered under the attacks of *Sminthurus* were attributable to histological differences in the plant tissues.

M. F. V. THEOBALD's reply was in the affirmative.

M. R. TRIMEN (Woking).

Asked the lecturer, whether one dose of the remedies found effective against the ravages of the *Sminthurus* and other Collembola would be sufficient to effect complete destruction of the Insects in all stages, including the ova, or whether repeated doses would be required from time to time.

M. F. V. Theobald replied that :

The effect of the arsenate of lead would last over the period of egg stage unless followed *within a few hours* by heavy rain. The nicotine would also last until rained upon.

So one spraying would do with arsenate of lead and probably one with nicotine.

The nicotine used was 1 ¹⁄₅ oz. (98 °⁄₀) nicotine.

2 ozs. soft soap.

10 gallons water.

M. H. Rowland-Brown (Harrow-Weald).

Asked whether, the soil not being treated, the Insect after falling to the ground was equally capable of returning to the attack, whether the soil be dry or not, M. Theobald replied that the state of the soil did not entirely affect the springing powers of the Collembola, and that they were active under either conditions of the soil, but most so in moisture. But that the application of insecticides to the soil either as corrosives, as paraffin emulsion, or corrosive and drying dressings of lime and soot, greatly lessened their numbers, by driving them away and killing large numbers.

Sir Daniel Morris (Londres), ancien commissaire impérial de l'Agriculture, prend ensuite la parole et lit une note sur la :

Legislation adopted in the British West Indies for controlling diseases on imported plants, and the methods in force for disinfecting imported seeds and plants by various insecticides proved successful in carrying out the objects in view.

(*Résumé.*)

The paper contained a summary of information recently published in the *West Indian Bulletin*, vol. X, pp. 197-234 and pp. 349-372, by Mr. H. A. Ballon, entomologist on the Staff of the Imperial Department of Agriculture. All the West India Colonies are now effectively protected against the introduction of diseases by imported plants, and further by a system of quarantine and inspection after the plants are imported. Growing plants in pots or packages are treated with hydrocyanic acid gas; seeds in packets or plants in soil, or fruit are disinfected by carbon bisulphide; rose cuttings from reliable dealers apparently clean are dipped in a solution of Bordeaux mixture : if Scales are present, they are treated with hydrocyanic gas. Cotton seed for planting are steeped in a solution of corrosive sublimate, whereas cotton seed in bulk for oil extraction is treated with sulphur dioxide by means of a Clayton apparatus using a strength of 5 per cent. under pressure for twenty-four hours. Full details as to the methods of disinfecting, the construction of fumigating chambers and the quantities of chemicals used in each case are given in the publication above referred to. The communication made by Sir DANIEL MORRIS has a distinct value in setting forth for the first time a complete system of dealing with the diseases of tropical plants based on experience extending over many years. (**Vol. II, Mémoires,** p. 33.)

Mr. F. MERRIFIELD (Brighton).

I rise not for the purpose of criticising the address we have just heard. I am not competent to do that, but only in order to express the gratification which all present must have received for the story we have just heard from Sir DANIEL MORRIS of the admirable work done under his direction in the West Indies, and if I may say so for the admirable manner in which that story has been told by him. It is most satisfactory to learn that entomologists are asked for. The study of entomology has a great attraction to many young men, who have been prevented from following it up because it was thought it would lead to nothing. We now know upon responsible authority that the demand for qualified entomologists exceeds the supply, and young and able men, who find the study an attractive one, will feel that, by pursuing it, they will benefit mankind without injuring their own prospects.

M. R. MAYNÉ (Bruxelles) fait savoir que le Gouvernement belge crée également en ce moment un service entomologique pour sa colonie et que des entomologistes seront prochainement envoyés au Congo pour l'étude des maladies des plantes provoquées par les Insectes.

Mr. H. ROWLAND-BROWN inquired whether similar benefits

had been derived by islands under other Governments than that of Great Britain from a like system of inspection and fumigation.

Sir DANIEL MORRIS replied that the British Government authorities had benefitted by the experience of the United States of America officials in Puerto-Rico and elsewhere, but that the Governments of France and Denmark were not at present in possession of the necessary execution.

Mr. F. V. THEOBALD : Why is fruit not fumigated, since so many pests come over in it, such as *Ceratitis*, *Dacus* and Scales, etc., or not liable to be destroyed if infested?

The Government have power to destroy infested fruit, but only compel when necessary.

Le Président donne ensuite la parole à M. le Prof' L. GEDOELST (Bruxelles), qui traite :

Des Calliphorines à larves cuticoles des Animaux domestiques.

(Résumé.)

Après avoir rappelé les cas bien connus de myiase cutanée dus en Europe à *Calliphora vomitoria*, *Lucilia cæsar* et *L. sericata*, en Amérique à *Chrysomyia macellaria*, en Australie à *Calliphora oceanicæ* et aux îles Hawaï à *Calliphora dux*, il traite plus particulièrement des Calliphorines africaines du genre *Cordylobia*. Il signale l'observation nouvelle, encore inédite, faite par le Dr ROVERE du parasitisme des larves de *Pycnosoma megacephala* chez les Bovidés au Congo belge, et il donne la description de deux autres larves de Calliphorines, dont l'une au moins appartient probablement au même genre *Pycnosoma*. Il résulte de ces données que les Mouches du genre *Pycnosoma* sont susceptibles de pondre leurs œufs à la surface du corps et vraisemblablement au niveau de plaies. Il est probable que d'autres genres de Calliphorines ont des mœurs analogues. (**Vol. II, Mémoires, p. 19.**)

M. F. LAHILLE (Buenos-Ayres), délégué de la République Argentine, donne quelques renseignements complémentaires sur la distribution géographique de *Chrysomyia macellaria*. Cette

Mouche, plutôt rare au Chili, s'étend dans l'Argentine jusque vers les 40°30 de latitude sud et ne paraît pas dépasser cette limite. *C. macellaria* produit également des cas de myiase chez l'Homme, et, il y a quelques années, le Dr CONIL (« Actes de l'Académie de Córdoba ») en décrivit quelques-uns. Dans l'Argentine, il existe deux autres espèces de *Chrysomyia* qui parasitent souvent le bétail. Leur aire de distribution ne semble pas dépasser, vers le sud, la partie nord de la province de Buenos-Ayres.

Les *Chrysomyia* déposent leurs œufs non seulement sur des plaies assez étendues (plaie ombilicale des Veaux nouveau-nés, par exemple), mais aussi parfois sur de simples écorchures (produites, par exemple, par les pointes dont sont armés les fils de fer de certaines clôtures).

La séance est levée à 4 ^{1}⁄$_2$ heures.

II. — Section de Systématique.

a. M. H. Kolbe (Berlin) : Die vergleichende Morphologie und Systematik der Coleopteren. (*Résumé.*)
Discussion : MM. J. Bourgeois et H. Kolbe.

b. M. K. Kertész (Budapest) : Ueber die generische Hinzugehörigkeit der bis jetzt beschriebenen *Pachygaster* - Arten (Dipteren).

c. M. L. Navas (Barcelone) : Algunos órganos de las alas de los Insectos.

d. M. P. Speiser (Labes) : Der Begriff der Gattung in der Systematik.
Discussion : M. H. Kolbe.

La séance est ouverte à 2 heures, par le président : M. H Kolbe (Berlin).

Vice-président : M. K. Kertész (Budapest).
Secrétaire :   M. W. Horn (Berlin).

En l'absence de M. J. Villeneuve (Rambouillet), M.H. Kolbe propose à M. K. Kertész de prendre la vice-présidence Il lit ensuite une note sur :

Die vergleichende Morphologie und Systematik der Coleopteren.

(*Résumé.*)

In älterer Zeit war die Morphologie der damals üblichen Naturbetrachtung, die sich besonders auf Anatomie und Bionomie beschränkte, untergeordnet. Aus diesem Grunde wurden viele Familien und Genera im System falsch untergebracht. Es gab auch kein wirklich brauchbares System. Die Morphologie und Systema-

7

tik steckten noch in den Kinderschuhen. Der Mangel einer vergleichenden Methode macht sich daher noch bei LINNÉ sehr fühlbar. Später trat die Morphologie mehr und mehr in den Vordergrund. WESTWOOD in seiner « Introduction », LACORDAIRE in seinen « Genera des Coléoptères » u. a. nehmen diesen Standpunkt ein. Schon BURMEISTER huldigt der *vergleichenden Methode*, die als eine höhere Entwickelung der Morphologie erscheint. In der neueren und neuesten Zeit werden aus den vergleichend-morphologischen Verhältnissen in deszendenztheoretischer Beziehung Schlüsse gezogen. Das ist die *deszendenztheoretische Methode* in der vergleichenden Morphologie. Im *System der Coleopteren* treten zuerst die *Caraboideen* auf. Das sind Coleopteren, deren Körper noch recht elementar gebaut ist. Ihre Antennen sind von einfacher Beschaffenheit, borstenförmig. Die Palpen erinnern noch an die Orthopteren und Neuropteren. Der Prothorax zeigt noch durch seine Suturen die ursprüngliche Zusammensetzung an, wie wir sie noch bei Insecten tiefer stehender Ordnungen finden. Der dorsale Teil des Prothorax, das Pronotum, ist noch sehr deutlich schildförmig mit überstehenden Rändern, wie bei den Blattiden und Forficuliden Die verhältnismässig primitive Nervatur der hinteren Flügel (noch einige deutliche Transversaladern zwischen den longitudinal verlaufenden Hauptadern, die bis in die Basis des Flügels deutliche Subbrachialis und meistens primär verlaufende Apikaladern) ist für die Caraboideen sehr charakteristisch.

Ebenso die Zahl der frei liegenden Segmente des Abdomens, dessen erstes ventrales Segment noch nicht mit dem zweiten verschmolzen ist; ferner der einfache Bau der meroistischen Ovarien, deren Eikammern und Nährkammern noch miteinander abwechseln; die *Campodea*-Form der Larven, deren fünfgliedrige Beine mit den zwei Krallen an die Neuropteren erinnern u. s. w. Die zweite Abteilung der Coleopteren, die *Heterophagen*, welche alle übrigen Coleopteren umfasst, hat in einigen ihrer tief stehenden Familien noch primitive Charaktere aufzuweisen, welche an die tiefe phylogenetische Stellung der Caraboideen erinnern, z. B. die freien basalen Segmente des Abdomens und das schildförmige Pronotum mit den überstehenden lateralen Rändern. Aber die Teile des Prothorax sind inniger miteinander verschmolzen als bei den Caraboideen, am engsten bei den Rhynchophoren, deren Prothorax keine Spur von Suturen mehr aufweist. Ferner ist bei den Heterophagen die Nervatur der hinteren Flügel meist sehr derivat, jedenfalls viel weniger primitiv als bei den Caraboideen. Am Abdomen ist das erste ventrale Segment mit dem zweiten dicht verschmolzen, ausgenommen einige Familien tief stehender Stufen. Die Ovarien sind holoistisch; denn die einzige Nährkammer befindet sich am Ende der Ovarialtuben; Nährkammern zwischen den Eikammern fehlen (soweit aus den Untersuchungen hervorgeht). Die Beine der Larven sind 4-gliedrig, da die beiden letzten (bei den Caraboideen getrennten) Glieder miteinander verschmolzen sind; eine einzige Kralle befindet sich am Ende der Larvenbeine

Die Subordo der Heterophagen besteht aus 2 grossen Stämmen :

1. den *Haplogastren* mit den Familiengruppen der Staphylinoideen und der Actinorhabden (Synteliiden, Passaliden, Scarabäiden);

2. den *Symphyogastren* mit den Familiengruppen der Archostematen (Cupediden), Malacodermaten, Trichodermaten (Malachiiden bis Cleriden), Palpicornier, Dascylloideen, Sternoxien, Bostrychoideen, Heteromeren, Clavicornier, Phytophagen und Rhynchophoren.

Die *Haplogastren* sind ausgezeichnet durch das freie erste Sternit des Abdomens und die getrennten Pleuren dieses Stammes. Die *Staphylinoideen* sind als primäre Stufe characterisiert durch die einfache strahlenförmige Nervatur der Flügel, die primär gebildeten Antennen, die einfache (elementar gebaute) Ganglienkette und die *Campodea*-Form ihrer Larven. Die Familiengruppe der *Actinorhabden* hat bereits eine derivate Flügelnervatur, differenzierte Antennen, eine meist conzentrierte Ganglienkette und derivat geformte (raupenförmige) Larven. Die Scarabæiden erscheinen als superiorer Ast des Stammes der Haplogastren; aber sie stehen auf einer tieferen Stufe des Systems als die Rhynchophoren; denn die Scarabæiden sind in den meisten Körperteilen viel elementarer gebaut als die Rhynchophoren, besonders in der Bildung des Kopfes, der Füsse und der Segmente des Thorax und des Abdomens.

Bei den *Symphyogastren* (dem grossen Reste der Coleopteren) ist das erste Sternit des Abdomens nicht frei, sondern mit dem zweiten Sternit verschmolzen, zudem umgebildet, eingesenkt und versteckt. Auch die zugehörigen Pleuren sind alle miteinander verschmolzen. Das sind Beweise für die höhere systematische Stellung der Symphyogastren. Es giebt aber Ausnahmen : Angehörige der untersten Stufen dieses Stammes (Malacodermaten, besonders Lampyriden und Lyciden; auch einige Lymexyloniden und Meloiden) Bei diesen ist das erste Sternum in interessanter Weise ebenso oder ähnlich gebildet wie bei den Caraboideen und Haplogastren. Hieran ist die Radix der Symphyogastren zu erkennen. Auch die Nervatur der Flügel ist sehr derivat, wie schon bei den Actinorhabden; aber bei den Cupediden (der untersten Stufe der Symphyogastren) ist sie sehr primitiv. Die Larven haben grösstenteils eine abgeleitete Körperform.

Die höchste Ausbildung am Aste der Symphyogastren haben die *Rhynchophoren* erreicht, welche überhaupt die höchste Stufe der Coleopteren einnehmen. Die Organisation ihres Körpers ist bei ihnen am meisten unter allen Coleopteren differenziert, besonders hinsichtlich der Verschmelzung (Coaleszenz) der Segmente und ihrer Teile, der Ausbildung eines Rostrums, der Rückbildung der Gula. Die generellen, grösstenteils exclusiv entwickelten, durch Differenzierung, Reduction oder Coaleszenz von Teilen entstandenen Charactere sind bei den *Rhynchophoren* :

1. Die Ausbildung des Kopfes zu einem Rostrum (ausgenommen die Platypiden und Scolytiden);

2. Die Rückbildung des Labrums (ausgenommen die tief stehenden Rhinomaceriden und Anthotribiden);

3. Das Verschwinden der Gula, d. i. die vollständige Rückbildung des Sternits des Hinterkopfes ;

4. Die Verkürzung der Maxillen und Palpen (ausgenommen die Rhinomaceriden und Anthotribiden) ;

5. Die Coaleszenz der Körperteile, besonders der Teile des Prothorax (ausgenommen die Rhinomaceriden und Anthotribiden).

Die logische Schlussfolgerung sagt uns nun, dass die *Caraboideen die unterste Stufe der Coleopteren* einnehmen, und dass unter den Heterophagen die *Scarabæiden* am Stamme der Haplogastren und die *Rhynchophoren* am Stamme der Symphyogastren die *höchste Ausbildung* erreicht haben, dass aber die Scarabæiden auf inferiorer, die Rhynchophoren auf der superioren Stufe stehen. Die Scarabæiden sind auch weniger verzweigt und weniger artenreich. Die Rynchophoren sind der formenreichste, am meisten verzweigte und artenreichste aller Familiengruppen der Coleopteren. Sie leben von vegetabilischer Nahrung; viele Arten sind so individuenreich, dass sie in der Natur eine Herrschaft ausüben. (**Vol. II, Mémoires**, p. 41.)

M. J. BOURGEOIS (Sainte-Marie-aux-Mines) demande à M. KOLBE quelle est dans son opinion la position systématique des Malacodermes, qui offrent maints caractères primitifs.

M. H. KOLBE erwidert hierzu, dass die Malacodermaten in gewissen Punkten allerdings sehr archaïsch zu sein scheinen und in der Genealogie der Coleopteren eine tiefe und selbständige Position einnehmen, dass sie aber eine superiore Position gegenüber den Caraboideen zeigen.

M. le Dr K. KERTÉSZ (Budapest) lit une note :

Ueber die generische Hinzugehörigkeit der bis jetzt beschriebenen « Pachygaster »=Arten.

(Résumé.)

Die Gattung Neopachygaster AUST. scheint berechtigt; dagegen ist Gattung *Zabrachia* COQ. sehr zweifelhaft. Eine neue Gattung *Eupachygaster* wird für *Pachygaster tarsalis* ZETT. errichtet. (**Vol. II, Mémoires**, p. 29.)

Le Rév. Père LONGINOS NAVAS S. J. (Saragosse) lit un travail sur :

Algunos organos de las alas de los Insectos.

(Résumé.)

Quelques organes des ailes des Insectes, étudiant quelques particularités de la *pupille, striole, thyridium, thyridiolum, ostiolum, stigma* et *vénules discales.* Il fait remarquer leur importance taxonomique et, à cause des deux premiers surtout, il sépare le genre *Polystœchotes* BURM. de la famille des *Hemerobiidæ*, pour l'adjoindre à la famille des *Osmylidæ*, et crée la famille des *Neuro-*

midæ, dont le type est le genre *Neuromus* RAMB., comprenant aussi les genres *Corydalis*, *Chauliodes* et d'autres qu'on mettait dans la famille des *Sialidæ*.

Il indique qu'il serait intéressant de faire l'étude microscopique et physiologique de ces organes, qu'il laisse à d'autres entomologistes. (Vol. II, Mémoires, p. 69.)

M. le Dʳ P. SPEISER (Labes) :

Begriff der Gattung in der heutigen Systematik.

(*Résumé.*)

Dass LINNÉ den Begriff der Gattung eingeführt hat, der planmässigen Zusammenfassung des je zunächst ähnlichen, erweist sich dadurch als eine sehr wesentliche Tat, dass dieser Begriff bis heute seine volle Berechtigung behalten hat. Er hat insofern Wandlungen erfahren, als der ursprünglich ganz künstlichen Zusammenfassung auf Grund blosser morphologischer Merkmale später die Möglichkeit des Verständnisses als Ausdruck wirklicher Verwandschaft, des wirklichen Geschehenseins der Entwickelung folgte. Mit diesem Verstandnis war das natürliche System erreicht. Es ist aber die Frage zu erheben, ob auch die Gattung heute dem natürlichen System sich organisch einfügt. Mit anderen Worten, ob es Gattungen in der Natur oder nur in dem Begriffe des Systematikers giebt. Die Frage, wie denn eine natürliche Gattung umgrenzt werden soll, kann allenfalls dahin beantwortet werden, dass Gattungscharactere stets älter als die Artcharactere sein müssen. Im anderen Falle hätte man Gattungen, die polyphyletische, deren Charactere convergent von verschiedener Grundlage her erreicht wären, und solche Gattungen würden nicht der Ausdruck gemeinsamer Abstammung, nicht natürliche sein. Es wird dann, wenn man die Forderung aufrecht erhält, dass Gattungscharactere älter als die Artcharactere sein müssen, die Anschauung resultieren, dass jede Gattung von einer einziger Art her ihren Ursprung nimmt. Dabei ist dann die geographische Verbreitung dieser Art zu beachten, die oftmals räumlich nicht weit reicht. Von diesem Areal aus aber müssen dann die allmählich entwickelten Arten ihren Ausgangspunkt nehmen. Legen wir diesen Maasstab an bei der kritischen Durcharbeitung aller Gattungen auf ein natürliches System hin, dann vermeiden wir, bei sorgfältiger Berücksichtigung der möglichen Fehlerquellen, — Unvollkommenheit der

Kenntnisse, fehlende erdgeschichtliche Daten, etc., — die polyphy-
letischen Gattungen ebenso wie die augenscheinlich ganz künstlich konstruierten. Wo wir aber auch dann noch rätselhaften
Tatsachen begegnen, was in jeder speciell untersuchten Gruppe der
Fall ist, da vertiefen sich die Rätsel in interessanter Weise.
Gerade dadurch aber reizen sie zu eindringenderer Beachtung und
gerade auch bei einer solchen geographisch- historischen Betrach-
tung kommen wir m. E. einen guten Schritt weiter zu einem
natürlichen System. (**Vol. II, Mémoires,** p. 105.)

M. le Prof^r H. KOLBE (Berlin) :

Betreffs der Frage, ob Gattungen wirklich in der Natur existieren, bin ich wiederholt zu der Ansicht gekommen, dass es natürliche Artengruppen (Gattungen) giebt, von denen manche eine
höhere, manche eine niedere descendenztheoretische Stellung
zueinander haben.

Le Président remercie les orateurs pour la diversité et l'intérêt
de leurs communications. Il lève la séance à 5 heures.

III. — Section de Nomenclature et de Bibliographie.

a. M. A JANET : Un vœu sur le mode d'inscription des espèces dans les index (ordre alphabétique des espèces et non pas des genres).
Discussion : M. E. OLIVIER.

b. M. W. HORN : Mitteilung der von A. SEMENOW-TIAN-SHANSKY dem Kongress eingesandten Arbeit « Die taxonomischen Grenzen der Art und ihrer Unterabteilungen » (« Mém. Acad. Sc. St-Pétersb. », VIIIᵉ sér., v. 25, n° 1).
Discussion : Hon. W. ROTHSCHILD, MM M. BURR, A. SEITZ, E. M. DADD.

La séance est ouverte à 2 heures, par le président M. S. SCHENKLING (Berlin).

Vice-président : M. K. KERTÉSZ (Budapest);
Secrétaire :   M. S. SCHENKLING (Berlin).

En l'absence de M. K. KERTÉSZ, retenu dans la Section de Systématique, M. J. VILLENEUVE (Rambouillet) remplit les fonctions de vice-président.

La parole est donnée à M. A. JANET (Paris), qui émet un vœu sur le mode d'inscription des espèces dans les index (ordre alphabétique des espèces et non pas des genres).

M. E. OLIVIER (Moulins) est absolument de l'avis de M. A. JANET. Il n'y a que les noms d'espèces qui devraient figurer dans un index. Pour tout concilier, il y a lieu de faire suivre les noms d'espèces dont plusieurs peuvent être identiques du nom des différents genres auxquels on les attribue.

M. le Dʳ W. HORN (Berlin) donne un résumé d'un travail écrit par M. Andreas Semenow-Tian-Shansky, membre d'honneur de la Societas Entomologica Rossicae, paru cette année à Saint-Pétersbourg (« Mém. Acad. Sc. St. Petersb. », sér. VIII, vol. 25, n° 1, 1910) et à Berlin (R. Friedlaender und Sohn), et publié à l'intention de notre Congrès afin d'aider à la constitution de règles précises pour la nomenclature. Ce travail de vingt-quatre pages in-4° est intitulé (édition allemande) :

Die taxonomischen Grenzen der Art und ihrer Unterabteilungen. Versuche einer genauen Definition der untersten systematischen Kategorien.

(*Résumé.*

Semenow tritt für die reale Bedeutung der Art als biologische Einheit ein; die Schwierigkeit läge nur in der taxonomischen Begrenzung. Die bisherigen Bezeichnungen für niedrigere Begriffe z. B. « Varietas », « Rasse », « subvarietas », « supervarietas, « modificatio ». etc., müssten für die gesamte Zoologie und Botanik durch objektive Kriterien gleichmässig organisiert werden (nur für die Paläontologie, welche nicht nur einen Moment der Entwickelungsgeschichte, sondern ganze Perioden berücksichtige, gälten Ausnahmen). « Art » und « Unterart » sind die wahren systematischen und geographischen Einheiten; nur ist zu beachten, dass die « Arten » nicht gleichwertig sind (alte, neue, aussterbende, konstante, fluktuierende, monomorphe, polymorphe, etc.). Das Kriterium der Art werde durch die Summe der bisweilen individuell schwankenden Merkmale gegeben, wobei den inneren Organen keine höhere Bewertung zukommt als den äusseren. Konstante biologische Unterschiede sind stets von äusseren Kennzeichen begleitet (Negierung « biologischer » und « physiologischer » sp.). Die « Art » wird definiert als Gesamtsumme erblicher, morphologischer, meist auch von biologischen Charakteren begleiteter Merkmale, welche das Resultat der physikalisch-geographischen Faktoren der Vergangenheit sind. Vorhandensein einer Lücke zwischen je 2 Arten; Unmöglichkeit des Auftretens einer anderen Art unter der Nachkommenschaft; selbständiges Verbreitungsgebiet, das aber mit dem einer anderen Art zusammenfallen kann (wobei jedoch keine Vermischung der Arten stattfindet); Unmöglichkeit einer regulären Kreuzung in der freien Natur. Sememow schlägt folgende Unterbegriffe vor :

1° « **Subspecies** » für die geographischen Rassen : verhältnis-

mässige Beständigkeit der wenn auch unbedeutenden Kennzeichen; Unmöglichkeit einer raschen Wiederkehr zur Stammform;
Vorhandensein von Uebergangsformen in der Berührungszone,
respektive bei ganz getrenntem Verbreitungsgebiete nur unbe-
deutende morphologische Unterscheidungsmerkmale; Fehlen der
Stammform im Zentrum des Wohnbezirkes der Rasse; höhere Möglichkeit fruchtbarer Kreuzung. Falls eine Scheidung zwischen pri-
mären grösseren und sekundären kleineren Rassen notwendig
sein sollte, wird für die letzteren die Bezeichnung « **natio** » pro-
poniert. Die Gesamtsumme aller Subspecies - *conspecies*. SEMENOW
protestiert dagegen, dass stets der zuerst gegebene Name (*Priori-
tätsform*) als gültiger Katalogname für die Grundrasse einer
« Conspecies » anzunehmen ist;

2° « **Morpha** » für mehr oder weniger scharf ausgesprochene
Modifikationen, welche umfangreiche Gruppen von Individuen
oder periodisch ganze Generationen umfassen und durch schroffe
Veränderung von Existenzbedingungen hervorgerufen sind. Nur
beim Einwirken der letzteren treten sie auf, im anderen Fall
leichte Rückkehr zur Stammform. Fehlen eines bestimmten Ver-
breitungsgebietes, häufiges sporadisches Vorkommen oder Anpas-
sung an eine bestimmte Saison. Die « Morpha » ist also ein
Vorläufer (Prototyp) der Rasse. Beispiele dafür sind *Morpha ther-
mica, frigida, montana, lacustris, umbratilis, periodica, culta*
(Kulturform der Haustiere), etc.;

3° « **Aberratio** » für individuelle, nicht lokalisierte Modifikationen, welche durch unwesentliche Kennzeichen charakterisiert
sind. Völlige Unbeständigkeit der Merkmale innerhalb der Generationen; Fehlen direkter Erblichkeit (Resultante zufälliger Ein-
wirkungen); höchstens schwache Abhängigkeit von geographischen
Bedingungen. Bisweilen tritt ein gewisser Parallelismus von Aber-
rationen bei nahestehenden Arten auf, für den SEMENOW die
Bezeichnung « **forma** » gelten lassen will, z. B. *forma tigrina,
maculata, telodonta, mesodonta, priodonta, macroptera, brachy-
ptera, albina*, etc.

Hon. W. ROTHSCHILD (Tring). — In my opinion it is advisable
to restrict naming as much as possible to species and their geographical forms (= subspecies) and perhaps seasonal varieties. If
aberrations are provided with special names and again subdivided
down to minute differences, the inevitable result will be a kind of

diagnosis rather than a name. This would simply mean a reversion to pre-linnean times.

M. M. BURR (Douvres) regretted the employment of the expression *morpha* or *form :* it is very convenient to have a word of undefined meaning to use in a non-committing manner, when there is no evidence to show whether there is a subspecies, race or variety in question. The paper by Mr. SEMENOW-TIAN SHANSKY was a very valuable one, as it was highly desirable that a discussion should be provoked, which would lead to generally accepted definition of the various terms employed to designate the subdivisions of the species. It had the great merit of regarding a species-group in four dimensions, that is to say, in taking time into account, which reminded us that we are accustomed to regard our objects only from the visible point of view of to-day, and to forget its past history. It is most important to realise the distinction between a species verging upon extinction and a dominant, successful, wide-spread species that was undergoing the process of splitting up to form eventual new species.

Dr. A. SEITZ (Darmstadt) weist darauf hin, dass dem Comité ein enges Zusammengehen mit den Zoologen anempfohlen werden soll. Die immer weiter schreitende und bereits fast vollständige Separierung der beiden Disciplinen hat bereits grosse Schwierigkeiten gezeitigt, die bei engerem Zusammengehen vermieden worden wären.

Mr. E. M. DADD (Londres) :
That the Congress consider whether any steps can be taken to prevent the endless multiplication of names establishing varieties and local races on trivial and barely recognizable characters.

Le Président remercie M. W. HORN pour sa communication et lève la séance à 4 heures 45 minutes.

Dès 4 ¹/₂ heures, les dames belges et un certain nombre de membres de la Société entomologique de Belgique se tenaient à la disposition des congressistes, prêts à les guider dans l'Exposition ou dans la ville.

Au programme de la première journée du Congrès figurait une excursion à Malines, où avait lieu, dans la soirée, l'un de ces concerts de carillon dont la réputation n'est plus à faire.

Les séances des sections se prolongèrent malheureusement fort tard, et une vingtaine de membres seulement s'échappèrent à temps pour se retrouver réunis à Malines, devant la gare. Ils y furent rejoints par M. F. STEINMETZ qui, avec M. H. SCHOUTEDEN, devait guider les congressistes. Parmi eux se trouvaient notamment M., Mᵐᵉ et Mˡˡᵉ POULTON, M. RIS, M. SCHULTHESS, M. et Mˡˡᵉ SOLARI, M. DODERO, M. et Mᵐᵉ KUNCKEL D'HERCULAIS, M. BALL, M. et Mᵐᵉ SCHOUTEDEN, etc.

Après un rapide repas, on s'en fut par les rues si pittoresques de l'antique cité, jetant un coup d'œil rapide sur ses édifices anciens si intéressants. Et dans les échappées des rues étroites on voyait peu à peu se rapprocher la tour massive de la cathédrale de Saint-Rombaut, qui se dresse sur la place principale, en face de ces adorables monuments que sont l'Hôtel de Ville et les Halles (ancien Palais du Grand Conseil).

Habitant Malines et, qui mieux est (à notre point de vue spécial, du moins), le centre de la cité, M. STEINMETZ avait eu la gracieuse attention d'offrir l'hospitalité aux congressistes dans son parc, au pied de la tour pour ainsi dire. Reçus par Mᵐᵉ et Mˡˡᵉ STEINMETZ, nous trouvâmes là le calme, le recueillement, la solitude, qui font mieux jouir du charme si pénétrant des concerts de carillon.

Du haut de la tour qui s'animait soudain d'une vie étrange, le carillon fit bientôt entendre ses chants tour à tour puissants et gracieux. Et dans la nuit étoilée, que nul bruit ne troublait, les vieux Lieder flamands égrenèrent leurs phrases délicates. Des mots ne peuvent rendre tout le charme que l'on éprouve à se laisser ainsi bercer.

Bien rares parmi les congressistes étaient ceux qui déjà avaient pu assister à un concert de carillon, plus rares encore ceux auxquels cette audition avait donné une impression aussi intime. Aussi, quand les dernières notes se furent perdues sur la vieille ville, de notre groupe, comme de toutes les rues voisines, monta vers l'invisible artiste, M. Denyn, là-haut dans la tour sombre, des applaudissements qui, peut-être, ne lui parvinrent pas, mais qui disaient toute l'émotion éprouvée.

Une surprise nous attendait à ce moment... A l'invitation de nos aimables hôtes, nous nous trouvâmes bientôt réunis autour de tables dressées discrètement par leurs soins, et le champagne coula en l'honneur des congressistes en une réception pleine de cordialité.

Ce fut presque à regret que nous quittâmes l'hospitalière demeure de M. Steinmetz, non sans que l'auteur de ces lignes ne se fût fait l'interprète de tous pour dire à Mme et à Mlle Steinmetz combien leur aimable accueil nous avait touchés. Certes, la réception que M. Steinmetz ménagea à ses collègues du Congrès entomologique restera parmi les meilleurs souvenirs rapportés de ces jours où les entomologistes vécurent de si heureuses heures en commun !

En rentrant de leur intéressante excursion, les congressistes rencontrèrent ceux de leurs collègues qui avaient préféré passer leur soirée à l'Exposition et en ville au Café *Old Tom Taverne*, chaussée d'Ixelles, où les organisateurs avaient retenu le fond de la salle. C'est là que se retrouvèrent tous les soirs ceux qui désiraient communiquer leurs impressions et leurs idées, et il aura été donné rarement de voir autant d'entomologistes venus de tant de contrées diverses fraterniser le verre en main, établir des relations ou faire la connaissance personnelle de ceux avec lesquels ils étaient en relations épistolaires depuis tant d'années. Et c'est peut-être pendant ces heures tardives de la soirée que l'utilité d'un congrès entomologique se montra de la manière la plus évidente, scellant des amitiés, amenant des contacts et des échanges d'idées qui feront plus de bien à notre science que de longues années de discussions stériles et parfois désagréablement irritantes.

MARDI 2 AOUT.

SÉANCE GÉNÉRALE.

a. Le Secrétaire général : Lecture de la correspondance et du programme de la journée.

b. M. A. FOREL : Aperçu sur la distribution géographique et la phylogénie des Fourmis.

c. M. A. FOREL : Une colonie polycalique de *Formica sanguinea*, sans esclaves, dans le canton de Vaud.

d. M. R. BLANCHARD : Conférence sur l'entomologie médicale (avec planches murales).

e. R. P. E. WASMANN : Die Ameisen und ihre Gäste. (Projections lumineuses.)

Président :   M. le Prof^r E.-L. BOUVIER (Paris).
Vice-président : Hon. W. ROTHSCHILD (Tring).
Secrétaire :   M. J. DESNEUX (Bruxelles).

Hon. W. ROTHSCHILD prend la présidence en l'absence de M. le Prof^r E.-L. BOUVIER. Il ouvre la séance à 9 heures et donne la parole au Secrétaire général.

Celui-ci communique un télégramme de la Société entomologique de Bohème, à Prague, envoyant aux congressistes les meilleures salutations et des vœux pour la réussite de leurs travaux.

Il lit ensuite la note suivante :

« Notre collègue M. le Prof^r A. TROTTER, rédacteur de « Marcellia », Revue internationale de Cécidologie, le seul journal consacré exclusivement à l'étude si captivante des galles, étude qui, à divers titres, intéresse aussi bien l'entomologie générale que l'entomologie spéciale, offre *gratuitement* aux membres du Congrès qui souscriront à un abonnement pour l'année 1910 (1), la série complète des volumes déjà parus (1902 à 1909) : la collection comprend huit volumes (1,800 pages, 480 figures dans le texte, 13 planches hors texte) renfermant près de 150 mémoires originaux dus à des spécialistes éminents. »

Il donne lecture d'une lettre de Mlle MARIA RÜHL, sur un nouveau catalogue d'Insectes :

« J'ai l'intention de faire paraître, au fur et à mesure de leur publication, un relevé des nouveaux ordres, sous-ordres, tribus, familles, sous-familles, genres, sous-genres, espèces, sous-espèces, variétés, observations, formes, appellations nouvelles appartenant à l'ordre immense des Insectes.

» Ce que nous avons eu jusqu'à présent ne suffit pas : le catalogue de la Royal Society of London ne paraît qu'une fois par an et il contient l'indication de descriptions publiées depuis assez longtemps déjà. C'est pourquoi un répertoire qui enregistrerait immédiatement les descriptions nouvelles est une publication nécessaire à tous ceux qui s'occupent d'entomologie systématique.

» Chaque mention contiendra les indications suivantes : auteur, source, patrie, distribution géographique. Pour simplifier et pour économiser de la place, j'ai l'intention de me servir du système de Dewey, c'est-à-dire que la position systématique et la patrie seront exprimées par des nombres.

» Cette entreprise est difficile, je le sais, mais j'espère arriver au meilleur résultat possible, vu l'expérience que j'ai déjà de ce genre de travail. Depuis une dizaine d'années, en effet, j'ai constitué pareil catalogue sur fiches.

» Je crois que le mieux serait de publier ce répertoire mensuellement. Il constituerait un supplément au périodique « Societas entomologica » dont les abonnés qui désireraient le recevoir payeraient quelques francs en plus. Le prix n'en est pas encore fixé, car il est nécessaire de s'assurer d'abord d'un nombre déter-

---

(1) MM. les congressistes désireux de s'assurer la possession d'une série complète (le nombre en est limité) sont priés de s'inscrire au Bureau du Congrès, en versant le montant de l'abonnement pour l'année 1910, soit 15 francs, plus les frais d'envoi des 8 volumes parus (2 fr.).

miné de souscripteurs : plus le nombre de ceux-ci sera élevé, moins l'abonnement coûtera.

» Cette note n'est donc qu'un avis provisoire. Tous ceux qui s'intéressent à l'entreprise sont priés de s'adresser directement à Mlle MARIE RÜHL, rédacteur de la « Societas entomologica » (Zürich, V) et assistant au « Concilium bibliographicum ». M. G SEVERIN, conservateur au Musée royal d'Histoire naturelle de Bruxelles, est en possession d'une page spécimen. »

Le Secrétaire général donne ensuite des détails sur le programme de la journée, annonçant que les membres de la Société entomologique de Belgique se tiendront à la disposition des congressistes pour leur faire visiter, à partir de 4 $\frac{1}{2}$ heures, l'Exposition ainsi que les coins intéressants de la ville.

Il invite les congressistes à s'inscrire sur les diverses listes déposées sur la table du Secrétariat : Excursions à Waterloo, à Ostende, à Bruges, dans les Ardennes, etc., ainsi qu'au banquet de clôture.

Le programme de la séance générale comprend trois conférences :

a. M. A. FOREL : La géographie et la phylogénie des Fourmis.

b. M. R. BLANCHARD : Conférence sur l'entomologie médicale (avec planches murales).

c. R. P. E. WASMANN : Die Ameisen und ihre Gäste. (Projections lumineuses.)

Hon. W. ROTHSCHILD excuse l'absence de M. le Prof^r A. FOREL, d'Yvorne, rappelé le 30 juillet, alors qu'il se trouvait à Anvers, par la nouvelle d'une grave maladie de son fils aîné.

Il est donné lecture du résumé des deux travaux envoyés par M. A. FOREL :

Aperçu sur la distribution géographique et la phylogénie des Fourmis.

(Résumé.)

FOREL établit que l'on connaît actuellement 4,877 espèces et sous-espèces, et 1,200 variétés de Fourmis vivantes, 171 espèces et 18 variétés de Fourmis fossiles (autres que celles de l'ambre).

Il donne ensuite une vue synthétique sur la distribution des espèces, races, variétés par rapport aux grandes divisions et subdivisions géographiques fauniques, et montre les caractères particuliers de chacune des faunes. Il étudie alors la faune désertique et les convergences et adaptations, ainsi que la phylogénie probable des espèces et sous-espèces. (**Vol. II, Mémoires,** p. 81.)

Une colonie polycalique de « Formica sanguinea » sans esclaves dans le canton de Vaud.

(Résumé.)

Cette colonie comprend plus de quarante nids découverts, cette année, par lui dans le canton de Waadt, formant un fait unique jusqu'à maintenant dans la biologie de cette Fourmi en Europe. Ces sortes de colonies sont régulières en Amérique du Nord pour une sous-espèce bien définie, mais en Europe la forme *sanguinea* ne varie pas, sauf en ce qui concerne la taille, ce qui pourrait en cette occurrence (petite taille) être la suite de l'absence des esclaves. (**Vol. II, Mémoires,** p. 101.)

Le Hon. W. ROTHSCHILD fait ensuite l'éloge du Prof R. BLANCHARD et rappelle la grande part prise par lui dans l'étude de la plupart des questions entomologiques dans le domaine de la pathologie humaine, science qui passionne actuellement tous les esprits et dont le développement déborde tous les domaines de la médecine.

Il parle aussi des recherches du R. P. WASMANN et de ses célèbres travaux sur les Fourmis et leurs hôtes, travaux qui font autorité dans le monde entier et qui ont ouvert les voies nouvelles pour l'étude des facultés psychiques de ces intelligentes petites bêtes, puis il donne la parole à M. le Prof R. BLANCHARD pour développer sa conférence sur :

L'Entomologie et la Médecine.

(Résumé par le D J. DESNEUX, Secrétaire.)

L'Homme a toujours considéré l'Insecte comme nuisible, soit par ses déprédations dans les cultures, soit par ses piqûres désagréables.

Pendant fort longtemps, les notions d'entomologie nécessaires aux médecins se bornèrent à la connaissance des Coléoptères vésicants, à celle de quelques Acariens et Hémiptères parasites, enfin à celle de quelques Diptères dont la larve était capable de causer des cas de myiase, c'est-à-dire de vivre en parasite soit dans la peau, soit dans le tube digestif, soit dans les cavités naturelles. Depuis quelques années, les temps sont bien changés ! Ce chapitre, jusqu'alors si restreint, de l'histoire naturelle médicale a pris une extension si formidable qu'il nous faut faire maintenant, dans les Facultés de médecine, des cours complets, et chaque année plus étendus, d'entomologie. Sans entrer dans des détails trop précis, le Prof^r R. BLANCHARD se propose de donner ici un résumé des principales notions de cette nouvelle branche de la science. Il suivra, dans cet exposé, l'ordre de la classification zoologique et s'occupera surtout, au point de vue médical, des infections transmises par les Arthropodes.

Ni les Myriopodes ni les Arachnides ne jouent ici aucun rôle ; nous n'aurons à envisager que des Acariens et des Insectes.

ACARIENS

Nous n'avons rien de spécial à dire des *Sarcoptes*, des *Dermanyssus* et d'autres formes parasitaires dont le rôle infectieux, s'il existe, est encore inconnu. BORREL pense que le *Demodex folliculorum* peut inoculer l'épithélioma cutané et même la lèpre. On connaît au Japon, sous le nom de *fièvre de rivière*, une fièvre éruptive très meurtrière, qui serait due à la piqûre d'un *Trombidium* et que nous croyons être causée par un virus invisible et filtrant.

Famille des *Ixodidæ*. — Elle se subdivise en deux sous-familles, suivant la position du rostre : *Ixodinæ* et *Argasinæ*.

La piqûre de ces Acariens est dangereuse : c'était un fait connu depuis longtemps ; mais une notion toute nouvelle est venue s'y ajouter dans ces dernières années : il y a là un phénomène d'infection.

L'étiologie de maladies déjà connues s'est ainsi éclairée, et de nouvelles infections ont été découvertes.

Le genre *Argas* n'a qu'un seul représentant européen, *A. reflexus*, la « Punaise » du Pigeon. Mais dans les pays chauds, le groupe est nombreux et plusieurs espèces sont pathogènes pour l'Homme ou pour les Animaux : elles inoculent notamment aux

Oiseaux de basse-cour (Poule) des spirochétoses, c'est-à-dire des maladies fébriles du type récurrent. L'*Argas persicus* se comporte ainsi, au Sénégal, à l'égard de la Poule ; c'est apparemment à une cause analogue qu'il faut attribuer le danger si grave auquel sont exposés, dans le nord de la Perse, les voyageurs qu'il attaque.

LIVINGSTONE, à son retour des régions tropicales, donna les premiers renseignements sur une maladie existant dans la région des Grands-Lacs, due, au dire des indigènes, à la piqûre d'un Acarien (*Ornithodorus moubata*), maladie à caractère fébrile, à rechutes.

En 1900, l'École de medecine tropicale de Liverpool, qui venait d'être fondée, envoie en Afrique tropicale un jeune médecin, J.-Ev. DUTTON, qui découvre, dans la région du Tanganyika, que la piqûre de l'*Ornithodorus* provoque bien la maladie et que celle-ci est due à la présence, dans le sang, d'un parasite du genre *Spirochæta*, genre connu depuis 1834). Cette maladie est analogue à la fièvre récurrente européenne, toutefois le parasite de la *Tick fever* est bien spécifique et différent de celui de la fièvre récurrente européenne.

DUTTON lui-même mourut, à 30 ans, de la *Tick fever*. On lui doit une autre découverte capitale : le Trypanosome de la maladie du sommeil.

A la suite des constatations de DUTTON, on eut la vision nette de l'étiologie des autres fièvres à type récurrent, et particulièrement de la fièvre récurrente européenne.

Quant à cette dernière, on ne peut l'attribuer à un *Ornithodorus*, puisque ce genre n'habite pas l'Europe, ni à un *Argas* : on incrimine plutôt la Punaise des lits, parasite fugitif et temporaire comme les Acariens, mais ce fait n'est pas encore certain. La fièvre récurrente de Colombie est attribuée avec plus de vraisemblance à *Ornithodorus turicata*, espèce qui attaque l'Homme fréquemment.

Les *Ixodinæ* transmettent les *babésioses,* maladies encore inconnues dans l'espèce humaine, mais assez répandues chez divers types de Mammifères.

Dans les régions méridionales des États-Unis existent des maladies du bétail, très meurtrières, étudiées par SALMON (du Bureau of Animal Industry). Il s'agit surtout de la *fièvre du Texas*, autrement dite *hémoglobinurie du bétail*, le symptôme essentiel étant la présence d'hémoglobine dans l'urine des Bovidés qui en sont atteints.

Il est établi que ce sont des Tiques qui transmettent l'hémoglobinurie ou babésiose bovine : suivant les pays, les espèces pathogènes sont différentes (*Ixodes ricinus, Boophilus annulatus, Hyalomma ægyptium*).

On a pu observer l'évolution des *Babesia* dans le corps de l'Acarien et leur passage dans l'*œuf* de ce dernier : la génération nouvelle sera donc contaminée.

Il n'est donc pas nécessaire que l'Acarien pique d'abord un Animal déjà contaminé pour devenir dangereux.

Le Chien, le Cheval, le Mouton sont sujets à des maladies analogues, transmises aussi par des espèces particulières.

Au point de vue humain, n'y aurait-il pas aussi des babésioses?

Une affection des tropiques, connue de longue date, l'*hémoglobinurie paroxystique*, ne serait-elle pas une babésiose? Sa cause est inconnue, on a incriminé le paludisme ancien, l'abus de la quinine, l'influence du climat et une foule d'autres causes, sans aucune raison sérieuse. C'est peut-être une babésiose, mais rien n'a encore pu être établi dans ce sens.

Il y a cinq ou six ans, on signala dans le Colorado l'existence d'une maladie fébrile jusqu'alors inconnue, la fièvre tachetée (*spotted fever*) des Montagnes Rocheuses. Cette affection est inoculée par la piqûre d'un Ixodiné, le *Dermacentor occidentalis*.

On crut d'abord avoir affaire à une babésiose, et Ch. W. STILES fut délégué pour examiner le fait, mais il montra que les prétendus parasites endoglobulaires étaient des taches dans les préparations. La fièvre tachetée du Colorado n'est donc *pas* une babésiose. Mais un fait bien plus intéressant est le suivant : RICKETTS, de Chicago, constata que l'inoculation, à un individu sain, de 2 à 3 centimètres cubes du sang de malade atteint de *spotted fever*, prélevé en pleine période de température, lui donne la même affection (mêmes symptômes, taches sur le corps, etc.).

La technique la plus parfaite n'a révélé aucun parasite dans les préparations.

Le sang infecté n'a jamais donné de culture.

Le sang infecté, filtré sur bougie CHAMBERLAND, ou mieux sur filtre BERKEFELD, donne un liquide limpide qui, de nouveau, ne donne rien au microscope, mais qui, inoculé à l'Homme ou au Cobaye, donne des résultats positifs.

On ne peut en conclure qu'une chose : on a affaire à un parasite excessivement fin, passant à travers les filtres.

La fièvre tachetée des Montagnes Rocheuses offre donc un nouvel et très curieux exemple de ces maladies à *virus filtrants*, à microorganismes invisibles, dont on connaît d'autres types soit chez l'Homme (fièvre jaune, dengue), soit chez les Animaux (péripneumonie bovine), soit même chez les plantes (maladie du tabac).

INSECTES

HÉMIPTÈRES. — On n'a encore que des notions peu nombreuses, mais elles sont singulièrement suggestives. Au Brésil, le *Conorhinus megistus* inocule à l'Homme une trypanosome spéciale, due au *Trypanosoma Cruzi* : l'Insecte en cause est un Réduvide sylvestre, et voilà que les Réduvides représentés à la surface du globe par un nombre si considérable de genres et d'espèces deviennent tous suspects ! Aux Indes, le *Conorhinus rubrofasciatus* est accusé de transmettre le kala-azar ou leishmaniose viscérale.

Le bouton d'Orient, ou leishmaniose cutanée, est attribué par certains observateurs à la piqûre de la Punaise; la fièvre récurrente ou spirochétose européenne serait due à ce même Insecte; mais ce sont des faits encore contestés.

Les Poux jouent sans doute aussi un rôle pathogène; on leur impute, sans preuves suffisantes, la propagation du typhus exanthématique et de la fièvre récurrente indienne.

PULICIDES. — Les relations de la peste humaine avec une maladie épizootique du Rat sont soupçonnées depuis très longtemps; elles n'ont été comprises qu'en 1898, lorsque P.-L. SIMOND, médecin français des troupes coloniales, eut démontré la transmission du Bacille pesteux du Rat à l'Homme, par l'intermédiaire des Puces de ce Rongeur (*Pulex cheopis*).

DIPTÈRES. — Famille des *Psychodidæ*. — En Italie et dans une partie de l'Autriche, on connaît depuis longtemps de petits Diptères, vulgairement désignés sous le nom de « Pappataci » et appartenant au genre *Phlebotomus*.

On savait que ces Insectes piquaient désagréablement et que parfois les individus piqués présentaient une certaine élévation de température.

Il y a quelques années, à Sarajevo, en Bosnie, les troupes autrichiennes furent atteintes d'une véritable épidémie de fièvre durant trois à quatre jours et à laquelle succédait une très longue convalescence. Les soldats autrichiens lui donnaient le nom de « mal de

Chien » (*Hundskrankheit*), ce qui n'indique pas une relation directe avec le Chien, mais équivaut en allemand à notre expression vulgaire « fièvre de Cheval ».

Taussig étudie cette infection et constate qu'elle résulte de la piqûre des *Phlebotomus*.

Il reprend ensuite cette étude avec la collaboration de Doerr et Franz, et fait les importantes constatations suivantes : Le microscope ne décèle aucun parasite visible dans le sang; les inoculations de sang de malade reproduisent l'infection chez l'individu sain ; le même sang, filtré et injecté, reproduit aussi la maladie : le virus filtre donc.

Le genre *Phlebotomus* a une distribution géographique étendue; le Prof^r Blanchard l'a rencontré en France; il est abondant dans la région du Nil (Dr Andrew Balfour, à Khartoum). Il existe au Sénégal et sur toute la côte occidentale de l'Afrique. Tiraboschi a montré qu'il est aussi très répandu dans l'Amérique du Sud.

Tout cela a mis sur la voie de l'étiologie probable de nombreuses infections : la dengue ne diffère pas du « mal de Chien »; elle est transmise par les *Phlebotomus*, contrairement à l'opinion de Graham, de Beyrouth, qui croit au rôle des Moustiques dans cette maladie.

Famille des *Simulidæ*. — Des faits semblables se présentent dans la famille des *Simulidæ*.

Certaines maladies des troupeaux, en Hongrie et dans les Balkans, ont passé pour être causées par la pénétration de Simulies dans les fosses nasales, le pharynx, la trachée. Cette vieille explication ne peut tenir; il y a là sans aucun doute une *infection*. Des recherches importantes sont à faire dans cette voie.

Dernièrement on a accusé les Simulies d'une maladie qui semble suivre de façon étroite la culture du maïs, la *pellagre*.

Causée, disait-on, par du maïs « de mauvaise qualité », sans qu'il y eût accord sur le sens de ces derniers mots.

Pour certains, les coupables étaient des spores de Champignons (*Aspergillus*) incorporées à la farine lors du broiement du maïs.

Cette explication est difficilement acceptable. Aussi la Société Royale de Londres a-t-elle nommé une commission pour l'étude de la pellagre en Italie. Son directeur, le Dr Sambon, croit avoir découvert l'origine de la pellagre dans des *piqûres de Simulies*.

Par analogie, il semble que le *beri-beri* puisse avoir une origine du même ordre. On lui a attribué pour causes tantôt le riz, tantôt la viande de mauvaise qualité. Ce n'est évidemment ni l'un ni l'autre. D'ailleurs, on constate des lésions nerveuses analogues dans la pellagre et le beri-beri.

Il est fort possible que la pellagre soit due à un virus filtrant, invisible, inoculable.

On a prétendu récemment que les Simulies pouvaient inoculer la lèpre, mais rien n'est moins certain; M. R. BLANCHARD a donné, dès 1900, de bonnes raisons de croire que ce rôle était plutôt dévolu à des Insectes domestiques et spécialement aux Moustiques.

Famille des *Culicidæ*. — L'importance de l'entomologie est ici tout à fait capitale, le paludisme, qui est sans doute la plus meurtrière des affections, étant transmis par des Moustiques. Mais c'est là une notion récente.

Depuis fort longtemps, on avait remarqué une relation entre la présence de marécages et l'existence du paludisme dans une région. Mais quelle était la relation intime? On avait imaginé des « miasmes » émanant des marais au crépuscule et qui causaient tout le mal.

Le miasme n'existe pas, et d'ailleurs toutes les opinions du même ordre qu'on a émises sur la cause du paludisme sont fausses, sans exception.

La cause réelle, c'est la présence d'un parasite dans les globules rouges du sang. De plus, il n'y a pas *un* paludisme, il y a *des* paludismes; on en peut distinguer au moins trois sortes :

La *fièvre tierce*, dont la période fébrile dure 48 heures;

La *fièvre quarte*, dont la période fébrile dure 72 heures;

La *fièvre pernicieuse*, dont la période fébrile a une durée irrégulière.

Cliniquement, ces types fébriles sont connus depuis longtemps. Ils répondent chacun à un parasite différent, ayant des caractères morphologiques distincts, indépendamment des symptômes cliniques.

Comment se propage le paludisme?

Ses relations avec les marécages sont réelles, en ce sens qu'il est inoculé par des Moustiques dont les larves sont aquatiques. Cette découverte capitale a eu pour promoteur Sir PATRICK MANSON. Vers 1878-1880, ce célèbre parasitologue anglais avait soupçonné le rôle des Moustiques dans la transmission de la filariose; *il soupçonna alors que le paludisme pouvait être transmis aussi* par ces mêmes Insectes.

RONALD ROSS, alors médecin de l'armée des Indes, à Simla, sur les conseils de PATRICK MANSON, fit des recherches dans ce sens et confirma entièrement les prévisions de MANSON. Ses observations, commencées sur l'Homme, furent continuées sur les Passereaux; il démontra chez ceux-ci le *cycle complet du parasite* (*Hæmoproteus*).

Un peu plus tard, GRASSI, en Italie, appliqua ces mêmes principes à l'étude du paludisme humain; il reconnut que cette affection est transmise par les Culicides ou Moustiques du genre *Anopheles*, qui sont très abondants.

En résumé, l'idée initiale générale remonte à PATRICK MANSON. RONALD ROSS démontra le bien-fondé de cette idée (cycle complet d'*Hæmoproteus* chez les Oiseaux) et GRASSI appliqua à l'Homme la découverte de ROSS.

La *fièvre jaune*, affection très meurtrière de l'Amérique intertropicale, est également propagée par la piqûre des Moustiques. La démonstration expérimentale en a été donnée par la Commission américaine de 1900. Cependant, dès 1854, DANIEL BEAUPERTHUY, médecin français au Venezuela, avait reconnu que la maladie est transmise par un Moustique marqué de raies blanches sur le dos et sur les pattes, dans lequel on peut facilement reconnaître le *Stegomyia calopus*. Dans son livre *Mosquito or Man*, Sir ROBERT BOYCE rend justice à BEAUPERTHUY. Celui-ci, en 1880, a trouvé un disciple en la personne de CARLOS FINLAY, médecin à la Havane, qui déclara, lui aussi, que la fièvre jaune est due à la piqûre du *Culex mosquito*, c'est-à dire encore du *Stegomyia calopus*.

Après la guerre hispano-américaine, la Commission américaine, mise en éveil par les dires de FINLAY, dirigea ses recherches immédiatement sur les Moustiques : elle confirma les opinions susdites et démontra que le *Stegomyia calopus* est véritablement le seul véhicule de la fièvre jaune.

Il y a là une spécificité très remarquable et qui semble absolue.

Des missions ultérieures, française au Brésil, anglaise au Honduras, complétèrent les données acquises.

De leur ensemble résulte que la fièvre jaune est due à un virus filtrant, invisible, tué vers 50°, inoculable, mais non immédiatement : le malade n'est infectieux pour le Moustique que pendant les trois premiers jours de la maladie; le Moustique infecté n'est, à son tour, infectieux pour l'Homme que vers le dixième jour. Le virus doit donc subir une certaine évolution dans l'organisme de l'Insecte.

De tels caractères ne plaident guère en faveur de la nature microbienne du parasite de la fièvre jaune. Il semble bien plutôt que l'on ait affaire à un parasite animal, à un Protozoaire plus ou moins analogue à celu de la fièvre tachetée du Colorado, de la dengue, etc.

Famille des *Muscidæ*. — Nous devons envisager ici plusieurs genres très importants, et tout d'abord le genre *Glossina* qui renferme les Mouches connues sous le nom vulgaire de Tsé-tsé.

LIVINGSTONE reconnut le premier que les Glossines transmettent une maladie mortelle du bétail domestique en Afrique.

On croyait alors ces piqûres venimeuses. Mais en réalité l'affection qui en résultait avait un caractère tout différent des symptômes des envenimations réelles.

BRUCE, médecin anglais, démontra en 1882 qu'il s'agit d'une trypanosomose, c'est-à-dire de la présence dans le sang des animaux malades d'un Trypanosome (*Trypanosoma Brucei*). Vingt-trois ans après seulement, on découvre l'étiologie de la maladie du sommeil des noirs, connue depuis un siècle sur la côte occidentale de l'Afrique, et qui depuis STANLEY a pénétré par les caravanes dans l'intérieur du pays. La colonisation a disséminé l'affection dans *toute* l'Afrique intertropicale; elle y exerce des ravages énormes, dans l'Uganda notamment.

La maladie du sommeil est due à la piqûre d'un Diptère, *Glossina palpalis*, qui inocule un *Trypanosome*. Le parasite est spécifique, aussi bien que l'agent de transmission.

La *Glossina morsitans* ne transmet que le *Trypanosoma Brucei* (Nagana des bestiaux).

La *Glossina palpalis* ne transmet que le *Trypanosoma gambiense* (maladie du sommeil de l'Homme).

En 1902, en Gambie, on remarque pour la première fois une maladie fébrile du blanc, œdème superficiel, etc.

DUTTON découvre, dans le *sang* de ces malades, des Trypanosomes.

CASTELLANI, médecin italien, associé à la mission envoyée dans l'Uganda par la Société Royale de Londres pour étudier la maladie du sommeil, découvre des Trypanosomes dans le *liquide céphalo-rachidien* des *nègres* atteints de la maladie.

Il s'agit, dans ces deux cas, du même parasite, qui atteint aussi bien le blanc que le noir.

La maladie du sommeil a posé un problème de la plus haute importance, au point de vue de la colonisation. On peut bien dire ici « Fly or Man », comme Sir RUBERT BOYCE l'a dit du Moustique. La victoire de la Mouche ou de l'Homme est réellement une question capitale pour l'avenir économique du centre de l'Afrique.

Dans ce sens, une Conférence internationale contre la maladie du sommeil s'est réunie deux fois à Londres, en 1907 et 1908, après quoi un bureau central a été créé dans la même ville.

Il est superflu de faire remarquer le rôle prépondérant de la biologie entomologique dans une telle question.

Différentes missions pour l'étude de la maladie du sommeil ont été successivement envoyées en Afrique. La première fut envoyée dans l'Uganda par la Société Royale de Londres, avec des subsides considérables. Puis eurent lieu deux missions françaises, l'une organisée par l'Institut de médecine coloniale et dotée par l'État d'une somme infime (1,500 francs), l'autre organisée par la Société de géographie, et disposant de ressources considérables, où la part de l'État était encore restreinte. Je passe sous silence les expéditions de KOCH, largement dotées par l'Allemagne. Alors que les Gouvernements étrangers se montrent si généreux envers les missions scientifiques d'une si haute portée pratique, je déplore que la France ne fasse pas dans ce sens tout ce dont elle est capable.

Les Glossines sont toutes concentrées en Afrique intertropicale; les trypanosomoses qui se peuvent observer dans d'autres pays sont donc disséminées par d'autres moyens. On a déjà vu plus haut le cas du *Trypanosoma Cruzi* que propage un Hémiptère brésilien de la famille des *Reduvidæ*. Ailleurs, l'inoculation est plutôt assurée par des Diptères appartenant à la famille des *Muscidæ* (*Stomoxys, Hæmatobia*) ou à celle des *Tabanidæ*. Les Stomoxes et les Taons peuvent aussi transmettre des Filaires du Cheval et du Bœuf; on les soupçonne encore, comme d'autres Diptères piqueurs, d'inoculer le charbon et d'autres maladies microbiennes.

En voilà assez pour entrevoir l'infinie diversité et l'immense étendue des questions qui se posent et dont la solution est, dès maintenant, poursuivie avec ardeur par un grand nombre de savants. On a cru que la bactériologie allait dire le dernier mot de la médecine; elle est maintenant distancée, et de beaucoup, par la parasitologie animale et par l'entomologie médicale, dont le domaine est véritablement sans limites.

Ainsi devient plus intime que jamais l'union séculaire des sciences naturelles et de la médecine. Nous pouvons prédire un nouvel âge d'or, où l'humanité sera délivrée des maladies parasitaires dont nous avons démontré la source ; dès maintenant s'ouvrent à l'activité de la race blanche d'immenses territoires où, jusqu'à présent, elle était traquée par cent ennemis inconnus, aujourd'hui dévoilés. Ces découvertes merveilleuses, et celles de demain, vont changer la face du monde (1).

Le Hon. W. ROTHSCHILD s'associe aux applaudissements unanimes et chaleureux qui saluent l'orateur ; il le félicite très vivement, au nom de l'assemblée, pour sa très intéressante causerie.

M. le Prof^r BOUVIER, qui vient d'entrer dans la salle, est invité à prendre la présidence. Il s'excuse de n'avoir pu arriver plus tôt. Il s'associe aux paroles de remerciements prononcées par le Vice-Président et ajoute quelques mots pour insister sur l'importance capitale que prend actuellement l'entomologie médicale. Il félicite M. le Prof^r BLANCHARD de la grande part qu'il prend aux recherches et aux travaux dans ce domaine, et exprime le regret de n'avoir pu assister qu'aux dernières minutes de sa brillante conférence, si exactement documentée.

La parole est donnée au R. P. WASMANN pour sa conférence, *avec projections lumineuses*, sur :

Die Ameisen und ihre Gäste.

(Résumé.)

In der Einleitung gab der Vortragende einen gedrängten Ueberblick über die Entwicklung der Ameisenkunde und insbesondere der Ameisenbiologie seit hundert Jahren, seit dem Erscheinen von P. HUBER's *Recherches sur les mœurs des Fourmis indigènes* (1810). Sodann schilderte er kurz an der Hand von zahlreichen

---

(1) Les planches murales qui devaient illustrer cette conférence, ayant été retenues par la douane, ne sont pas arrivées en temps utile pour servir au conférencier.

Lichtbildern das Leben der Ameisen in ihren einfachen (unge-
mischten) Kolonien, und hierauf die Symbiose zwischen Ameisen
verschiedener Arten, die Entwicklung des sozialen Parasitismus
und der Sklaverei. Bei den Beziehungen der Ameisen zu ihren
Gästen (individuelle Symbiose) wurden namentlich die echten
Gäste berücksichtigt und als Vertreter derselben die *Lomechusini,
Clavigerini* und *Paussini* vorgeführt. Dann besprach der Vortragende die verschiedenen Formen des Nahrungserwerbs bei den
Ameisen, führte als Jagdameisen die Dorylinen vor und zeigte die
merkwürdigen Anpassungstypen ihrer Gäste. Den Schluss bildete
der Nestbau der Ameisen, wobei die Gespinstnester und deren
Verfertigung mit Hilfe des Spinnvermögens der Ameisenlarven
auch vom psychologischen Gesichtspunkte gewürdigt wurden.
Die photographischen Lichtbilder waren, mit Ausnahme eines
einzigen, Originalaufnahmen. (**Vol II, Mémoires,** p. 209.)

M. le Prof^r BOUVIER remercie le R. P. WASMANN pour l'intéressante communication qu'il vient de faire et fait ressortir toutes
les qualités que présente l'éminent entomologiste en racontant
lui-même, presque passionnément, les recherches qu'il a été obligé
de faire pour arriver aux constatations des faits actuels.

Le Secrétaire général annonce que les *Séances de Sections* auront
lieu à 2 heures.

La séance est levée à 12 $\frac{1}{2}$ heures.

SÉANCES DES SECTIONS.

I. — SECTION DE BIONOMIE, PHYSIOLOGIE ET PSYCHOLOGIE

a. M. H. VON BUTTEL-REEPEN (Oldenbourg) : Atavistische Erscheinungen im Bienenstaat. Sind im Bienenei zwei oder drei Keimesanlagen anzunehmen?

Discussion : MM. Dr HASEBROEK, WASMANN, W. BUTTEL-REEPEN, I. ASSMUTH.

b. M. K. HASEBROEK (Hambourg) : *Cymatophora or* ab. *albingensis* WARN. und deren Bedeutung für den Melanismus um Hamburg.

Discussion : MM. HOLDHAUS, HASEBROEK.

c. M. HERBERT OSBORN (Colombus) : Remarks on the Jassid fauna of North America.

Discussion : M. WASMANN.

Président :   M. H. VON BUTTEL-REEPEN (Oldenbourg).
Vice-Président : M. H. OSBORN (Columbus).
Secrétaire :   M. M. PHILIPPSON (Bruxelles).

M. VON BUTTEL-REEPEN ouvre la séance à 2 heures et il prend la parole pour donner lecture de son travail sur les :

Atavistische Erscheinungen im Bienenstaat.

(Résumé.)

Müssen wir dem Bienenei zwei oder drei Keimesanlagen zuschreiben? Die Pseudogynen bei den Bienen. Die Entdeckung der Sporen (Calcaria) bei *Apis mellifica* L.

Als atavistische Erscheinungen sind unter anderen aufzufassen

die runde, senkrecht herabhängende Königinzelle und ihre Insassin,
die Königin, ferner das Auftreten der Eiablage bei den Arbei-
terinnen und die Art und Weise der Ausführung dieser Eiablage;
desgleichen das Vorkommen besonders zahlreicher Königinzellen
bei gewissen Subspezies und Varietäten (*A. fasciata, A. mellifica-
remipes* PALL. etc.) und andere Erscheinungen mehr. Die Königinzelle zeigt uns noch die ursprüngliche Bauart der Einzelzellen und
die Königin selbst weist charakteristische Bildungen auf, die an
früheren Formen erinnern.

Die Königin und die Arbeiterin sind durch besondere Behand-
lung der Larven ineinander überzuführen, so dass wir Uebergangsformen erhalten, die weder eine normale Königin noch eine normale Arbeiterin darstellen. Diese Formen entsprechen in gewisser
Weise den Pseudogynen bei den Ameisen.

Im Gegensatz zu DEMOLL sind drei Keimesanlagen im Bienenei
(WEISMANN) anzunehmen.

Die Imagines der sozialen Apidæ zeigen (abgesehen von den
Bombinæ) als Ausnahme von allen anderen Hymenopteren keine
Sporen (Calcaria) an den Hinterschienen. Vortragender entdeckte
die Sporen als verhältnismässig recht grosse Hautausstülpungen
bei den *Puppen!* Die Form der Sporen ist bei der Königin, der
Arbeiterin und der Drohne verschieden. (**Vol. II, Mémoires**, p. 113.)

Le R. P. Dr. JOSEPH ASSMUTH, S. J. (Bombay) :
Die Dauer der Entwicklungsfähigkeit der Keimesanlagen geht
aus der vorhin geschilderten Ueberführung von Arbeiterinanlagen
in Königinanlagen hervor. Diese beiden weiblichen Anlagen
scheinen also beinahe während der ganzen Entwicklungsdauer
unter besonderen Umständen entwicklungsfähig zu bleiben. Ueber
die männliche Keimesanlage im Arbeiterinnenei lässt sich nichts
anderes sagen, als dass durch die Befruchtung des Arbeiterinnen-
und natürlich auch des Königinneneies die männliche Keimesanlage für immer zurücktritt. Dass sie nichtsdestoweniger vorhanden bleibt, scheint aus dem nicht so seltenen Vorkommen
von Zwitterbienen hervorzugehen.

M. le Dr K. HASEBROEK (Hambourg) macht einige Bemerkungen aus der ärztlichen Erfahrung, dass es unmöglich ist,
durch Ueberernährung ohne weiteres an Grösse überragende
Individuen zu erziehen! Dass es somit nur möglich ist, bei

altvererbter Anlage aus der Arbeiterin die *Königin* durch vermehrte Nahrungszufuhr zu erziehen.

Le R. P. WASMANN (Luxembourg) erörtert die Frage, inwieweit die in einem und demselben befruchteten Ei vorhandene Entwicklungsmöglichkeit zur Königin einerseits und zur Arbeiterin andererseits auf *epigenetischer* oder auf *praeformistischer* Basis beruhe.

Enfin, M. VON BUTTEL-REEPEN répond aux deux observations présentées :
Die epigenetische oder die praeformistische Basis für die Richtigkeit der hier behandelten Fragen kommt nicht weiter in Betracht. Eine Einigung über diese Theorien wird hier nicht zu erzielen sein. Vortragender steht auf dem Boden der WEISMANN'schen Keimplasmatheorie.

Le R. P. JOSEPH ASSMUTH :
Wie lange bleiben die Keimesanlagen, deren wir in jedem Ei drei verschiedene anzunehmen haben, entwicklungsfähig? Man kann aus einem Arbeiterinnenei doch nach einiger Zeit noch eine Königin ziehen; also hören nicht alle nicht zur Ausbildung kommenden Keimesanlagen mit dem Uebergang vom Ei zum Embryo sofort auf.
Und wie steht es mit der dritten Keimesanlage, der männlichen, im Arbeiterinnenei ?

M. J. DEWITZ (Metz) écrit qu'il lui est malheureusement impossible d'assister au Congrès, retenu au dernier moment par des travaux urgents. Il envoie son manuscrit, et son travail se trouve dans le **Volume II, Mémoires,** page 133.

M. le Dr K. HASEBROEK (Hambourg) parle sur :

Cymatophora or ab. *albingensis* WARN. und deren Bedeutung für den Melanismus um Hamburg.

(Résumé.)

Die neueste Erscheinung einer *melanistischen* sammetschwarzen Abart der *Cym. or,* die als Abart *albingensis* WARNECKE vor

4 Jahren bei ihrem ersten Auftreten beschrieben ist. Der Vortragende betont die Wichtigkeit dieses *ersten* Auftretens einer gänzlich neuen melanistischen Form für die Forschung.

Es ist kein einziger Uebergang zur Stammform vorhanden. Bis jetzt sind schon an 30 Exemplare der schwarzen Form geködert oder aus Raupen gezogen. Man hat aus einer Kopulation dieser Aberration Raupen und Puppen erhalten; die Raupen unterscheiden sich weder in der Lebensweise noch im Aussehen von denen der Stammform. Es sollen nun Zuchten zwischen der Stammform und der Aberration versucht werden. Redner bittet, auf das Aufreten dieser Form in andern Gegenden, besonders in England, zu achten. (**Vol. II, Mémoires**, p. 79.)

M. le Dr K. HOLDHAUS (Vienne) verweist darauf, dass die in der Literatur so vielfach zu findenden Angaben über das plötzliche Auftreten einer Varietät oder Art und ebenso über das Erlöschen oder Seltenerwerden von Insektenformen in einer Gegend wohl in vielen Fällen mit den BRUCKNER'schen Klimaperioden in Beziehung zu bringen sind. Prof. BRUCKNER hat nachgewiesen, dass das Klima von Europa regelmässige Fluctuationen aufweist, welche sich annähernd in einem Zeitraum von 35 Jahren vollziehen. Auf eine Reihe von trockenen, warmen Jahren folgt stets eine Reihe merklich kühlerer und feuchterer Jahre. Es wäre von Wichtigkeit, zu untersuchen in wieweit diese Klimaschwankungen in den Insektenformen zum Ausdruck kommen.

Dr HASEBROEK erwidert, dass klimatische Perioden früher ohne Auftreten von Melanismus vorübergegangen sind.

MM. E. W. CARLIER et C. L. EVANS (Birmingham).
Ces messieurs n'ont pu venir au Congrès et ont envoyé un travail intitulé :

Note on the chemical constitution of the red=coloured secretion *Timarcha tenebricosa*.

L'assemblée décide d'imprimer ce travail dans le **Volume II, Mémoires**, page 137.

M. Herbert Osborn (Ohio State University, Columbus) prend
la parole :

Remarks on the Jassid fauna of North America.

(Résumé.)

The Jassid fauna of North America is very rich in species and
notwithstanding the early work of Say, Fitch and Uhler and the
more recent contributions of Van Duzee, Gillette, Ball,
Baker and others much remains to be done.

This fauna shows a close relationship with the European especially in the family Jassidæ proper and with the Central and South
American more particularly in the Tettigonidæ. In such large
genera as *Deltocephalus*, *Thamnotettix* and *Phlepsia* the species
common to Europe and America are few, and we may assume the
evolution of many of the American species within this geographical
area. Of the factors operating to produce such evolutions may be
mentioned the adaptations to climatic conditions and to food plants.
Many examples show now distinct limitation to humid or arid
regions and to one or but few hort plants. Many examples may be
cited to bear out this statement and also to show extremes of
adaptation evidently acquired within the restricted range of the
species. (**Vol. II, Mémoires,** p. 235.)

Le R. P. Wasmann (Luxembourg) bemerkt, dass auch bei
den Ameisen, z. B. innerhalb der Gattung *Formica*, ähnliche
Differenzen zwischen den Formen von Nord-Amerika und Europa
sich zeigen, die zum Teil auf gemeinschaftliche Abstammung, zum
Teil auf parallele Entwicklung zurückzuführen sind.

II. — Section d'Entomologie économique et médicale.

a. M. F. V. Theobald (Wye) : The distribution of the Yellow Fever Mosquito (*Stegomyia fasciata*).
Discussion : MM. F. M. Howlett, F. Latreille.

b. Sir Daniel Morris (Boscombe) : On the favourable actions of a small Fish (*Girardinus pœciloides*) in the destruction of *Culex* and *Stegomyia*.
Discussion : M. A. Andres.

c. M. G. H. Carpenter (Dublin) : Notes on the Œstridæ (Diptères).

d. M. R. Mac Dougall (Edimbourg) : *Galerucella lineola* (Coléoptère), its life history and habits with notes on preventives and remedial researches. (Projections lumineuses.)
Discussion : MM. A. E. Gillanders, P. E. Bagnall.

Président :   Sir Daniel Morris (Londres).
Vice-Président : M. J. Kunckel d'Herculais (Paris).
Secrétaire :   M. le baron M. de Selys Longhamps (Bruxelles).

Le Président, en ouvrant la séance à 2 heures, donne la parole à M. V. Theobald (Wye).

The Distribution of « Stegomyia fasciata » Fabricius.

(Résumé.)

This Mosquito, which is the carrier of yellow fever and a vicious day biter, has a very wide distribution. It has been described from different countries under different names. Although it is subject to much variation, there is no structural difference between specimens from such widely separate areas as Italy and Australia.

It occurs in South, Central and North America and the West

Indies in greatest abundance. In Europe it is found in Southern Portugal, Spain, Italy and Greece, pratically all around the Mediterranean and its islands. It occurs in North, East and West Africa and to some extent inland, occurring well up into the Sudan and in the Transvaal. It also occurs in Ceylon, India, and the Malay ports; along the Chinese littoral to Japan, through the East Indies to Australia and in nearly all oceanic islands.

It is almost exclusively a domestic Insect and breeds in small artificial collections of water, such as collects in old tins, jars, bottles, small pools, gutters and cisterns.

Its distribution is undoubtedly due to artificial agencies, having been spread by means of ships and trains and river steamers.

This must have taken place a long time ago, the larvæ living in the tanks of water carried on sailing ships just as it is known to do now on the Nile steamers.

Its distribution is very important to study, especially in the East, owing to the opening of the Panama Canal in the near future and the more direct route from the yellow fever area to the East. (**Vol. II, Mémoires**, p. 145.)

M. F. M. HOWLETT (Pusa) :

The possibility of Yellow Fever Mosquitos being carried long distances by train is illustrated by the occasional prevalence of *Stegomyia scutellaris* under the seats of railway carriages in India.

The eggs of *S. scutellaris* also possess great vitality (like those of *S. fasciata*) and have been observed to hatch out in a strong solution of formaldehyde in which I had preserved them.

Le Dr G. B. LONGSTAFF (London) remarked that numbers of Insects, especially small Diptera, are attracted by the lights of the railway carriages and may settle down and be carried long distances.

M. F. LAHILLE (Buenos-Ayres) :

Stegomyia fasciata est un des moustiques les plus communs de Buenos-Ayres. Il ne paraît pas exister dans le sud de la province du même nom. Je ne l'ai jamais observé dans les provinces et territoires subindicus. Cette espèce paraît localisée le long des rives des deux grands fleuves : le Rio Parana et le Rio Uruguay.

Sir Daniel Morris (Londres) parle de la :

Destruction des Moustiques par un Poisson aux îles Barbados.

(Résumé.)

On the favourable action of a small Fish locally called « millions » (*Girardinus pœciloides* Filippi) in maintaining pools and swamps in Barbados, West Indies, free from Mosquitos. *Culex* and *Stegomyia* breed freely in that island in all sorts of receptacles, such as rain water tanks, cisterns, broken pots, bottles and old tins. On the other hand, *Anopheles* is entirely absent in Barbados, although it is plentiful in the neighbouring islands and might easily be introduced from there. The argument advanced and now generally accepted is that Barbados is free from *Anopheles* on account of the breeding places likely to be frequented by it being inhabited by « millions ». Similar results have been observed in Egypt and Sierra Leone, and there is little doubt that, if pools and swamps in the tropics were abundantly supplied with small Fish with similar habits to « millions », *Anopheles* might be either got rid of altogether or their numbers greatly reduced. The Imperial Department of Agriculture in the West Indies has successfully introduced *Girardinus pœciloides* to Jamaica, St. Vincent, Antigua, St. Lucia and Guayaquil. It has also been taken to British Guiana, Colon and Bolivar. More recently through the Zoological Gardens in London similar Fish have been forwarded to India, Nigeria and other portions of the Old World tropics. *Girardinus versicolor* is said to be found in San Domingo and *G. formosus* in South Carolina and Florida. (**Vol. II, Mémoires, p. 171.**)

M. A. Andres (Bacos-Ramleh) attire l'attention sur le fait qu'en Égypte on place des Poissons, comme le *Pavitalapis multicolor* et autres, dans des petits bassins dans les jardins pour enrayer cette peste, et les résultats obtenus ont été très satisfaisants.

MM. V. Vermorel (Villefranche) et le R. P. A. Renard (Liége) n'ont pas envoyé les travaux annoncés.

M. J. M. Howlett (Pusa) demande à remettre sa communication à une séance ultérieure, n'ayant pas encore reçu les planches, échantillons et matériaux destinés à compléter sa causerie.

La parole est donnée à M. G. H. CARPENTER (Dublin) pour la lecture de sa note :

On the Œstridæ.

(Résumé.)

A. — *Hypoderma bovis* and *H. lineata*.

For some years past I have carried on experiments and observations under the auspices of the Irish Department of Agriculture, in order to test the value of the various dressings that have been recommended to protect Cattle against the attacks of these Flies, and to determine whether the Maggot gains entrance to the host-animal's body directly through the skin or by way of the mouth.

A chosen number of Cattle were washed or sprayed throughout the summer months, other Animals being left untreated for control. Even in the case of those washed all over every day no protection was afforded against the attack of the Flies; these Cattle had in the succeeding spring as many warbles, on the average, as the untreated Animals. It was decided therefore no longer to recommend farmers to use these preventive washes, but to concentrate their efforts on the destruction of the Maggots.

In order to test the method by which the Maggots gain entrance to the Cattle, a number of Calves were turned out with the Animals grazing in the field, but bearing leather muzzles so that they could not lick themselves. At night and when feeding the neck was tied between stakes and the forelimbs were protected by an apron. These muzzled Calves had as many warbles in the succeeding spring as the untreated Calves. This experiment supported the old view that the Maggot bores directly through the skin, but it was thought that possibly the Calf might be able to suck the eggs through the breathingholes of the leather muzzle. Last year therefore a cage made of stout iron wire was fixed outside the leather, and by this means the average number of warbles on the muzzled Calves was reduced to two per beast, as against 8.5 per beast for the untreated Calves on the farm.

B. — *Œdemagena tarandi*.

From a young male Reindeer in the Dublin Zoological Gardens, I obtained over thirty Maggots of this species. As described many years ago by BRAUER, the larva has a stronger and more extensive spiny armature than that of *Hypoderma bovis*. The suture along which the lid of the puparium splits off is strongly marked on the larval cuticle. One of these Maggots pupated and after six weeks a female Fly emerged. The egg of this species is like that of *Hypoderma*, but a distinct reticulated area at the distal pole seems adapted to facilitate the hatching of the young larva. (**Vol. II, Mémoires**, p. 289.)

M. F. DE STEFANI PEREZ (Palerme) n'ayant pu assister au Congrès, l'assemblée décide de faire imprimer son travail intitulé : « Notizie preventive e informazioni sulla *Sphenoptera lineata* F. (*geminata Ill.*) (*Coleottero Buprestide*) e la larva di un Lepidottero che attacano la Sulla (*Hedysarum coronarium* L.) della Tunisia e della Sicilia », dans les comptes rendus. (**Vol. II, Mémoires**, p. 185.)

M. STEWART MAC DOUGALL (Edimbourg) parle sur :

« Galerucella lineola » and its ravages on Osier (*Salix viminalis*) in England.

(Résumé.)

The Chrysomelid *Galerucella lineola* has from 1905 to 1909 been doing very great damage to *Salix viminalis* in several English counties, e. g. Essex, Warwick, Somerset, Gloucester. In some cases hundreds of acres have been spoiled.

The damage is begun by the adult Beetles which have issued from their winter-quarters settling on the young shoots of the Osier as these are beginning to sprout and destroying the leaves and young growth. From the eggs of the adult, laid abundantly, come the larvæ, which continue the destructive work by gnawing the leaves. The larvæ feed on the under surface of the leaves. The result has been in a number of cases almost complete destruction of the crop shoots, that should normally have attained a length of

8 and 9 feet, but remained stunted the growth being straggling, and irregular.

The female Beetle lays its eggs in clusters, typically on the under side of the leaves. The number of eggs in a cluster varies 14 to 16 being an average. The eggs are roundish and orange yellow.

The larva has a black head and prothorax, and the anal segment is also black. The yellow ground colour is obscured by black lines and dots, and there are hair-bearing tubercles. The larva progresses by its 6 legs and a process from the hind segment.

The pupa is light yellow.

In Dr. STEWART MAC DOUGALL's experiments the adult Beetle lived for 2 months. Eggs, young larvæ, full grown larvæ, pupæ of the same generation can be found at the same moment.

The eggs hatched in 9 days — longer time being taken in less favorable environment — ; the larval stage lasted 27 days and over; the pupal stage lasted 9 days. Hibernation is as adult.

MAC DOUGALL obtained Beetles active on the plants from May to the end of August; eggs from May to August; pupæ in July and August.

Preventive and remedial measures :

1° Trapping the adults in their winter-quarters ;
2° Hooding the Osier beds in winter ;
3° Shaking the Beetles off the plants in spring ;
4° Spraying against adult and larva with :

    a. Arsenate of lead ;
    b. Paris green ;

5° Spraying against the larva with an emulsion of soft soap and paraffin.

M. A. F. GILLANDERS (Alnwick) fait la remarque :

About 14 years ago I found a species of *Galerucella* on the foliage of Elms in Warwickshire ; considerable damage was done to the trees by the larvæ.

M. R. S. BAGNALL (Penshaw) suggested that Insects attacking plants in great numbers should always be systematically recorded, even though such plants be of little or no economic value.

Gave instance of *Galerucella viburni* attacking the Guelder Rose excessively in North of England, and when the plant was exhumated, preferred Hazel to Salix, though the latter plant was the commoner in the infested area.

Le Président résume les notes et discussions, et se fait applaudir par tous les assistants lorsqu'il remercie les auteurs des travaux intéressants qu'ils ont présentés.

Il lève la séance à 4 $\frac{1}{2}$ heures.

III. — Section de Nomenclature.

a. M. S. Schenkling : Mitteilung von verschiedenen der Sektion eingesandten Vorschlägen (MM. Elliot, Lindinger, etc.).

b. M. K. Jordan : Mitteilung von verschiedenen der Sektion eingesandten Vorschlägen (MM. Alphéraky, Horn, Prout, Dampf, etc.).

Président :   M. H. Skinner (Philadelphie).
Vice-Président : M. P. Magretti (Milan).
Secrétaire :   M. K. Jordan (Tring).

Le Président ouvre la séance à 2 heures et prononce une courte allocution, appelant l'attention des membres sur l'importance des questions à étudier et proposant de prendre comme base de la discussion les thèses sur la nomenclature élaborées par MM. K. Jordan et W. Horn (1), tous deux membres du Comité provisoire du Congrès. MM. S. Schenkling (Berlin) et Jordan (Tring) se sont chargés de soumettre ces thèses à l'étude des membres de la Section de Nomenclature. Il donne la parole à ces messieurs (2).

Schenkling führt aus, dass die von Horn und Jordan in der « Deutsch. Entom. Nation.-Bibliothek », I, pp. 12-13 (1910) (3), ver-

------

(1) *Deutsche Entomologische National Bibliothek*, I, 1910.

(2) Le compte rendu entier de la séance a été écrit par M. le Dr K. Jordan, secrétaire de la section.

(3) Nous reproduisons en note ces propositions :

Im folgenden werden die Hauptpunkte, welche dem Kongress zur Verhandlung gestellt werden sollen, aufgeführt :

1. Wie soll die Bezeichnung *Type* oder *Typus* in der Nomenklatur gebraucht werden? Viele Autoren bezeichnen ein einziges Exemplar einer neuen Art als den Typus dieser Art im nomenklatorischen Sinne : den Namentyp (= Onomatotyp im Gegensatz zum Phylotyp und Morphotyp). Andere beschreiben

öffentlichten Vorschläge zum Teil der Literatur und Briefen entnommen wurden und ihre Veröffentlichung mit der Absicht geschah, die Entomologen zu veranlassen, sich zu diesen und anderen Fragen zu äussern. Es haben denn auch eine ganze Anzahl Entomologen brieflich Stellung genommen (ALPHÉRAKY, BOSTNY, BURR, DAMPF, ELLIOTT, FELSCHE, LEFROY und HOWLETT, LINDINGER, PROUT, RICHTER, SCHAUFUSS, SEID-

---

jedes bei der Beschreibung einer neuen Art vorliegende Exemplar als Typus, wieder andere verwerfen jede solche Bezeichnung.

2. Soll ein Name, der auf eine Anzahl Exemplare neu gegründet ist, welche verschiedenen Formen angehören, von denen eine Form schon einen gültigen Namen hat, ohne weiteres als Synonym der älteren behandelt und für keine der verschiedenen Formen angewandt werden?

3. Soll ein Gattungsname, der auf mehrere Arten gegründet ist, von denen eine der Typus eines älteren Gattungsnamens ist, ohne weiteres als Synonym dieses älteren Namens behandelt werden?

4. Ein Gattungsname, der auf dieselben Arten gegründet ist wie ein älterer Gattungsname, soll als Synonym behandelt werden.

5. Soll ein auf mehrere Exemplare gegründeter Artname ungültig sein, wenn die Beschreibung oder die als Typus bezeichneten Exemplare beweisen, dass dieselben zu mehr als einer Art gehören?

6. Ein Arten- oder Varietätenname ist nur dann als « präokkupiert » zu betrachten, wenn derselbe ältere Name zu jetziger Zeit in der Gattung vorkommt.

7. Ein neuer Name ist nur dann gültig, wenn er in bestimmter Form gegeben wird. Ein Name ist zu verwerfen, wenn er nur vorgeschlagen wird für « diejenige der hier beschriebenen Formen, welche noch keinen Namen hat ».

8. Nomina indescripta sind ungültig.

9. Namen, die von Abbildungen ohne Beschreibung begleitet sind, sind zu verwerfen.

10. Es wäre wünschenswert, mehr als bisher üblich Abbildungen, besonders Klischees im Text, zur Unterstützung der Bescheibungen zu benützen.

11. Die Veröffentlichung neuer Namen in Händlerlisten ist nicht wünschenswert.

12. Die analogen Kategorien von Varietäten (geographische, zeitliche, individuelle etc.) sollten überall durch analoge nomenklatorische Formeln bezeichnet werden; geographische Rassen z. B. entweder durch *var. geogr.* oder *subsp.* oder einfach durch Hinzufügen des Varietätennamens zum Speziesnamen. Welche anderen Formeln sind für andere Kategorien empfehlenswert? (« Aberration » etc.)

13. Sind individuelle Formen, die bei verschiedenen Arten wiederkehren, am besten mit denselben *beschreibenden* Namen zu bezeichnen, z. B. ab. *flava*, ab. *rufofemorata*?

14. Hat ein Aberrationsname Prioritätsrecht, wenn sich herausstellt, dass die

LITZ, etc.). Referent hat es übernommen, von den Vorschlägen diejenigen vorzubringen, welche man als redactionell bezeichnen könne :

1. Es ist wünschenswert, mehr als bisher üblich Neubeschreibungen durch Abbildungen zu unterstützen.

---

vermeintliche Aberration eine selbständige Art oder geographische oder zeitliche Rasse etc. ist ?

15. Welche Rasse ist, wenn ein Artname ursprünglich mehr als eine Rasse umfasst, als die im nomenklatorischen Sinne « typische » anzusehen ?

16. Einheitlichkeit in der Schreibweise der Namen und der Abkürzung der Autoren ist erwünscht. Spezies- und Varietätennamen werden von einigen Autoren stets mit grossen Anfangsbuchstaben geschrieben, von anderen stets mit kleinen und wieder von anderen teilweise mit grossen, teilweise mit kleinen. Einige Autoren behalten die Speziesnamen in ihrer ursprünglichen Schreibweise bei, andere ändern z. B. die Endung, wenn der Name in eine andere Gattung mit anderem Geschlecht kommt, oder sonst etwas, wenn der lateinische Sprachgebrauch dies erfordert. In fast allen englischen Zeitschriften wird der Autorname durch ein Komma vom Tiernamen getrennt, in den Zeitschriften anderer Länder wird das Komma meist weggelassen. Allzu starke Abkürzung der Autornamen (z. B. Ky., Sz.) ist ebensowenig ratsam, wie das Weglassen aller Vokale (z. B. Wlsm.).

17. Das Datum nicht bloss das Jahr) der Publikation sollte bei allen Zeitschriften und Büchern angegeben werden. Bei Periodika wäre Hinzufügung der Bandzahl empfehlenswert. Bei den in Heften herausgegebenen Werken sollte jedes Heft auf der 1. Seite das Datum der Herausgabe tragen. Alle Separatdrucke sollten die Originalpagination angeben.

18. Es wäre wünschenswert, öffentlich bekannt zu geben, wo Sammlungen, auf welche die Werke der älteren Autoren basiert sind, und Exemplare, die als Vorlage zu Beschreibungen und Abbildungen gedient haben, existieren. Dasselbe wäre für seltene Bücher und Zeitschriften empfehlenswert.

19. Welches sind die besten Methoden der Bezeichnungsweise und Aufbewahrung von « Typen »?

20. Welche Methode des Ausleihens von Exemplaren, besonders « Typen » und « Unika » ist für öffentliche Museen am meisten empfehlenswert?

21. Ist es ratsam, dass öffentliche Museen sich in den Abteilungen, die nicht Schausammlungen sind, spezialisieren und einander gegenseitig die betreffenden Gruppen überweisen?

22 Alle Fundortszettel sollten ausser dem genauen Fundorte den Distrikt oder eine Angabe, welche das Auffinden mittels eines guten Atlas ermöglicht, die Höhenlage und das Datum angeben.

23. Austausch der Gedanken über Ordnung und Konservierung entomologischer Sammlungen.

24. Ausarbeitung von leichtverständlichen Leitfäden für Sammelmethoden, Sammelapparate und internationale Sammelanweisungen.

Dem Antrage wird allgemein zugestimmt.

Klapálek bemerkt dazu, dass manchmal erst in der Abbildung die Merkmale geboten sind, welche es ermöglichen, die Art zu erkennen.

Seitz : Es ist wesentlich eine Kostenfrage. Die Leiter von Zeitschriften können Beschreibungen, die nicht von Abbildungen begleitet sind, nicht zurückweisen, auch haben die Zeitschriften nicht die Mittel, zu allen Beschreibungen genügend gute Abbildungen zu liefern.

2. Die Veröffentlichung neuer Namen in Händlerlisten ist nicht wünschenswert.

Klapálek und andere empfehlen dringend, den Beschluss zu fassen, solche Namen nicht anzuerkennen.

Holland beantragt : Alle in Händlerlisten und nicht wissenschaftlichen Zeitungen veröffentlichte Namen wie *nomina nuda* zu behandeln und als ungültig zu betrachten.

Horn : In älterer Zeit wurden einige Kataloge von Museumsdubletten veröffentlicht, die als Verkaufslisten dienten, mit Angabe der Preise, aber auch Beschreibungen neuer Arten enthielten. Diese Kataloge sollten eine Ausnahme bilden.

Der einstimmige Beschluss der Sektion lautet :

« Namen, die in Händlerlisten und Tageszeitungen veröffentlicht werden, sind zu verwerfen (nicht retrospektiv). »

3. Es ist dringend erwünscht, dass das genaue Datum des Erscheinens bei allen Veröffentlichungen (Einzelwerken sowie Zeitschriften) angegeben wird.

Der Antrag wird mit dem Zusatze angenommen, dass das ständige internationale Komitee beauftragt wird, diesen Beschluss den Schriftleitern und Verlegern entomologischer Werke und Zeitschriften mitzuteilen.

Es schliesst sich daran eine Diskussion über « Separata » und die Frage, wann eine Arbeit als *veröffentlicht* zu betrachten ist.

Arrow beauftragt : that any paper shall be understood to be published only when it is in sale on the open market and that no other date should be borne upon it.

N. C. Rothschild schlägt vor, die Worte « in the open market » zu ersetzen durch : « through the ordinary channels of sale ».

Horn fragt an, ob nach Ansicht der Sektion das Datum der

Separata oder das des Bandes das gültige ist. Häufig werden Separata lange vor Erscheinen des Bandes bezw. der Zeitschrift verschickt, besonders in den Vereinigten Staaten.

HOLLAND bemerkt dazu, dass die von dem Smithsonian und andern Instituten versandten Einzelarbeiten, die erst später in einem Bande vereinigt werden, nicht als « Separata » angesehen werden dürfen. Diese einzelnen Arbeiten stehen jedem Interessenten zur Verfügung.

Von verschiedenen Seiten wird darauf hingewiesen, dass die Schwierigkeit von selbst fortfällt, wenn die Leiter von Zeitschriften die Separata immer erst nach Erscheinen der Zeitschrift an die Autoren verteilen.

4. Es ist wünschenswert, dass alle Entomologen demselben Gebrauche in der Schreibweise der Insektennamen und der Abkürzung der Autorennamen folgen.

Bei « Autorennamen » wird darauf aufmerksam gemacht, dass es bei wenig bekannten Autoren zuweilen unmöglich ist, aus der Abkürzung den wirklichen Namen zu erkennen, ohne welchen die betreffende Arbeit nicht oder schwierig aufzufinden ist.

JORDAN erwähnt, dass seit einer Reihe von Jahren manche Autoren die Jahreszahl hinter den Autor setzen, wodurch das Auffinden der Beschreibung wesentlich erleichtert wird.

HORN hält es für zweckmässig, den Autornamen möglichst voll auszuschreiben, wenigstens das erste Mal, wo der betreffende Autorname in einer Arbeit bei einer Art angegeben wird. Wenn Abkürzungen erwünscht sind, sollte man als Grundlage die von dem Königlichen Museum für Naturkunde in Berlin herausgegebene Liste nehmen.

L. W. ROTHSCHILD und HOLLAND halten es für angezeigt, dass eine neue besondere Liste für die Entomologie herausgegeben wird.

KLAPÁLEK stellt daraufhin den Antrag, dass die zu erwählende Nomenklaturkommission beauftragt wird, eine alphabetische Liste der Autorennamen und ihrer Abkürzungen, soweit sie die Entomologie betreffen, zusammenzustellen und dem nächsten Entomologenkongresse zur Beurteilung vorzulegen.

Der Antrag wird einstimmig angenommen.

Betreffs der Umänderung der Endung eines Speciesnamens, der in ein anderes Genus mit anderm Geschlecht versetzt wird, sowie der Emendation von fehlerhaft gebildeten oder durch Druckfehler

entstellten Namen gehen die Meinungen weit auseinander.
L. W. Rothschild und Seitz sprechen sich gegen jede Aende-
rung aus. Horn, Holland, Horváth und andere befürworten,
dass die Endungen der Speciesnamen dem Geschlechte der Gattung entsprechen müssen; unter Umständen könnten auch Emen-
dationen zugelassen werden. Die Mehrheit der Anwesenden ist der
Ansicht, dass in gewissen Ausnahmefällen Namen zu verbessern
sind (z. B. solche, die durch offenbare Druckfehler entstellt sind);
die Verbesserung dürfe jedoch nicht von der Ansicht des einzelnen
Autors abhängig sein, sondern müsse von der Nomenklaturkommission beraten und dann dem Entomologenkongresse zur
Genehmigung vorgelegt werden. Ein diesbezüglicher Antrag wird
angenommen.

5. Wegen vorgerückter Zeit schlägt Holland vor, die übrigen
redaktionellen Punkte durch einen allgemeinen Beschluss zu
erledigen :

« This Congress recommends the adoption by all entomologists
of the rules of nomenclature adopted by the various International
Congresses of Zoology in regard to the printing of names. »

Horn unterstützt den Antrag, welcher in etwas anderer Fassung
mit Weglassung der Worte « in regard to the printing of names »
und dem Zusatz « in so far as they are in accordance with the
requirements of entomology », einstimmig angenommen wird.

Der Präsident erteilt darauf Jordan das Wort, der mit der Vor-
legung der nicht redaktionellen Anträge beauftragt ist. Referent
teilt mit, dass es der Kürze der Zeit wegen nötig sei, aus den noch
zur Beratung vorliegenden Fragen nur die wichtigsten heraus-
zugreifen. Es sei wünschenswert, dass schon der I. Entomologenkongress Stellung zu den folgenden Punkten nähme.

6. Zunächst liegt es der Sektion ob, eine Meinung über die
Gültigkeit von Arten- und Varietätsnamen zu äussern, die weder
von einer Beschreibung noch von einer Abbildung begleitet sind.

Es herrscht Einstimmigkeit in der Sektion darüber, dass solche
nomina nuda zu verwerfen sind. Es wurde dazu bemerkt, dass
auch Abbildungen ohne gute Beschreibungen häufig ganz wertlos
sind. Die Mehrheit war ferner der Ansicht, dass Gattungsnamen
ohne Beschreibung als *nomina indescripta* betrachtet und als
ungültig behandelt werden sollten.

7. An verschiedene Mitglieder des Kongresses ist von Seiten englischer Zoologen die Aufforderung gerichtet worden, sich an der Agitation gegen die allgemeine Anwendung strenger Priorität zu beteiligen. Referent bringt infolgedessen die Frage vor die Sektion :

Ist das Prioritätsgesetz in der Anwendung von Namen überall durchzuführen, oder sollen Ausnahmen zulässig sein?

Es entspann sich eine lebhafte Debatte über den Antrag, dass in Bezug auf die Anwendung von Gattungs-, Species- und Varietäten-namen die Entomologie das Gesetz der Priorität ohne Ausnahme annimmt. N. C. ROTHSCHILD und ARROW, unterstützt von ein Paar anderen Mitgliedern der Sektion, sind für die Zulassung von Ausnahmen in seltenen, wohlbegründeten Fällen, die man von der Zustimmung der Nomenklaturkommission bezw. des Kongresses abhängig machen könne. Die starre Anwendung von Priorität wäre unter Umständen recht unbequem und ungerecht, zumal nach-weisslich manche Autoren die Neigung hätten, alte zweifelhafte Namen hervorzuziehen.

HOLLAND, L. W. ROTHSCHILD, HORN, SEITZ und andere befürworten dagegen strenge Priorität mit der Begründung, dass es unmöglich ist, eine Grenze anzugeben, bis zu welcher Aus-nahmen zugelassen werden sollen. Wenn Ausnahmen im Princip zugestanden werden, so ist damit wieder der Willkür in der Anwendung der Namen die Tür geöffnet. Ausserdem sind die Unbequemlichkeiten, welche das Prioritätsgesetz mit sich bringt, recht gering. Specialisten gewöhnen sich bald an den neu-ein-geführten Namen und in Handbüchern für Schulen und Studenten kann man sich dadurch helfen, dass man den früher gebräuch-lichen Namen zunächst noch in Klammern hinter dem richtigen Namen bringt. Natürlich dürfen im Gebrauch befindliche jüngere Namen nur dann durch ältere ersetzt werden, wenn es über jeden Zweifel erhaben ist, dass sich der ältere Name auf die betreffende Arthropodenform bezieht.

ARROW bringt darauf den Gegenantrag ein : « that the law of absolute priority of generic, specific and varietal names should be adopted with the reservation of certain names familiar in certain classical works, to be scheduled by the Permanent Entomological Committee ».

Dieser Gegenantrag wird abgelehnt und der ursprüngliche Antrag angenommen. Es wird hinzugefügt, dass die Nomenklatur mit LINNÉ, *Systema naturæ*, editio X (1758), beginnt.

8. Zum Schluss kommt ein von L. W. Rothschild eingereichter Antrag zur Besprechung, welcher lautet :

« This Congress considers it of the greatest importance that a new rule be added to the « International Rules of Zoological Nomenclature » to the effect that out of a series of specimens used in describing a new species or variety in any branch of zoology one specimen only is to be labelled *type*, the remainder *cotypes*. »

Der Antragsteller führt zur Begründung an : In vielen Fällen, wo dem Autor einer neuen Art mehrere Exemplare vorliegen, handelt es sich in Wirklichkeit um ein Gemisch von zwei oder mehreren Arten. Wir haben selbst aus neuerer Zeit ein Beispiel, dass ein Specialist eine Art nach drei Exemplaren aufstellte, die sich jetzt als zu zwei Gattungen gehörig erwiesen haben. Um spätern Bearbeitern eine absolute Sicherheit zu geben, auf welche Form ein Name bezogen werden muss, ist es nur nötig, dass der Autor selbst ein einziges ausgewähltes Stück als *Type* bezeichnet, wie das in England und den Vereinigten Staaten fast allgemein geschieht. Hätten die Autoren seit Linné jeden Namen (Familien, Gattungen und Arten) monotypisch gemacht, d. h. hätten sie angegeben, bei den Familien welche Gattung, bei den Gattungen welche Art und bei den Arten welches Exemplar als typisch in Bezug auf den Namen anzusehen sei, so wäre nie der Wirrwarr entstanden, unter dem die Systematik so sehr leidet.

In der Debatte, an welcher sich die Mehrzahl der Anwesenden beteiligten, traten mehrere continentale Entomologen dem Antrage mit dem Hinweise entgegen, dass der Autor die Art nicht nach dem einen Exemplare beschreibe, sondern nach allen ihm vorliegenden Stücken, und daher ein Exemplar so gut wie das andere typisch sei. Horváth fügte hinzu, es käme oft vor, dass eine Art nach zwei defekten Stücken aufgestellt würde, die sich ergänzten.

Der Antragsteller erwidert, dass, wenn jede Art auf Exemplare gegründet wäre und in Zukunft gegründet würde, die wirklich einer Art angehörten, so wäre es ja gleichgültig, ob man alle diese Exemplare als Typen, Originale oder dergleichen bezeichnete. Wie jeder arbeitende Entomologe weiss, liegen aber vielfach « gemischte » Arten vor. In solchen Fällen ist der spätere Bearbeiter durch die Nomenklaturregeln gezwungen, den Namen, statt ihn zu verwerfen, auf eine der Formen des Gemisches zu beziehen. Warum soll man nicht jeden Autor zwingen, dies schon bei Aufstellung des neuen Namens zu tun, und damit spätern Irrtümern von vornherein vorbeu gen?

Klapálek ist der Ansicht, dass solche Namen, die auf mehrere Arten basiert sind, überhaupt nicht anerkannt werden sollten. Die Beschreibung sei die Hauptsache. Wenn man aus ihr die Art nicht erkennen kann, so sollte der Name nicht angenommen werden. Will man den ursprünglichen Exemplaren besondern Wert beilegen, so hielte er es für zweckmässig, nur ein Exemplar als Type zu bezeichnen.

Die Abstimmung ergab eine geringe Mehrheit für den Antrag.

Le Président remercie les membres de l'élévation et de l'intérét qu'ils ont su mettre dans ces longs débats, les premiers formulés en compagnie de beaucoup d'entomologistes descripteurs dans l'intention d'améliorer les conditions difficiles dans lesquelles se meut une langue spéciale et compliquée.

Il propose de faire imprimer sans retard les vœux émis, afin de les soumettre à l'acceptation des membres du Congrès lors de la réunion générale. Cette proposition est acceptée à l'unanimité, et la séance est levée à 5 heures.

Règles proposées par la Section :

1° Il est désirable que les règles internationales de la nomenclature zoologique soient suivies également par l'entomologie en tant qu'elles répondent aux nécessités de cette science.

1ª Es is wünschenswert, dass die internationalen zoologischen Nomenklaturregeln auch in der Entomologie befolgt werden, soweit sie den Bedürfnissen dieser Wissenschaft entsprechen.

1ᵇ It is desirable that the international rules of zoological nomenclature should also be followed in entomology, as far as they are in accordance with the requirements of this science.

2° Il est désirable que les descriptions soient, autant que possible, accompagnées par des figures.

2ª Es ist sehr wünschenswert, dass Beschreibungen möglichst durch die Beigabe von Abbildungen unterstützt werden.

2ᵇ It is highly desirable that descriptions be accompanied by figures.

3° Les noms des auteurs doivent être écrits, autant que possible, en entier. Le Comité de nomenclature entomologique est chargé de dresser, pour le prochain Congrès, une liste des abréviations des noms d'auteurs.

3ª Autorennamen sind möglichst voll auszuschreiben. Das Comité für entomologische Nomenklatur wird beauftragt, dem nächsten Kongresse eine Liste von Autorenabkürzungen vorzulegen.

3ᵇ The names of authors are to be written as a rule in full. The Committee on entomological nomenclature is requested to draw up and lay before the next Congress a list of abbreviations of authors' names.

4° Les descriptions qui ne sont publiées que dans les catalogues des marchands et dans les journaux politiques sont à rejeter (sans effet rétroactif).

4ª Namen, die in Händlerlisten und politischen Zeitungen veröffentlicht werden, sind zu verwerfen (nicht retrospektiv).

4ᵇ Names published in dealers' lists and political newspapers are to be rejected (not retrospective).

5° Le Comité de nomenclature entomologique est chargé de préparer, pour le prochain Congrès, une liste des noms de genres, espèces et variétés dont il est désirable de corriger l'orthographe.

5ª Das Comité für entomologische Nomenklatur wird beauftragt, dem nächsten Kongresse eine Liste von solchen Gattungs-, Species- und Varietätennamen vorzulegen, bei denen eine Verbesserung der Schreibweise wünschenswert ist.

5ᵇ The Committee on entomological nomenclature is requested to lay before the next Congress a list of such names of genera, species and varieties of which it is desirable to amend the spelling.

6° Il est hautement désirable que les publications entomologiques portent la date précise de leur publication. Le Comité international

permanent est chargé de faire connaitre cette résolution du Congrès
à tous les rédacteurs et éditeurs de publications entomologiques.

6ª Es ist dringend erwünscht, dass die entomologischen Publi-
kationen das genaue Datum der Herausgabe tragen. Dieser
Beschluss ist den Verlegern und Schriftleitern entomologischer
Werke und Zeitschriften durch das Ständige Internationale Comité
mitzuteilen.

6ᵇ It is highly desirable that entomological publications bear the
actual date of issue. The Permanent International Committee is
requested to acquaint all publishers and editors of entomological
literature with this resolution of the Congress.

7° L'entomologie adopte la loi de priorité sans exception pour
les noms de genres, d'espèces et de variétés. Le point de départ de
la nomenclature est la dixième édition du *Systema Naturæ* de
LINNÉ (1758).

7ª In Bezug auf die Anwendung von Gattungs-, Species- und
Varietätennamen folgt die Entomologie dem Gesetz der Priorität
ohne Ausnahme. Die Nomenklatur beginnt mit LINNÉ, *Systema
Naturæ*, editio X (1758).

7ᵇ Entomology follows the law of priority without exception in
the case of generic, specific and varietal names. The starting point
of nomenclature is LINNÆUS, *Systema Naturæ*, editio decima
(1758).

8° La Section de Nomenclature du Iᵉʳ Congrès international
d'Entomologie considère comme étant de la plus grande importance qu'une disposition nouvelle soit ajoutée aux règles internationales de la nomenclature zoologique, à savoir que, lors de la
description d'une espèce ou d'une variété nouvelle, un exemplaire
seulement soit étiqueté comme « *type* », les autres exemplaires
examinés en même temps par l'auteur, comme « *cotypes* ».

8ª Die Sektion für Nomenklatur des I. Internationalen Entomo-
logenkongresses hält es für sehr wichtig, in den internationalen
zoologischen Nomenklaturregeln den Zusatz zu machen, dass in
allen Zweigen der Zoologie bei der Beschreibung neuer Arten oder

Varietäten nur ein einziges Exemplar als « *Typus* » bezeichnet wird und jedes andere bei der Beschreibung vorliegende Stück als « *Cotypus* ».

8ᵇ The Section for Nomenclature of the 1ˢᵗ International Entomological Congress considers it of the greatest importance that a new rule be added to the international rules of zoological nomenclature to the effect : that in describing a new species or variety only one specimen be marked as « *type* » and the other specimens, which are before the author at the same time, as « *cotypes* ».

Après les séances des Sections, les membres de la Société entomologique ainsi que les dames du Comité spécial se mettent à la disposition des congressistes pour les piloter dans l'Exposition et dans la ville de Bruxelles.

M. VICTOR FERRANT (Luxembourg) conduisit un certain nombre de congressistes devant une exposition d'Insectes nuisibles, dont il est l'auteur, expliquant les méthodes suivies pour obtenir des résultats fort agréables à voir et donnant une excellente idée des habitudes et des mœurs de différentes espèces nocives.

D'autres congressistes se répandirent dans les galeries de l'Exposition, et enfin la soirée se termina, au local de la chaussée d'Ixelles, bien tard ; environ quatre-vingts congressistes éprouvèrent quelque peine à se quitter en se donnant rendez-vous pour le lendemain.

MERCREDI 3 AOUT

9 heures, SÉANCE GÉNÉRALE.

a. M. G. Severin, secrétaire général : Communications diverses.
b. M F. A. DIXEY : Mimicry.
c. M. R. C. PUNNETT : Mendelism and Lepidoptera.

Président :   M. R. TRIMEN (Oxford).
Vice-Président : M. A. HANDLIRSCH (Vienne).

La séance est ouverte à 9 ¹/₂ heures, et M. TRIMEN, après une courte allocution, donne la parole au Secrétaire général pour diverses communications :

1° Le R. P. Dr JOSEPH ASSMUTH, professeur de zoologie au Collège Saint-Xavier, à Bombay, fera demain jeudi, 4 août, une communication sur : Hauptergebnisse der anatomisch-histologischen Untersuchungen von *Termitoxenia Assmuthi* WASM. (Diptère), dans la Section de Bionomie, Physiologie et Psychologie, qui tiendra sa séance à 2 heures ;

2° Le vendredi 5 août, il sera ajouté une séance supplémentaire pour la Section d'Entomologie économique et médicale.
L'assemblée consultée nomme comme Président M. LAHILLE (Buenos-Ayres) et comme Vice-Président, M. SASAKI (Tokio).
M. HOWLETT (Pusa) y parlera des : Economical questions in Bengal, et M. ANDRES (Bacos-Ramleh) sur : Note sur les Papillons ravageurs des cotonniers et sur les méthodes de destruction ;

3° Il sera déposé sur le bureau du Secrétariat un album. Les congressistes sont invités à y inscrire leur signature, pour les archives des Congrès;

4° Le Secrétaire rappelle aux congressistes que, l'après-midi, il n'y aura pas de séances de Sections. Le programme indique : *a*) Visite au Musée du Congo, à Tervueren; *b*) visite du champ de bataille de Waterloo.

Le voyage à Tervueren se fera de préférence par le train, en prenant celui-ci à la gare d'Etterbeck, à 1 heure 12 minutes ou à 2 heures 27 minutes, car les trams seront surchargés à cause de l'aviation qui se fait en ce moment à Stockel.

Par contre, les excursionnistes pourront revenir par le tram de l'avenue de Tervueren et jouir ainsi du spectacle animé et pittoresque de cette belle promenade.

Cette visite sera dirigée par M. SCHOUTEDEN, conservateur au Musée de Tervueren, et par M. DESNEUX.

La visite au champ de bataille se fera sous la direction du commandant KERREMANS, de MM. BALL et CLAVAREAU. On se réunira à la gare du Quartier-Léopold, à 1 $^{1}/_{2}$ heure précise, où il faut prendre un coupon aller et retour Bruxelles-Rixensart-Braine-l'Alleud.

Le Président donne la parole à M. F. A. DIXEY pour sa communication sur le :

Mimétisme.

(Résumé.)

« Mimicry » in the strict sense is taken to include the resemblances which exist between animate objects, but not those between a species and its inanimate environment.

The facts of mimicry already ascertained are most remarkable and interesting. It is right that interpretations should be sought for; though until the data are more complete, explanation must be to some extent provisional.

The main facts to be borne in mind are these :

1° The resemblances are too numerous to be accidental;
2° They are largely independent of affinity;

3° They are peculiarly liable to affect the female sex;

4° They are, as a rule, found only between compatriot species;

5° They may affect the seasonal phases of a dimorphic Insect differently;

6° The likeness produced is merely superficial;

7° The same visual effect may be brought about by different means;

8° The degrees of resemblance between the different forms and also their relative numbers vary indefinitely;

9° The mimetic pairs or combinations are not sharply isolated, but are connected by gradation.

No explanation of these phenomena founded in the supposed direct influence of external or internal conditions seems free from serious difficulty. The only interpretation at present feasible appears to be comprised in the well-known theories of BATES and FRITZ MÜLLER, which are compatible with all the points that have been enumerated. The facts of mimicry may therefore be considered to take their place among the wide range of phenomena which exist under the control of natural selection. (**Vol. II, Mémoires,** p. 369.)

Le Président remercie M. DIXEY pour son intéressante conférence; les travaux de l'auteur sur le mimétisme sont trop connus pour en faire un éloge ici.

Il donne la parole à M. R. C. PUNNET, qui parle sur le :

Mendelisme.

(Résumé.)

The experimental study of heredity, upon which much work has been done since the rediscovery of MENDEL's paper, has shewn that in very many cases the characters of Animals depend upon definite entities in the germ-plasm, which are transmitted according to definite and well-ascertained rules. A simple example among Lepidoptera is the inheritance of *Angerona prunaria* and its variety *sordidata.* Where more than one character is transmitted, they each follow the same rule, but behave independently, as is well illustrated by some of Toyama's experiments on Silk-worms. In certain cases, as in *Abraxas grossulariata* and its *lacticolor* variety, reciprocal crosses give a different result, and this has led to an interpretation of sex-differentiation in Mendelian terms. It was suggested that this case may provide the clue to those curious cases of polymorphism among Butterflies where only the females are affected. In conclusion it was pointed out that if breeders of Lepidoptera would familiarise themselves with the Mendelian principles of heredity, and direct their experiments in accordance with them, results of great scientific value might be looked for.

Après avoir remercié le conférencier, le Président annonce qu'il clôt la séance générale et engage les congressistes à se rendre à la séance de la Section d'Évolution et de Mimicry, la seule qui se tiendra ce matin. Par contre, il espère que beaucoup d'adhérents accompagneront les membres dévoués qui s'offrent à les piloter à Tervueren et à Waterloo.

10 heures, SÉANCES DES SECTIONS.

I. — SECTION D'ÉVOLUTION ET MIMICRY.

a. M. K. JORDAN : The systematics of certain Lepidoptera which resemble each other, and their bearing on general questions of evolution. (*Projections lumineuses.*)

b. M. E. B. POULTON : Mr. C. A. WIGGINS' researches on mimicry in the Forest Butterflies of Uganda (1909-1910).

Président :   F. MERRIFIELD (Brighton).
Vice-Président : S. SJÖSTEDT (Stockholm).
Secrétaire :   G. SEVERIN (Bruxelles).

Le Président ouvre la séance à 11 $^1/_4$ heures et, après une courte allocution et des paroles de remerciements, il donne la parole à M. K. JORDAN pour développer sa causerie.

The Systematics of certain Lepidoptera.

(Résumé.)

Der Vortrag wurde durch Lichtbilder erläutert, die Formen aus den Gattungen *Planema, Actinote, Euplœa, Pseudacrœa, Papilio, Eresia*, etc., darstellten.

Die Kenntnis der Systematik, so führt Vortragender aus, ist die Vorbedingung für gesunde entwickelungsgeschichtliche Theorien, die sich mit systematischen Einheiten (Varietät, Species) beschäftigen. Das Auffinden des Verwandtschaftsgrades der verschiedenen Tierformen ist Hauptaufgabe des Systematikers, der damit schon phylogenetisch spekulativ wird. Obwohl die Frage, ob diese oder jene Tierform eine selbständige Einheit, d. h. eine Species, darstellt oder nur eine Varietät, *a priori* ohne besondere Tragweite zu sein scheint, so ist doch die richtige Lösung dieser von manchen Biologen belächelten Speciesfrage in dem Für und Wider der einander gegenüberstehenden Evolutionstheorien von der grössten Wichtigkeit. Ein schlagendes Beispiel unter den Insekten liefern uns viele der sogenannten Modelle und ihre Nachahmer, deren Uebereinstimmung in äussern Merkmalen von einigen Theoretikern durch parallele Entwickelung, von andern durch Konvergenz, und von einer dritten Schule durch natürliche Auslese (Mimikrie) erklärt wird. Eine Untersuchung in systematischer Hinsicht von solchen Lepidopteren, die einander ähnlich sind ohne verwandt zu sein, hat nun ein sehr auffälliges Resultat ergeben. In einer ganzen Anzahl von Fällen sind nachahmende Arten in zwei oder mehr Formen aufgelöst, die weder zeitlich noch örtlich von einander getrennt sind und genau mit Modellen übereinstimmen, die zu gleicher Zeit an denselben Orten fliegen. Diese Modelle aber sind Arten, nicht Formen einer Art wie die Nachahmer.

Modelle : A und B, zwei Arten;

Nachahmer : A' und B', zwei Formen *einer* Art.

Die Uebereinstimmung von A' ($\male\female$) mit A und von B' ($\male\female$) mit B kann nur durch natürliche Zuchtwahl erklärt werden; Parallelismus und Konvergenz versagen vollständig. Es gibt mimetische Arten, die aus sechs oder mehr solchen, meist als Species beschriebenen Formen bestehen, z. B. in *Pseudacræa* und *Papilio*. So verschieden aber solche Formen auch äusserlich sein mögen, sie zeigen nie Anfänge jener Strukturunterschiede, durch welche die Arten der betreffenden Gattungen von einander abweichen, und werden sich also nie zu unabhängigen Arten entwickeln können. Die Spaltung einer Art in Tochterarten wird durch örtliche Abtrennung (verändertes Milieu) eingeleitet. (**Vol. II, Mémoires,** p. 385.)

M. E. B. Poulton (Oxford) prend ensuite la parole pour exposer :

Mr. C. A. Wiggins' researches on mimicry in the Forest Butterflies of Uganda (1909).

(Résumé.)

The memoir printed in the second part of this volume contains an account of Mr. Wiggins' admirable observations on a certain dominant of *Planema*-models (*Acræinæ*) and their numerous mimics, between May 23rd, and August 31st, 1909. These models provide three very different and clearly defined patterns. The captures were made in a patch of virgin forest, near Entebbe, on the north-west shore of the Victoria Nyanza, and the results of at least thirty days work are tabulated for each of the three patterns with their mimics. We thus obtain the most conclusive evidence that model and mimics fly together, for they were taken in the same area and on the same days.

The three combinations are as follows :

I. The male of *Planema macarista* and both sexes of *Pl. poggei* with their mimics : the female of *Acræa alciope*, the male of *Pseudacræa hobleyi*, both sexes of *Ps. kuenowi*, and the female form *planemoides* of *Papilio dardanus dardanus*. Incipient mimicry is also found in some individuals of *Pseudacræa albostriata*, throwing light upon the origin of mimetic resemblance. Occasional females of *A. alciope* resemble a western type, mimetic of the common appearance of western male *Planemas*. They make us to understand how a mimetic form may assume a new pattern in an area in which it meets a new and dominant model, and how the older pattern may be gradually eliminated in that area. Of the two mimetic *Pseudacræas*, *Ps. hobleyi* ♂ more closely resembles *Pl. macarista* ♂, while *Ps. kuenowi* resembles *Pl. poggei*. A single female of *Ps. hobleyi* possessing the mimetic pattern of the male was captured May 18th, 1909. The relative abundance of models and mimics in this and the two following combinations has an important bearing on theories of mimicry.

Two interesting mimics belonging to this association were not captured by Mr. Wiggins in the period under consideration : a local form of *Elymnias phegea*, and the female of *Precis rauana*.

II. The female of *Planema macarista* and the female of *Pl. alcinoe* with their mimics the *carmentis* form of the female *Acræa jodutta*, a form of the female of *A. althoffi*, and the female of *Pseudacræa hobleyi*. The rare female *A. althoffi* is probably a secondary mimic of the abundant female *A. jodutta*, rather than of the primary *Planema* models, while another female form of *althoffi* with yellowish markings appears to mimic the male *jodutta*.

III. Both sexes of *Planema tellus* with their mimics : a female form of *Acræa jodutta*, a female form of *A. althoffi*, both sexes of *Pseudacræa terra*, and the female form *niobe* of *Papilio dardanus dardanus*. The female form of *A. jodutta* exhibits a very well-marked dimorphism at Entebbe and both forms are abundant. In this combination as well as in II it is probable that the female *jodutta* is the model for the female *A. althoffi*. Dr. KARL JORDAN's opinion, that *Pseudacræa hobleyi*, *Ps. terra* and *Ps. obscura* are all forms of a single species, was confirmed by Mr. WIGGINS, who captured transitional specimens on August 14th and September 24th. He also took a few female *A. jodutta* combining the patterns of the two mimetic forms.

Mr. WIGGINS has greatly extended his accurate observation of these interesting combinations in the year 1910, and has also, in both 1909 and 1910, studied the associations that are grouped round Danaine models, round the black-and-red *Acræas*, and round the highly protected genus *Alctis*. (**Vol. II, Mémoires**, p. 483.)

Le Président remercie les orateurs pour leurs intéressantes conférences et il lève la séance à 12 ¹⁄₂ heures.

EXCURSION A TERVUEREN AU MUSÉE DU CONGO.

La plupart des membres du Congrès entomologique avaient répondu à l'invitation, qui leur avait été adressée par M. DE HAULLEVILLE, de visiter le Musée du Congo belge, placé sous sa direction. Et par une belle après-midi ensoleillée, qui en train, qui en tramway, par la superbe avenue de Tervueren, à travers la prestigieuse forêt de Soignes, abri du fameux *Carabus auronitens* var. *Putzeysi*, ils s'en furent vers le palais magnifique érigé, dans le parc royal de Tervueren, par le roi Léopold II.

Descendus de tramway, en attendant les retardataires, les excursionnistes jetèrent un coup d'œil sur le parc, aux aspects si variés, avec ses massifs boisés puissants, ses clairières, ses étangs pittoresques, son jardin français aux floraisons si délicates et à l'arrière-plan duquel se détache le magnifique Palais colonial.

Sous la conduite de M. SCHOUTEDEN, conservateur au Musée du Congo, les congressistes furent reçus, dans le hall d'entrée, par M. COART, qui leur souhaita la bienvenue en ces termes :

« MESSIEURS,

» M. DE HAULLEVILLE, directeur du Musée auquel vous avez bien voulu consacrer l'une de vos après-midi, se proposait de vous guider lui-même dans notre établissement. A son vif regret, il en est empêché, et c'est ce qui m'a valu le grand plaisir d'être appelé à vous souhaiter la bienvenue, en son nom et en notre nom à tous.

» Ainsi que vous le savez sans doute, le Musée du Congo, dans sa conception actuelle, est de date récente : il a été inauguré il y a trois mois seulement. C'est vous dire — nous sommes les premiers à le reconnaître — que tout n'y est pas encore parfait. Mais je crois néanmoins que tel qu'il est conçu, dans son cadre si riche, il vous donnera une idée puissante de notre Colonie du Congo, de ses habitants, de sa faune, de ses richesses, de ce que nos compatriotes y ont déjà accompli. Et j'aime à penser que votre visite vous laissera à tous un souvenir des plus agréables.

» ... Dans le Musée que nous allons vous faire visiter, nous avons eu pour but essentiel de présenter aux visiteurs, dans les salles publiques, des collections bien étudiées, choisies avec discernement et présentées de façon à intéresser le public sans le fatiguer par la trop grande abondance des matériaux exposés. Cet ensemble a recueilli d'emblée l'adhésion du public, si nombreux dans nos galeries, ainsi que vous le voyez. A côté des collections que vous verrez dans ces galeries, notre Musée possède, cela va de soi, des collections réservées aux études scientifiques et à l'accroissement desquelles nous travaillerons sans relâche.

» Les collections de notre Musée qui vous intéressent forcément le plus, les collections entomologiques, en sont encore à leur début, ainsi qu'un de mes collègues, plus autorisé que moi en la matière, vous le dira tantôt. Mais j'ose vous dire que dès l'abord M. le Ministre des Colonies a reconnu toute l'importance de la science dont vous êtes les adeptes fervents. Et l'un de ses premiers actes a été d'attacher à notre Musée l'un de nos meilleurs entomologistes, mon collègue M. SCHOUTEDEN, dont le choix ralliera, je le pense, tous vos suffrages. Sous son impulsion, nos collections spéciales, soyez-en assurés, recevront rapidement un développement puissant.

» L'entomologie économique a retenu également l'attention de M. le Ministre des Colonies, et bientôt s'embarquera pour le Congo un entomologiste spécialement chargé d'aller étudier là-bas les maladies des plantes dues à des Insectes.

» De même encore, la Mission qui vient d'être organisée pour aller étudier sur place la maladie du sommeil, qui fait, hélas! tant de ravages dans l'Afrique centrale, sera accompagnée d'un entomologiste dont le départ est prochain.

» ... Un dernier mot : tout ce que vous verrez dans nos collections provient uniquement du Congo belge. Ainsi que son nom le dit, d'ailleurs, notre Musée est, en effet, consacré uniquement à notre Colonie, qu'il a pour but de faire connaître sous tous ses aspects. »

Au cours de leur visite, forcément écourtée, dans un musée où tout attire l'attention, les congressistes s'attardèrent naturellement surtout dans la section des sciences naturelles, y admirant entre autres choses ces Mammifères si intéressants que sont le Rhinocéros blanc, l'Okapi, si célèbre, les Singes anthropomorphes, notamment un groupe de Gorilles de toute beauté. Oiseaux, Poissons, Reptiles furent passés en revue, et la décoration picturale des salles qui les abritent, représentant des paysages congolais, fut fort admirée. Les vitrines entomologiques, cela va de soi, furent l'objet d'une attention spéciale Suivant le principe admis au Musée, elles montrent au public surtout des Insectes remarquables par leur coloration, leur taille, leur aspect, tels les Lépidoptères, les Cétonides, les Buprestes, les Orthoptères. Puis les espèces dont les mœurs sont plus particulièrement intéressantes ou qui sont utiles ou nuisibles à l'Homme : parasites des plantations (*Oryctes, Rhynchophorus, Inesida, Dysdercus*, etc.), producteurs de soie (*Anaphe*), transmetteurs de maladies (Tse-tse, etc), Scarabées rouleurs de fiente, Termites aux édifices si variés et aux cultures si intéressantes. Tous ces Insectes sont présentés autant que possible avec leurs « œuvres », et une notice explicative instruit le visiteur des particularités de leurs mœurs. Cette partie des collections du Musée est appelée à prendre, dans un avenir prochain, un développement notable, au fur et à mesure de la récolte, en Afrique, des éléments indispensables.

Dans la salle de géologie, une carte en relief du Congo attira spécialement l'attention des congressistes, auxquels M. SCHOUTEDEN donna diverses indications à ce sujet.

Après avoir jeté un coup d'œil sur les cartes murales représentant l'histoire des découvertes géographiques dans le Congo belge et la division administrative du pays, cartes qui ont pour pendants, dans l'autre aile du Musée, une carte physique du Congo et une carte économique, les congressistes passèrent dans la galerie d'ethnographie, où l'éminent spécialiste qu'est M. COART leur donna foule d'explications du plus haut intérêt sur les objets exposés. L'allure si imposante de la galerie, avec ses murs couverts de marbre, avec les groupes représentant des scènes de la vie indigène qui l'ornent, avec le décor lointain des arbres de la forêt, fit grande impression. Mais surtout la rotonde centrale, ornée de délicats chefs-d'œuvre en ivoire dus au ciseau des meilleurs sculpteurs belges, avec, au centre, le buste gigantesque en ivoire de Léopold II, créateur du Congo belge et fondateur du Musée de Tervueren, attira l'attention. Le panorama superbe que l'on découvre de là sur le parc retint longtemps les regards.

Continuant leur visite, les visiteurs passèrent en revue les tableaux représentant les cycles des principales maladies des régions tropicales de l'Afrique, figurant leur aire de dispersion, les Insectes qui les propagent, etc. Puis ils parcoururent rapidement, le temps faisant déjà défaut, les salles de la section économique, qui montrent, d'une part, quels sont les divers produits dont l'exportation se fait déjà sur une large échelle, avec leurs variantes multiples, et, d'autre part, les produits d'importation actuelle au Congo. Quelques maquettes représentant les stations les plus importantes du Congo belge y sont placées.

Avant de quitter le Palais colonial, les congressistes se rendirent dans les locaux spécialement affectés aux collections non publiques d'histoire naturelle, locaux dont l'aménagement n'en était encore qu'à ses débuts. Là M. SCHOUTEDEN leur adressa ces quelques paroles :

« MESSIEURS ET CHERS COLLÈGUES,

» Après la visite que nous venons de faire des salles publiques du Musée du Congo belge et qui a dû, je l'espère, vous donner une idée intéressante de notre Colonie, j'ai pensé qu'il vous serait agréable de vous retrouver ici, dans cette salle qui est destinée à abriter les collections qui nous sont chères et où je compte vous revoir encore souvent, car toujours les entomologistes y seront accueillis avec le plus grand plaisir!

» Comme M. COART vous l'a dit, notre Musée est tout récent. Nécessairement aussi ses collections, et surtout ses collections entomologiques, n'en sont qu'à leur début. Aussi ne croyez pas que je veuille vous éblouir par des richesses... que nous ne possédons pas encore! Mais j'ai voulu vous montrer néanmoins quelle sera l'organisation de nos collections, et c'est dans ce but que j'ai fait disposer à votre intention quelques boîtes, déjà classées, qui vous permettront de juger de la méthode suivie. C'est d'ailleurs celle que M. SEVERIN applique au Musée de Bruxelles, où nombre d'entre vous l'ont déjà remarquée, je pense. Les étiquettes portant le nom des espèces portent une carte d'Afrique réduite, sur laquelle est indiquée, au crayon ou à l'encre rouge, la distribution géographique générale de l'Insecte. Chaque spécimen, d'autre part, porte une étiquette mentionnant la localité d'où il provient et le nom du chasseur qui l'a recueilli. Une autre étiquette indique par qui le spécimen a été étudié, en quelle année et quel nom lui a été donné. Pour le classement des genres, l'ordre systématique est suivi ; pour celui des espèces, ce n'est guère faisable, la faune des Insectes du Congo s'enrichissant chaque jour d'espèces nouvelles.

» Nos boîtes trouvent place dans des armoires dont vous pouvez déjà voir un modèle ici et qui, par leur fermeture hermétique, mettent les collections à l'abri de la lumière et de la poussière. Une particularité de ces armoires qui vous intéressera spécialement, je pense, est celle-ci : Dans chaque armoire, comptant quatre rangées verticales de boîtes du format ordinaire (30 centimètres), une cloison sur deux est mobile. En enlevant cette cloison, nous trouvons place dans nos armoires pour des boîtes de format double (60 centimètres), que nous employons notamment pour le classement des Lépidoptères, ainsi que vous le voyez.

» Nos collections se compléteront, autant que possible, par l'adjonction de séries éthologiques, c'est-à-dire que lorsque nous le pourrons, nous placerons également dans nos armoires les pièces éthologiques se rapportant aux Insectes congolais. Les divers stades de leur développement seront, autant que possible, conservés également.

» Toutes les collections qui doivent se conserver en liquide trouveront place dans des armoires du même type que celles que vous voyez ici, mais dont l'agencement intérieur sera modifié en conséquence.

» Si, comme je vous l'ai dit tantôt, nos collections en sont encore à leur début, déjà leur développement s'annonce sous le jour le plus favorable, et les envois ne tarderont pas à affluer de notre Colonie. J'espère pouvoir alors, comme par le passé, compter sur l'aide bienveillante de mes collègues spécialistes, pour l'étude des matériaux que nous accumulerons.

» Aussi, quand le Congrès entomologique se réunira encore en notre bonne ville de Bruxelles, — et j'espère que ce sera bientôt, — je compte pouvoir montrer à ceux d'entre vous qui me feront l'honneur de revenir ici — et vous reviendrez tous, n'est-ce pas? — une collection superbe des Insectes de notre Congo belge. »

Après un rapide examen des collections déjà réunies, on s'en retourna vers Bruxelles, devisant gaiement de l'agréable excursion accomplie en d'aussi bonnes conditions.

Après cette visite, nombre de congressistes, en revenant de Tervueren, s'arrétèrent à Stockel, au champ d'aviation, où beaucoup virent, pour la première fois, des aéroplanes au vol.

EXCURSION A WATERLOO.

Cette excursion, qui coïncidait avec la visite du Musée de Tervueren, eut lieu sous la conduite de notre collègue M. KERREMANS, qui avait accepté de guider les excursionnistes et de leur exposer les principales phases de la célèbre journée du 18 juin 1815.

Un autre de nos collègues, d'origine anglaise, M. BALL, avait bien voulu accompagner M. KERREMANS et lui servir d'interprète.

Les excursionnistes furent conduits, à partir de Rixensart, par le chemin que suivirent les colonnes prussiennes pour rejoindre WELLINGTON. Ils arrivèrent ainsi sur le champ de bataille, où leur guide développa les différentes périodes de cette mémorable journée, en commenta les principaux épisodes, indiquant les emplacements des armées et signalant les incidents les plus caractéristiques de cette sanglante bataille, d'un acharnement sans exemple, où vainqueurs et vaincus eurent droit à la même part de gloire.

Cette courte conférence se termina par la visite de la ferme d'Hougoumont, qui porte encore d'émouvantes traces de cette lutte de géants. Puis quelques excursionnistes risquèrent l'ascension de la butte du lion, tandis que d'autres, mieux avisés, se rafraichissaient. La journée avait été belle, mais très chaude, un peu orageuse, et l'on sait que ce ne sont pas les endroits ombragés qui fourmillent sur les plateaux de Plancenoit.

Le retour se fit par Braine-l'Alleud, après que les excursionnistes eurent remercié M. KERREMANS pour l'intéressante conférence qu'il leur avait donnée et la charmante promenade qui s'en était suivie.

La plupart des congressistes se retrouvèrent le soir au café *Old Tom*, et la réunion, comprenant plus de quatre-vingts adhérents, fut des plus animées. Mainte théorie, comme mainte règle de classification ou autres furent attaquées, défendues, déchirées ou portées aux nues, le verre en main. Un incident se produisit sous forme d'un télégramme émanant de la Direction de l'Exposition et annonçant que nous ne pouvions disposer de la salle de projections lumineuses pour le lendemain. Certaines conférences annoncées ne pourront cependant pas se passer de la lanterne de projections, et force nous est de trouver une autre salle pour le lendemain, à 8 heures du matin.

JEUDI 4 AOUT.

SÉANCE GÉNÉRALE.

a. M. G. SEVERIN, secrétaire général : Communications diverses.

b. M. A. HANDLIRSCH (Vienne) : Rekonstruktionen fossiler Insekten. (Projections lumineuses.)

c. M. H. DONISTHORPE (Londres) : Ants and their guests. (Projections lumineuses.)

d. M. le Prof[r] J. KUNCKEL D'HERCULAIS (Paris) : Les invasions des Sauterelles. (Projections lumineuses.)

Président :   M. E. B. POULTON (Oxford).
Vice-Président : Jonkh. ED. EVERTS (La Haye).

La séance est ouverte à $9^{3}/_{4}$ heures (1), et M. POULTON, après avoir remercié de l'honneur qui lui a été fait, donne la parole au Secrétaire général pour diverses communications :

1° Un télégramme de M. HERMANN VON IHERING, de Sao Paulo, envoyant son « salut collégial » ;

2° M. O. M REUTER (Åbo) regrette de ne pouvoir assister au Congrès, à cause de sa cécité complète. Il aurait voulu discuter avec ses collègues toute la question intéressante de la phylogénie, de la systématique et de la nomenclature. Pour contribuer aux travaux dont il prévoit l'éclosion, il offre quarante exemplaires de

---

(1) A la suite d'une intervention énergique, le Comité de l'Exposition met à notre disposition une nouvelle grande salle propice à des projections lumineuses et arrangée à ces fins pendant la nuit, d'où retard dans l'ouverture de la séance et obligation pour tous les orateurs de restreindre leurs communications.

son dernier travail : « Neue Beiträge zur Phylogenie und Systematik der Miriden, nebst einleitenden Bemerkungen über die Phylogenie der Heteropterenfamilien ».

Le Secrétaire général invite ceux des membres qui s'intéressent aux questions traitées par M. REUTER, de vouloir bien s'inscrire afin qu'il leur soit remis un exemplaire;

3° MM. le Dr J. DE MADARASZ et E. CSIKI (Budapest) présentent le premier fascicule d'une nouvelle revue : « Archivum Zoologicum », qu'ils dirigent, et mettent cinquante exemplaires à la disposition des membres. Ceux qui désirent connaître cette publication sont priés de s'inscrire auprès du Secrétaire général;

4° M. G. LAUFFER (Madrid) offre quelques exemplaires des « Nomenklatorische und synonymische Bemerkungen », qu'il a publiées récemment dans le « Boletin de la Real Sociedad española de Historia natural », 1910;

5° Le Secrétaire général rappelle également les propositions et offres faites par Mlle MARIA RÜHL (Zürich) et par M. TROTTER (Avelino);

6° Il prie les membres, et en particulier les présidents des Sections, de ne pas oublier que la réunion pour la photographie des membres du Congrès est fixée à 4 ¹/₂ heures sur l'escalier d'entrée, et qu'elle précédera immédiatement la visite du Musée royal d'Histoire naturelle de Belgique. Il convie les membres à être nombreux et leur donne des indications détaillées des voies et moyens de communication qui conduisent de l'Exposition au Musée;

7° Il annonce également que, à la demande de beaucoup de membres, il dépose sur le bureau un livre d'or qui y restera jusqu'à la fin de nos réunions, afin de recueillir les signatures de tous ceux qui ont assisté au Congrès (1);

8° Le Secrétaire annonce que, les participants à l'excursion dans les Ardennes faisant défaut, celle ci est supprimée du programme. Par contre, il sera organisé une excursion à Bruges et Ostende, et une autre excursion à Malines et Anvers.

---

1) 105 signatures ont été réunies.

Le nombre des souscripteurs au banquet est déjà fort grand; il espère qu'il s'accroîtra encore et il insiste auprès de tous les membres présents pour qu'ils s'inscrivent à cette dernière fête amicale;

9° Les modifications suivantes sont annoncées pour les séances :

a. A la séance générale de ce jour s'ajoute la causerie de M. J. KUNCKEL D'HERCULAIS (Paris), fixée originairement au premier jour de nos réunions;

b. M. RICHARD S. BAGNALL (Penshaw) présentera aujourd'hui, dans la IIe Section de systématique, une note : « On the importance of the new family *Urothripidæ* in the study of Thysanoptera (preliminary note);

c. La IIIe Section d'évolution et de mimétisme n'ayant pu terminer ses travaux, une séance supplémentaire sera tenue à 2 heures, où on entendra la lecture des travaux de M. F. MERRIFIELD (Londres) : « Experimental Entomology »; de M. W. SCHAUS (Londres) : « A quoi sert le mimétisme », et de M le Prof^r E. POULTON (Oxford) : « Researches on Mimicry ».

Le Président donne ensuite la parole à M. A. HANDLIRSCH (Vienne) :

Rekonstruktionen fossiler Insekten.

(Résumé.)

Redner erläutert eine Serie von 75 Lichtbildern mit Rekonstruktionen stammesgeschichtlich interessanter fossiler Insekten aus dem Palæozoikum und Mesozoikum. Die Auswahl war derart getroffen, dass sie einen Einblick in die Évolution der Pterygogenen gewähren konnte ohne durch die Anführung von Details zu ermüden. Was die Entstehung der Bilder anbelangt, so sei bemerkt, dass sich die Rekonstruktionsarbeit ausschliesslich auf die Ergänzung einzelner, bei den Fossilien nicht erhaltener Gliedmassen und auf mässige Schematisierung beschränkte, um die Objekte den Abbildungen rezenter Insekten möglichst ähnlich zu machen und so dem allgemeinen Verständnis näher zu bringen. Die Herstellung der hier zum ersten Male vorgeführten Diapositive nach HANDLIRSCH's Originalzeichnungen verdanken wir dem bekannten Algologen Dr. JOH. LÜTKEMÜLLER in Baden. **(Vol. II, Mémoires, p. 177.)**

Le Président remercie l'auteur pour sa belle conférence, illustrée d'une manière fort remarquable par toute une série de projections lumineuses démontrant clairement la structure si diverses de ces Insectes disparus.

Il prie ensuite M. Donisthorpe de commencer sa lecture, mais celui-ci, désireux de présenter son travail en français afin que ses collègues du continent puissent plus facilement suivre ses explications, avait prié M. J. Sainte-Claire Deville de vouloir bien en faire la traduction. C'est cette traduction que M. Malcolm Burr va lire aux auditeurs en remplacement de M. Donisthorpe, peu accoutumé à la langue française.

Ants and their guests.

(*Résumé.*)

The inhabitants of Ants' nests in Britain. After saying that all the main orders of Insects were represented in Ants' nests as well as many Woodlice, Spiders, Acari, Millepedes, etc., Mr. Donisthorpe divided the inhabitants into four main groups, the True Guests, indifferently treated lodgers, so called « hostile persecuted lodgers » and parasites.

In the first and perhaps the most interesting division an account was given of the *Formica sanguinea* menage, and of the creation of the pseudogyne or false female by the presence of *Lomechusa trumosa*, giving at the same time the life history of this Beetle.

A large number of diverse creatures are included in the indifferently cared for lodgers including the familiar Woodlouse *Platyarthrus*, the little blind Springtail commonly known as *Beckia*, various Acari, the interesting species of *Dinarda*, the robber Ants, *Formicoxenus* and *Solenopsis*, and various Flies, Spiders, etc.

The life history of *Clythra quadripunctata* was fully illustrated, in which the author elucidated the question as to how the eggs were carried into the nest.

Several Staphylinid Beetles were given as instances of hostile and unwelcome lodgers, and an interesting slide was shown illustrating the Beetle *Myrmedonia funesta* defending itself against the attacks of Ant *Lasius fuliginosus,* by curving its body over its back into the Ants face and ejecting a noxious vapour — this latter being an interesting observation of the author.

The parasites are subdivided into the ento- and ectoparasites, of which the latter are perhaps the most interesting. One of them is *Antennophorus,* a small Mite that rides upon the chin of the Ant and scrapes the Ants mouth with its long antenna-like front legs, when the latter lets out a drop of liquid which the little Mite sucks up.

In his extensive researches, Mr. DONISTHORPE has made many additions to the British list and to science. (**Vol. II, Mémoires,** p. 199).

SÉANCES DES SECTIONS.

1. — Section de Bionomie, Physiologie et Psychologie.

a. M. E. OLIVIER (Moulins) : Les accouplements anormaux chez les Insectes.

b. M. W. HORN (Berlin) : Analoge Erscheinungen bei Zweig-bewohnenden Cicindelinen-Larven (Coleopteren) in der orientalischen und neotropischen Region. (*Démonstration.*)

c. M. K. HASEBROEK (Hambourg) : Durch Röntgenstrahlen veränderte *Vanessa urticæ* und *Plusia moneta* (*Démonstration*).

d. M. G. HORVATH (Budapest) : Les Polycténides et leur adaptation à la vie parasitaire.

e. M. E.-L. BOUVIER (Paris) : Sur les Fourmis moissonneuses des environs de Royan.

f. M. R. GARCIA Y MERCET (Madrid) : La nidification, la biologie et les parasites de quelques Sphégides (*Pelopœus destillatorius, Chalybion bengalensis, Stigmus Solskyi, Diodontus minutus*, etc.).

g. R. P. J. ASSMUTH S. J. (Bombay) : Hauptergebnisse der anatomisch-histologischen Untersuchungen von *Termitoxenia Assmuthi* WASM.

h. R. P. WASMANN (Luxembourg) : Die Anpassungsmerkmale der *Atemeles,* mit einer Uebersicht über die mitteleuropæischen Verwandten von *At. paradoxus* GRAV.

Président :   R. P. E. WASMANN (Luxembourg).
Vice-Président : P. MARCHAL (Paris).
Secrétaire :   M. M. PHILIPPSON (Bruxelles).

Le Président, après avoir engagé les orateurs à être brefs dans les discussions, la séance devant se terminer avant 4 $^1/_2$ heures, afin que tous les congressistes puissent se trouver en temps utile au Musée royal d'Histoire naturelle où se fera la photographie des membres du Congrès, donne la parole à M. E. OLIVIER (Moulins), qui parle sur les

Accouplements anormaux chez les Insectes.

(Résumé.)

Il a été observé quelquefois des cas d'accouplement anormal chez les Insectes : on a constaté des rapprochements contre nature entre des Hannetons mâles, entre des Rhagonycha et des Luciola mâles, mais c'était toujours entre Coléoptères, et on n'avait jamais, je crois, rencontré le fait étrange d'un Insecte uni à un autre d'un ordre différent.

J'ai l'honneur de présenter à la section un *Telephorus bicolor* ♂ (Coléoptère) accouplé à un Diptère *Ephippium thoracicum* ♀. J'ai capturé ce couple hétéroclite aux environs de Moulins, et il était si solidement réuni que j'ai pu asphyxier les deux acteurs sans qu'ils se séparent, comme on peut le voir. (**Vol. II, Mémoires**, p. 143.)

M. le Dr W. HORN (Berlin) parle des

Zweigbewohnende Cicindelinen-Larven in der orientalischen und neotropischen Region.

(Résumé.)

KONINGSBERGER hat 1897 auf Java massenhaft in dünnen Zweigen von Kaffeebäumen wohnende Cicindelen-Larven gefunden, welche zu einer *Collyris* gehörten. R. SHELFORD, W. HORN und VAN LEEUWEN haben später darüber publiziert, doch sind unsere Kenntnisse auf dem Gebiete noch sehr lückenhaft; immerhin können wir sagen, dass die Larven der orientalischen alocosternalen Cicindelen-Genera (*Collyris* und *Tricondyla*) in frischen Zweigen ihren Gang anlegen. Auf Veranlassung des Vortragenden hat nun Jos. ZIKAN in Mar de Hespanha (Minas Geraës) 1908 10 der Lebensweise der neotropischen Vertreter der alocosternalen Cicindelen zu erforschen gesucht und gefunden, dass die Larven des Genus *Ctenostoma* in morschen, abgefallenen Zweigen ihre

Gänge anlegen. Ihr Eingangsloch liegt entweder im Zentrum des frei nach oben ragenden Bruchstückes der in der Erde steckenden Zweige oder seitlich an den am Boden liegenden Aesten etc. ZIKAN hat durch mühsame Zuchtversuche seine Entdeckung nachgeprüft. (**Vol. II, Mémoires,** p. 173.)

M. le D⁼ K. HASEBROEK (Hambourg) lit la note suivante :

Ueber durch Einwirkung von Röntgenstrahlen im Raupenstadium veränderte *Vanessa urticæ* und *Plusia moneta* F.

(Résumé.)

Der Vortragende demonstriert die veränderten Falter. Sie sehen wie abgeflogen aus, die *Van. urticae* mit fettigem Glanz. *Plusia moneta* hat fast jede Zeichnung verloren, die Behaarung ist stark reduciert. Microskopisch hat man den Eindruck, als wenn ein Wirbelwind die Schuppen durcheinander geworfen hätte. Speciell sind bei *Plusia moneta* die braunen Begrenzungschuppen auf die silberweisse Mackelfläche hinübergestreut worden. An den Schuppen selbst bemerkt man wenig Veränderung. Bei *Plusia moneta* sind aber die Haarschuppen nicht mehr mehrzackig, sondern zwei und einzackig an den Spitzen geworden. Im Ganzen kann man sagen, dass die Einwirkung der Röntgenstrahlen *tiefgreifende Veränderung an dem Aufbau der epithelialen Gebilde hervorgerufen hat.* Raupen und Puppenstadium, Ruhezeit und Schlüpfen sind in nichts verändert. Die Originaluntersuchungen sind erschienen in « Fortschritte auf dem Gebiet der Röntgenstrahlen », Verlag von LUCAS GRAEFE und SILLEM, Hambourg, Bd XI, 1907 und Bd XII, 1908. (**Vol. II, Mémoires,** p. 195.)

M. G. HORVATH (Budapest) parle des :

Polycténides et leur adaptation à la vie parasitaire.

(Résumé.)

Les Polycténides constituent une petite famille d'Hémiptères parasites des Chauves-souris exotiques. A l'heure qu'il est, on n'en connait que huit espèces dont six habitent les régions tropicales et subtropicales d'Asie et d'Afrique, et deux qui sont propres à l'Amérique centrale.

Vu la grande rareté et l'organisation singulière de ces Insectes, leur place systématique est restée assez longtemps méconnue. On les avait rangés tantôt parmi les Anoploures, tantôt parmi les Diptères, tantôt parmi les Hémiptères. Nous savons maintenant qu'ils sont des Hémiptères Hétéroptères qui se rapprochent le plus des *Clinocorides*, quoique leur aspect général soit bien différent et que plusieurs de leurs caractères aient subi d'importantes modifications. Ces différences et ces modifications sont incontestablement le résultat de leur adaptation à la vie parasitaire.

Cette adaptation se manifeste principalement par une tendance à leur assurer une bonne et solide fixation entre les poils de la fourrure de leurs hôtes. Les deux espèces américaines représentent à ce point de vue un type primitif, tandis que les espèces de l'ancien monde prouvent, par la structure des pattes, le développement plus fort des peignes, la taille plus allongée, les antennes généralement plus courtes et aussi par d'autres caractères, qu'elles sont bien plus avancées dans la voie de l'adaptation à la vie parasitaire. (**Vol. II, Mémoires**, p. 249.)

M. le Profʳ E.-L. BOUVIER (Paris) fait une communication sur des :

Fourmis moissonneuses des environs de Royan.

(Résumé.)

Une espèce de Fourmi moissonneuse, *Messor barbara*, est très commune sur le littoral, aux environs de Royan, où l'on voit en nombre ses terriers recouverts par un monticule de débris. M. BOUVIER a étudié la manière dont ces Fourmis procèdent au déménagement de leurs greniers lorsque le besoin s'en fait sentir. Le déménagement est précédé par une double *procession de reconnaissance* qui dure plusieurs jours : la Fourmi voyageuse, entre le gîte à déménager et le gîte nouveau, allant dans les deux sens pour reconnaître les lieux, sans rien porter ; vient ensuite la double *procession de déménagement* où les Fourmis transportent les graines du gîte ancien dans le nouveau et reviennent à vide.

Pendant la nuit, les Fourmis déménageuses sont accompagnées de leur hôte, un Cloporte aveugle, le *Platyarthus Hoff-*

mannseggi, qui se trouve par myriades au sein des nids ; ces Cloportes abandonnent le nid ancien pour se rendre au nouveau et, bien que la route soit parfois fort longue, savent s'y orienter à merveille alors même que les Fourmis sont au repos. (**Vol. II, Mémoires,** p. *237.*)

M. RICARDO G. MERCET (Madrid) parle :

Sur la nidification, la biologie et les parasites de quelques Sphégides.

PELOPŒUS DESTILLATORIUS. — Bien que plusieurs entomologistes se soient occupés de la nidification du *Pelopœus,* l'auteur a cependant trouvé quelques données nouvelles concernant le nid, la larve et la nymphe du *P. destillatorius.* Des parasites de cette espèce sont la *Chrysis Tachzanowsckvi* et le *Stilbum siculum.*

M. EDMOND ANDRÉ, dans *Species des Hyménoptères* d'Europe et d'Algérie (vol, IV), suppose que les *Chalybion* peuvent façonner leurs nids de diverses manières et avec d'autres substances que les vrais *Pelopœus.* Ce n'est pas tout à fait exact, du moins pour ce qui a rapport au *Chalybion bengalensis,* espèce assez vulgaire aux îles Philippines, comme l'auteur a pu souvent le vérifier. Ce *Chalybion* bâtit ses nids avec de la terre humide, à la manière des *Pelopœus,* et choisit volontiers les maisons habitées pour y placer sa demeure. Dans la fréquentation de l'homme, il trouve assurément un moyen de se mettre à l'abri des ennemis. C'est ainsi que les nids du *Chalybion bengalensis,* construits à l'intérieur des maisons, restent toujours libres de parasites, et dans ces conditions l'auteur a pu recueillir à Manille plus d'une vingtaine de nids qui étaient exclusivement occupés par leurs propres locataires. Par contre, sur trois nids de *Pelopœus* trouvés en Espagne, au grand air, deux étaient parasités par des Chrysides.

STIGMUS SOLSKYI. — Cette petite espèce bâtit son nid sur les branches du *Rubus amœnus,* en les approvisionnant avec des Aphidides.

L'auteur fait une description soignée du nid, de la larve et de la nymphe du *Stigmus.* C'est l'*Ellampus parvulus* qui est son parasite.

DIODONTUS MINUTUS. — Description minutieuse du nid, de la

larve et de la nymphe de cette espèce, parasitée par l'*Ellampus parvulus*.

TRYPOXYLON SCUTATUM. — Il fait ses nids dans les tiges de *Rubus*. L'auteur décrit ces nids, ainsi que la larve et la nymphe. Parasite primaire : *Chrysis cyanea*. Parasite secondaire : *Eurytoma* sp.? Parasite tertiaire : un petit Proctotrypide non encore déterminé. (**Vol. II, Mémoires**, p. 457.)

M. MERCET termine sa communication par les paroles suivantes :

He terminado la lectura de la comunicación que me proponia dirigir al Congreso Entomológico de Bruselas. Pero antes de dejar el puesto de honor que estoy ocupando, deseo expresar publicamente el interés que este Congreso ha despertado entre los naturalistas españoles que, como veis, han enviado aqui una representación modesta por las personas que la constituimos pero importante si se tiene en cuenta el escaso número de los hombres que en mi pais se dedican á los estudios entomológicos. El Presidente de la subcomisión española, el profesor BOLIVAR, mi querido maestro, que no asiste al Congreso por motivos de salud y por sus muchas ocupaciones, me ha encargado salude cordialmente á todos los naturalistas aqui presentes, entre los que tiene tantos y tan buenos amigos. Otro naturalista español, el Sr. LAUFFER, alemán de nacimiento, pero compatriota mio por su larga permanencia en España y por haber creado alli una familia española, me escribe ayer, rogándome manifieste que si no se halla aqui presente en persona lo está en espiritu, pues pone el mayor interés en el feliz éxito de la Asamblea que estamos celebrando.

Cumplidos estos encargos sólo me resta felicitar á los organizadores de este Congreso, por el resultado que el mismo alcanza; saludar á los naturalistas de todos los paises que al mismo concurren; agradecer á los miembros de la Sociedad Entomológica de Bélgica las atenciones y los agasajos de que nos hacen objeto continuamente, y expresar á los belgas el grato recuerdo que llevaremos de este próspero pais y de su expléndida Exposición los naturalistas españoles que aqui nos hemos reunido.

Le R. P. Joseph Assmuth S. J. (Bombay) donne une intéressante causerie, avec planches explicatives, sur les :

Hauptergebnisse der anatomisch-histologischen Untersuchung von *Termitoxenia Assmuthi* Wasm. *(Dipt.)*.

1° *Termitoxenia* hat keine Tracheenlängs- oder Hauptstämme; die Atemröhren verzweigen sich vielmehr kurz hinter dem Stigma direkt, wie wir es bei den als « primitiv » geltenden Protracheaten (*Machilis*, etc.) finden.

2° Das zweite Abdominalsegment weist nicht weniger als *vier Paar Stigmen* auf; es ist demnach als höchst wahrscheinlich anzunehmen, dass dieser Körperabschnitt eine Verschmelzung von mindestens vier ursprünglichen Segmenten darstellt.

3° *Termitoxenia* besitzt nur *drei malpighische Gefässe ;* dieselben münden in den Anfangsteil des Enddarmes (zwischen Pylorus und Ventriculus). Zwei von den Gefässen verlaufen parallel dem Mitteldarm (orad), eins parallel dem Dünndarm (caudad).

4° Die den Thorakalspeicheldrüsen der Dipteren analogen grossen, paarigen, tubulösen Speicheldrüsen von *Termitoxenia* sind *ganz und gar ins Abdomen verlagert ;* die Austrittsöffnung des gemeinsamen Speichelganges liegt jedoch auf dem Labium.

5° Der schon von Wasmann hervorgehobene, aber vielfach angezweifelte *Hermaphroditismus* ist als sicher erwiesen. Alle (d. h. gegen hundert) untersuchte Individuen von *Termitoxenia* wiesen neben vollständigen Ovarien — von der Endkammer bis zum reifen Ei — auch funktionierende Hoden auf. Es fand sich also nicht etwa bloss ein Receptaculum seminis vor, sonder stets und ohne Ausnahme ein Spermatogonium und dazu Spermatosomen in den verschiedenen Entwicklungsstadien bis zum reifen Spermium. Auch der von Wasmann behauptete « protandrische Hermaphroditismus » konnte mehrfach bestätigt werden, obgleich die Untersuchung sich nicht speziell auf diesen Punkt erstreckte. Der Fundamentalsatz der Insektenlehre : « Die Hexapoden sind ohne Ausnahme getrenntgeschlechtlich », hat demnach keine uneingeschränkte Geltung mehr.

6° Die Augen von *Termitoxenia* sind stark rückgebildet und wahrscheinlich nur zur Unterscheidung von hell und dunkel, nicht aber zur Bildwahrnehmung befähigt. Als korrelative Ergänzung dieser Schwächung des Sehvermögens findet sich eine starke Ausbildung des Tastsinnes, indem die Abdominalborsten zu Tastborsten umgebildet sind.

Redner empfiehlt zum Schluss besonders die ausführliche anatomische, wenn möglich monographische Bearbeitung der typischen Vertreter der einzelnen Insektengruppen. Erst durch die Anatomie in Verbindung mit der Ontogenie werden uns die verwandtschaftlichen Zusammenhänge des gesamten Insektenreiches enthüllt und damit eine solide systematische Einteilung desselben ermöglicht werden. Auch das in jüngster Zeit erfreulicherweise so lebhaft betriebene biologische Studium ist notwendig auf die Anatomie angewiesen; denn erst die letztere lehrt uns die biologischen Eigentümlichkeiten verstehen (vgl. z. B. die Symphilie, die uns erst durch WASMANN's anatomische Untersuchungen der Exsudatorgane von Ameisen- und Termitengästen ursächlich erklärt worden ist).

Cette communication est un extrait d'un travail publié à Berlin et n'est pas reproduite dans la partie II de ces publications (Mémoires).

Le R. P. WASMANN (Luxembourg) donne lecture de sa note sur :

Die Anpassungsmerkmale der Atemeles, mit einer Uebersicht über die mitteleuropäischen Verwandten von *Atemeles paradoxus* GRAV.

(*Résumé.*)

Die Arten und Rassen der Staphylinidengattung *Atemeles* haben als gemeinschaftliche Winterwirte (Imagowirte) die als *Myrmica rubra* zusammengefassten roten Myrmicinen, als verschiedene Sommerwirte (Larvenwirte) dagegen verschiedene Arten und Rassen der Camponotinengattung *Formica*. Während die gemeinschaftlichen Charaktere von *Atemeles*, welche sie systematisch von *Lomechusa* trennen, als Anpassungsmerkmale an die Lebensweise bei *Myrmica* sich darstellen, erweisen sich die differenzierenden Charaktere, welche die verschiedenen *Atemeles*-Formen systematisch voneinandertrennen, als Anpassungsmerkmale an die Lebensweise dieser Käfer bei verschiedenen Arten und Rassen

von *Formica*. Wenngleich diese Unterschiede für unser Auge oft
nur gering sind, so müssen wir ihnen doch wegen ihrer biologischen Konstanz eine entsprechende systematische Bedeutung
zuerkennen, und sie je nach der Grösse dieser Unterschiede als
systematische Arten, Rassen oder Varietäten bezeichnen Der Vortragende führt dies sodann näher aus in einer *Tabelle* der mit
Atemeles paradoxus verwandten mitteleuropäischen *Atemeles*-
Formen. Er beschreibt hier auch eine neue der *Formica truncicola*
angepasste Rasse als *Atemeles pubicollis* subsp. *truncicoloides*.
(**Vol. II, Mémoires**, p. 265.)

II. — Section de Systématique.

a. M. S. Schenkling (Berlin) : Der neue Catalogus Coleopterorum (Junk-Schenkling).

b. M. E.-L. Bouvier (Paris) : Pycnogonides décapodes.
Discussion : Prof. G.-H. Carpenter (Dublin).

c. M. A. Schulz (Villefranche) : Systematische Uebersicht der Monomachiden (Hyménoptères).

d. M. R.-S. Bagnall (Penshaw) : Preliminary notes on the importance of the new family *Urothripidæ* Bagn. in the study of the Thysanoptera.

Président :   M. A. von Schulthess (Zürich).
Vice-Président : M. C. Gahan (Londres).
Secrétaire :   M. F. Ris (Rheinau).

Le Président ouvre la séance à 2 ¹/₂ heures et donne la parole à M. S. Schenkling, qui fait une communication sur la publication du « Coleopterorum Catalogus » (éditeur : W. Junk) qu'il dirige :

Ueber die Bedeutung von Katalogen überhaupt brauche ich Ihnen gegenüber kein Wort zu verlieren; ich möchte nur hervorheben, dass der vorliegende Katalog möglichst vollständige Fundortsangaben bringt, dass er also auch für den Zoogeographen von Interesse ist und dass er ferner alle irgendwie wichtige Litteratur über Biologie und Entwickelungsgeschichte der Käfer registriert, wodurch er auch für die Biologie i. a. seine Bedeutung hat.

Jeder Katalog veraltet in einer gewissen Zeit. Daher ist auch der klassische Münchener Käferkatalog von Gemminger und Harold heute nicht mehr recht zu gebrauchen. In vielen Familien der Coleopteren haben in den letzten Jahren so grosse Umwälzungen stattgefunden, dass man mit einfachen Nachträgen zum GEMMINGER und HAROLD keinesfalls auskommen kann. Aus diesem Grundgedanken heraus ist das neue Werk entstanden.

LINNÉ hat bei der X. Ausgabe des « Systema Naturæ » (1758) 574 Käferarten gekannt, 1788 waren er schon 4,000. DE GEER besass 1830 in seiner Sammlung, die damals eine der grössten der Welt war, 21,000 Arten. GEMMINGER und HAROLD führen 77,026 Arten auf. Auf Grund der bisher erschienenen Lieferungen des «Coleopterorum Catalogus » lässt sich die Zahl der heute beschriebenen Käferarten auf ca. 250,000 angeben.

Die Herausgabe eines derartigen Riesenkataloges verlangt von Seiten des Verlägers erhebliche pekuniäre Opfer, und Sie werden es daher wohl verstehen, meine Herren, wenn ich Sie bitte, dass Sie sich für den Katalog etwas interessieren und bei den Museen, Instituten, Bibliotheken, etc., bei denen Sie Einfluss haben, die Anschaffung des neuen Katalogs beantragen, so weit dies noch nicht geschehen ist.

M. le Prof E.-L. BOUVIER entretient ensuite l'assemblée :

Sur les Pycnogonides à dix pattes.

(Résumé.)

On sait que les Pycnogonides sont des Articulés du type arachnidien, fréquemment pourvus de chélicères et de palpes comme les Arachnides et présentant comme ces derniers quatre paires de pattes. Les expéditions effectuées par les Anglais et les Écossais dans les mers antarctiques ont eu pour résultat de modifier cette conception de groupe, car elles ont découvert deux sortes de Pycnogonides à cinq paires de pattes : les *Decolopoda*, qui sont des Animaux de grande taille voisins des *Colossendeis*, et les *Pentanymphon*, qui appartiennent au type des *Nymphon*. A ces deux formes curieuses, M CHARCOT vient d'en ajouter une nouvelle, le *Pentapycnon*, qui présente tous les caractères essentiels du *Pycnogonon*. M. BOUVIER considère les Pycnogonides comme des Articulés à segmentation réduite, dont les formes à cinq paires de pattes se rapprochent, plus que toutes les autres, des types ancestraux du groupe. Les Pycnogonides se divisent en trois séries évolutives ayant respectivement pour types ancestraux l'une des formes décapodes précédentes. Il résulte de là que les Pycnogonides se sont morphologiquement différenciés à une époque très ancienne où ils avaient encore pour le moins cinq paires de pattes. Cette différenciation précoce permet d'expliquer certains caractères du groupe, entre autres son homogénéité et sa faible étendue. Les Pycnogonides à dix pattes semblent localisés dans les mers antarctiques où ils ont peut-être pris naissance, aux époques anciennes, dans les régions limitées vers le nord par le continent brésilo-éthiopien. (**Vol. II, Mémoires**, p. 345.)

Prof. G. H. CARPENTER (Dublin) admitted that the discovery of a ten-legged Pycnogon of a third distinct group must afford support to M. BOUVIER'S view that this condition is to be regarded as primitive. The possibility of a number of posterior segments having been lost must also be faced, and this consideration suggests that the Pycnogonida and the typical Arachnida must have diverged from one another before the thoracic and abdominal regions had become differentiated.

M. A. SCHULZ (Villefranche) annonce qu'il ne peut assister aux séances du Congrès, étant retenu, au dernier moment, par des travaux urgents. Il enverra son manuscrit pour l'impression dans les Mémoires. Son travail est intitulé : « Systematische Uebersicht der Monomachiden ». (**Vol. II, Mémoires**, p. 405.)

M. M. BACHMETJEW (Sophia) est absent et n'a pas envoyé de travail.

M. R.-S. BAGNALL (Penshaw) a la parole pour ses :

Preliminary notes on the importance of the new family
Urothripidæ BAGNALL **in the study of the** *Thysanoptera.*

(*Résumé.*)

Outlined the general characters of the known *Thysanoptera* and demonstrated that *Urothrips* BAGNALL was widely separated on account of the presence of 11 pairs of stigmata instead of 4 pairs, the single jointed palpi, the fact that the hind pair of coxæ was the most widely separated, as well as other structural and sexual characters.

He regarded *Urothrips* as the most primitive form discovered and suggested that the stigmata had been lost in the other

Thysanoptera, whilst the mouth organs, etc., of *Urothrips* had been developed and specialized, characterizing the recent genus *Urothrips* as the most specialized form. (**Vol. II, Mémoires**, p. 283.)

M. le Dr OTHM. IMHOF (Königshofen) est absent, mais il envoie un manuscrit :

Kleine Ergebnisse.

(Résumé.)

Summarische Uebersicht des *Catalogus Hymenopterorum* **von** DALLA-TORRE. — Der Katalog enthält etwa 43,000 Spezies mit Litteratur und Vaterlandsangaben. In Europa finden sich die meisten Gattungen : 1,313; dann folgt Nordamerika mit 507. Verfasser gibt einige statistische Angaben über die artenreichsten Genera, über die Varietäten.

HISTORISCHE ZUSAMMENSTELLUNGEN. **Ausmaasszusammenstellungen**. — Letztere beide nur über die Familie *Tingididæ*. (**Vol. II, Mémoires**, p. 257.)

La séance est levée à 3 ¹/₂ heures.

III. — Section d'Évolution et Mimicry.

(Séance supplémentaire.)

a. M. F. Merrifield (Brighton) : Experimental Entomology.

b. M. W. Schaus (Londres) : A quoi sert le Mimétisme ?
Discussion : Prof^r M. Seitz (Darmstadt), R. Trimen (Woking),
Hon. W. Rothschild (Tring), Prof^r E.-B. Poulton (Oxford),
Dr F.-A. Dixey (Oxford), G.-A. Marshall (Londres).

Président : M. le Prof^r Poulton (Oxford).
Vice-Président : M. Trimen (Woking).
Secrétaire : M. F. Ball (Bruxelles).

Le Vice-Président annonce qu'il a fallu constituer cette séance supplémentaire consacrée surtout au mimétisme, le nombre et l'étendue des communications présentées à la séance précédente n'ayant pas permis d'épuiser le sujet.

M. Trimen donne la parole à M. Merrifield qui parle de :

On factors in seasonal dimorphism.

(*Résumé.*)

A large and varied number of experiments had satisfied him that a low temperature in the early part of larval life, followed by a higher temperature in the later part of it, in *A. levana* produced the summer phase with its short pupal period, and the reversed treatment produced the winter phase with its long pupal period. In *S. bilunaria* it was the same, and here the winter phase larva seemed to have one more change of skin than the summer phase larva, and was regularly from 30 to 40 per cent heavier. There was no congenital tendency to alternation of phases; either phase could by temperature applied at the proper period of larval life be converted into the other. **(Vol. II, Mémoires, p. 433.)**

M. le Prof^r Poulton (Oxford) prend la présidence et remercie

M. Merrifield de son intéressante communication ; il demande
ensuite à M. W. Schaus (Londres) d'exposer sa théorie :

A quoi sert le Mimétisme.

(Résumé.)

Les Papillons diurnes ne sont que rarement attaqués par les
Oiseaux dans la région néotropicale. Ils n'ont pas besoin de couleurs
protectrices et ne sont jamais dissimulés par leur coloris. Il n'y a
pas de raison pour que des espèces soi-disant protégées par leur
mauvais goût aient aussi des couleurs mimétiques. Les groupes
synchromatiques varient de la même manière dans leur distribution,
ce qui prouve des influences extérieures, climatériques, géographiques ou chimiques. Les vrais ennemis des Papillons se trouvent
plutôt parmi les Reptiles et les Insectes. La nature même joue un
rôle trop puissant dans la destruction des Papillons et contre lequel
ils ne pourraient se protéger. **(Vol. II, Mémoires, p. 295.)**

La communication de M. W. Schaus provoque une discussion
entre plusieurs membres présents.

Dr. Seitz gibt zu, dass ein unbedingter Schutz (d. h. gegen alle
Feinde) nicht existiert ; es ist aber, um die Mimikrie als solche zu
leugnen, nötig nachzuweisen, dass die sogenannte Schutzfarbe
gegen gar keine Feinde schützt. Er legt ein Beispiel vor, wo eine
Nordafrikanische *Sesia* nicht, wie die europäischen *Sesiæ*, ein
gestacheltes Hymenopteron, sondern eine *Zygœna*, und zwar in
ganz completer Weise, nachahmt. Dr. Seitz gibt an, dass er auch
einen ganz bestimmten Feind ausfindig gemacht habe, gegen den
sich die Schutzfärbung richtet d. h. gegen einen *Asilus*, der die
Falter Nordafrika's in gradezu vernichtender Weise dezimiert. Die
Sesia ist *Sesia Seitzi*, welche in drei Formen vorkommt, mit halb-
rotem, rotgeringtem und mit schwarzem Hinterleib, und so die
Zygæna cedri, Loyselis und *algira* (forma *exigua*) copiert. Der
Asilus nimmt gestachelte Hymenopteren, aber keine Zygänen,
so dass es in diesem Falle nützlicher für die *Sesia* ist, einen
schwachen aber geschützten Falter nachzuahmen als ein gestacheltes Hymenopteron.

M. Roland Trimen, white fully recognizing the great interest
attaching to M. Schaus' vivid record of his observations for
many years in the neotropical region, felt bound to express his

dissent from the anti-mimetic views arrived at by M. SCHAUS as expressed in the paper just read. He asked how it was possible, for instance, to explain the evolution of the many mimetic forms of the female of the African *Papilio dardanus*, which in each sub-region imitated with exactness a corresponding number of widely-differing species of unpalatable models, as the result of either common external geographical conditions, or of simultaneously acting internal causes.

M. TRIMEN also observed that M. SCHAUS had cited instances in which the flight of the mimicking Butterfly differed from that of the species mimicked; but there were, on the other hand, many cases on record in which the mode of flight of the model, as well as its outline and colouring, has been very closely simulated by the mimic.

In the important matter of persecution by insectivorous enemies, if the well authenticated cases on record of Birds seen attacking Butterflies are not so numerous as might be expected, this may mainly be due to the fact that most Birds hunt for food eagerly in the early morning before sunrise, white Butterflies are still at rest and so unnoticed by the human observer, but far more easily caught by hungry Birds than when they are on the wing.

It is quite possible that these attacks by vertebrate enemies on Butterflies when the latter are completely at rest, with only the under-surface of the wings exposed, are correlated with the fact that in nearly all unpalatable species, and also in their mimics (with the exception of a certain number in which only the upperside is mimetic while the underside is distinctly cryptic), the under-surface closely resembles the upper-surface in its warning coloration and marking and is equally conspicuous.

Hon. W. ROTHSCHILD agreed with M. TRIMEN that there were many facts very difficult to explain under any other assumption than that of mimicry. He cited a further instance of *Papilio laglaizei* and the Uranid Moth *Nyctalemon agathocles*, also a day-flyer and met with in company of the *Papilio*. The abdomen of this Moth is brilliant orange underneath, while the Papilio only has an orange patch on the underside of the hind wing, but this, when the wings are folded, gives quite the impression of an orange abdomen.

He also cited the case of the two parasites of the Rhinoceros and the Elk, which mimic well protected Hymenoptera.

Professor POULTON regretted to have to differ from two of his American naturalist friends, but was somewhat consoled by the fact that they differed even more from each other. M. ABBOTT H. THAYER believed that the struggle for existence was so terribly severe that every Insect must be concealed, and he interpreted mimicry as the incidental likeness between species that were concealed in the same way. M. SCHAUS on the other hand doubted whether colours and patterns were of any service at all in the struggle for life. Between these two extremes the speaker said that be took a middle course. He believed that M THAYER was somewhat influenced in his views on warning colours and mimicry by the few examples of mimicry to be found in North America and that he would find it difficult to adjust these views to the multitude of well-established observations which are recorded from the tropics of America and Africa.

Dr. F. A. DIXEY remarked that there was no real antagonism between « field » and « cabinet » naturalists. Such observations as those of Mr. SCHAUS were of great value, and must be taken into account. But it did not seem to him that those observations were incompatible with the theories of BATES and MÜLLER.

In the case, for example, of the relative numbers of resembling species the facts recounted were easily explicable under the latter hypothesis, the difficulties in the way of common influence of external conditions appeared to him insurmountable.

Mr. MARSHALL said the main difficulty raised had not been touched. Mr. SCHAUS asserted that Birds seldom attacked Butter-flies in flight, and never at rest. To this he could not agree; moreover, Mr. SCHAUS tells him that he has not read the recent literature on the subject. There are the cases of the Kestrel which took Butterflies at rest for hours, Fly-catchers in Ceylon ate damaged Butterflies on the ground, and no doubt many cases escape notice on account of the early hour of Bird feeding. But there are three South American Birds which are known to feed largely on Butterflies, while in Birma the nests of the Falcon have been found lined with debris of Insects, largely Butterflies' wings.

L'heure de la réunion au Musée royal d'Histoire naturelle étant proche, le Président lève la séance avant que la discussion ait pu être terminée.

VISITE AU MUSÉE ROYAL D'HISTOIRE NATURELLE DE BELGIQUE.

Invités par le Directeur, M. le Prof^r GUST. GILSON, à visiter le Musée d'Histoire naturelle, environ 130 membres du Congrès se rendirent le jeudi 4 août, en quittant les séances des Sections, directement rue Vautier, 31, où la réunion devait avoir lieu, vers 4 ¹/₂ heures.

Cette visite débute par un rassemblement en groupe sur le perron et les escaliers fleuris du Musée, où les membres présents ont été photographiés; ce souvenir durable de ce premier Congrès se trouve en tête de ces comptes rendus. (Voir planche I.)

Puis commence la promenade à travers les vastes galeries où se trouve représentée toute l'histoire zoologique de la Belgique, depuis le premier Trilobite jusqu'au Papillon blanc éclos hier.

M. le Prof^r GILSON souhaite d'abord la bienvenue dans les termes suivants :

« MESSIEURS,

» Nous sommes toujours heureux d'accueillir au Musée des hommes de science à même d'apprécier nos richesses, de juger notre travail et de critiquer nos méthodes.

» Mais il nous est surtout agréable de recevoir la visite de naturalistes spécialisés dans l'étude d'un des groupes qui font particulièrement l'objet de nos travaux actuels et qui sont bien représentés dans nos collections.

» Or, la Belgique s'est toujours adonnée à l'entomologie, elle s'enorgueillit de certains noms qui comptent parmi ceux des maîtres de cette science, elle a toujours possédé une École d'entomologie. Et aujourd'hui l'on peut dire que le Musée est le centre principal de l'activité entomologique du pays.

» Aussi, vous sommes-nous réellement reconnaissants de l'honneur que vous voulez bien nous faire en visitant *en connaisseurs* notre département entomologique.

» M. le conservateur SEVERIN, votre secrétaire général, se fera un plaisir de vous montrer nos richesses et de vous expliquer notre méthode de travail. Je ne dois point vous le présenter, vous l'avez vu à l'œuvre et vous connaissez ses mérites. Mais je tiens à vous dire que, bien que nul ne soit prophète en son pays, les mérites de M. SEVERIN ne sont point méconnus parmi nous, et j'aime à saisir cette occasion de rendre un hommage public à la science, à l'énergie et au dévouement avec lesquels il se consacre à l'exploration du territoire et à l'organisation et à l'administration de notre département entomologique.

» Mais je présume que, avant de visiter ce département qui présente pour vous un intérêt si spécial, ceux d'entre vous qui ne connaissent pas encore le Musée désireront jeter au moins un coup d'œil rapide sur les autres parties de l'institution. Messieurs les conservateurs se tiennent à votre disposition pour vous y piloter.

» M. RUTOT vous montrera les collections préhistoriques recueillies dans les cavernes de la Belgique et qui doivent aux travaux de M. DUPONT d'être aujourd'hui des documents classiques; puis il vous expliquera d'autres collections, d'origines diverses, et que ses propres études sont en voie de rendre classiques également L'ensemble se rattache à l'étude éthologique des races humaines primitives.

» M. DOLLO vous renseignera au sujet des restes étonnants des diverses classes de Vertébrés qu'a livrés l'exploration de notre petit territoire et surtout de nos grands Reptiles qui sont célèbres et dont il a fait, avec tant de science et de sagacité, l'étude et la description.

» Vous avez pu remarquer déjà que la disposition générale du Musée est toute particulière. L'institution comprend deux divisions bien distinctes et réparties dans des locaux séparés.

» La première division est celle qui répond directement à notre programme : c'est la collection des espèces belges.

» La seconde comprend des objets non belges, mais qui servent à l'étude des formes belges. C'est ce que nous appelons la collection de comparaison. Celle-ci est installée dans la partie ancienne de l'édifice.

» La collection belge occupe l'aile nouvelle, construite récemment à son intention.

» La salle où nous sommes est celle des Vertébrés belges. Elle est divisée en paliers correspondant à chacune des grandes ères de l'histoire de la Terre, sauf l'ère primaire qui ne pourra jouir d'un palier spécial que lorsque la construction sera achevée et la salle prolongée.

» Vous retrouverez la même disposition dans la salle des Invertébrés belges, qui n'est pas encore ouverte au public et dont l'organisation n'est qu'ébauchée.

» Permettez-moi, en faveur de ceux d'entre vous qui en sont à leur première visite, de vous dire en quelques mots quel est le but et l'organisation de notre Musée.

» Le but, la mission de l'institution est nettement définie, ce qui, soit dit en passant, constitue un avantage dont bien des musées ne peuvent se prévaloir. Ce but est *l'exploration du territoire belge et l'exposition expliquée de toutes ses productions aux divers âges de la Terre, y compris l'époque moderne.*

» Nous sommes donc une institution d'exploration et d'étude.

» Nous faisons avant tout de l'exploration précise et documentée, un objet sans documentation est pour nous sans valeur. Puis nous étudions les matériaux recueillis, en vue de fixer leur signification en tant que documents scientifiques, de les expliquer conformément aux données de la science actuelle, de les exposer méthodiquement et de les conserver de telle manière que leur étude puisse être, dans l'avenir, reprise et poussée plus loin à la lumière des progrès ultérieurs des connaissances humaines.

» Cette étude, surtout pour ce qui concerne les formes vivantes, n'est pas seulement systématique et critique, elle est aussi éthologique. C'est-à-dire qu'elle ne se borne pas à dénommer l'espèce et à préciser ses relations avec les autres formes, mais qu'elle étudie aussi les rapports de l'être avec son milieu.

» Ceux-là seuls qui ne connaissent pas notre programme peuvent nous blâmer de nous restreindre aux productions du sol belge. Ils semblent ignorer que le travail du Musée est *une exploration scientifique* et non la simple réunion d'objets intéressants par eux-mêmes. Ils perdent de vue que *nous étudions* les objets recueillis par nos explorations et que nul objet ne s'étudie isolément. Étudier, c'est comparer, et nous prenons comme base de nos études comparatives les productions belges.

» La nation nous charge de faire de ces trésors un inventaire critique et de préciser leur signification et leur valeur, et, en faisant cela, nous travaillons à l'avancement de la science. Nous faisons œuvre non seulement de conservation, mais encore de progrès.

» Ce programme, nous le devons à M. DUPONT, mon prédécesseur et le véritable fondateur du Musée. Nous croyons que, dans toute sa simplicité, il est excellent, et d'ordre supérieur, et que sa conception fut un trait de génie. Nous savons aussi que notre tâche est immense et bien difficile. Nous voyons clairement qu'elle ne sera jamais achevée, car à mesure que la science progresse et que les découvertes se font, des horizons insoupçonnés s'ouvrent, de nouveaux problèmes se posent, et il faut sans cesse recommencer l'étude pour la pousser plus loin. Mais cela ne nous détourne pas d'y travailler avec ardeur, dans la mesure de nos trop faibles moyens.

» Nous nous tenons à votre disposition pour vous montrer la part de notre programme qui a pu être accomplie jusqu'ici. »

Les membres examinent en premier lieu le palier quaternaire, où se trouvent installés les Animaux vivants et ceux ayant vécu dans le pays en même temps que l'Homme préhistorique; l'histoire de ce dernier est merveilleusement racontée dans les vitrines par M. le conservateur RUTOT qui en donne les explications suivantes :

Nous nous trouvons ici dans la partie des Galeries nationales réservée à la Préhistoire de la Belgique.

Les collections exposées comprennent quatre groupes correspondant aux quatre grands stades du développement de l'humanité primitive appartenant à l'époque de la pierre.

Nous avons donc, en partant du plus ancien :

1° Le groupe des industries de la *pierre brute utilisée* ou *Eolithique*;

2° Le groupe des industries de la *pierre taillée* ou du *Paléolithique inférieur*;

3° Le groupe des industries de la *pierre taillée associée à l'utilisation de l'os*, ou du *Paléolithique supérieur*;

4° Le groupe des industries de la *pierre polie* ou *Néolithique*.

Le groupe des industries primitives ou éolithiques commence à apparaître dès le milieu des temps tertiaires et on le suit, toujours seul de son espèce, comme immuable, au travers de la deuxième moitié des temps tertiaires et pendant le premier tiers des temps quaternaires.

La plus ancienne industrie connue a été découverte à Boncelles, près de Liége, et date de l'Oligocène moyen ; elle a reçu le nom de *Fagnien*.

Puis viennent : le *Cantalien* (du Cantal), le *Kentien* (du Kent-Plateau), le *Saint-Prestien* (de Saint-Prest, près Chartres), qui appartiennent au Tertiaire, puis le *Reutélien*, le *Mafflien* et le *Mesvinien*, répartis à trois niveaux du Quaternaire inférieur.

Ces industries primitives dérivent de l'utilisation directe des quantités de fragments naturels de silex qui existent en abondance à la surface des affleurements de craie et elles comprennent les cinq outils primordiaux de l'industrie humaine : percuteurs, couteaux, racloirs, ciseaux et perçoirs.

Pendant toute la seconde moitié des temps tertiaires et le commencement des temps quaternaires, la mentalité humaine a été stagnante, et le type humain appartient à un facies spécial, primitif, à caractères simiens, avec front très fuyant, arcades sourcilières proéminentes, orbites rondes, mâchoires projetées en avant et menton fuyant. Les divers facies de cette humanité primitive ont été groupés sous le nom d'*Homo primigenius*.

Comme on peut le constater dans les collections exposées, avec le commencement du Quaternaire moyen apparaît une succession d'industries variées, indiquant un changement dans la mentalité humaine qui, de stagnante, devient évolutive et progressive.

Ce changement concorde aussi avec l'apparition d'un nouveau facies humain dit *race de Galley-Hill*, qui est l'ancêtre de l'humanité actuelle, d'*Homo sapiens*.

Ce nouvel Homme, à front plus développé, à menton vertical, renonce à se servir, comme outils, des éclats naturels de silex ; il débite les rognons de silex en fragments qu'il utilise et, de plus, il *taille* ces rognons de manière à façonner des instruments nouveaux, de type préconçu, et que l'on reconnaît être toujours des *armes*.

La première pensée de l'*Homo sapiens* a donc été de s'armer, et, dans les vitrines du Musée où sont exposées les industries du Paléolithique inférieur : Strépyien, Chelléen et Acheuléen, qui représentent des perfectionnements successifs de la première ou Strépyien, on reconnaît aisément des coups-de-poing, des poignards, des casse-tête, des pointes de lances, de javelots et de flèches.

Mais, alors que l'humanité en était à la magnifique industrie acheuléenne, un important phénomène naturel est venu jeter une perturbation profonde parmi les populations; nous voulons parler de l'apogée de la deuxième grande glaciation quaternaire.

Les tribus acheuléennes de notre pays, chassées par le froid et la famine, se sont retirées vers la France, et de tout ce désarroi est résulté une profonde décadence.

En même temps un régime alternatif de steppes et de toundras s'établit sur l'Europe centrale, ce qui obligea les populations, qui jusqu'alors avaient vécu en plein air, au bord des cours d'eau, à se réfugier dans les cavernes.

C'est pour cette raison que l'on appelle souvent le Paléolithique supérieur *Époque des cavernes*.

La vie dans les cavernes transforma profondément les mœurs et l'industrie de l'humanité; le caractère belliqueux des Paléolithiques inférieurs disparaît, et l'Homme devient chasseur pour satisfaire aux nécessités de l'existence.

Mais les longs repos de l'hiver portent à la rêverie et à la réflexion, et, après la décadence, nous voyons poindre une renaissance qui conduit rapidement à des manifestations artistiques du plus haut intérêt.

L'Homme sculpte sur ivoire ou sur bois de Renne les animaux auxquels il donne la chasse, et bientôt il les grave, puis il les peint sur les parois et les plafonds des cavernes, tandis qu'en même temps apparaissent des notions de croyances et un goût très vif pour la parure.

On se peint le corps en rouge, en blanc ou en noir, et l'on se pare de colliers, de bracelets, de couronnes, confectionnés le plus souvent avec des coquillages percés d'un trou et enfilés le long d'un lien.

Mais cette étonnante période artistique n'a qu'un temps : elle commence avec l'Aurignacien supérieur, brille pendant le Magdalénien inférieur, puis une profonde décadence reprend et nous mène à la fin de l'époque quaternaire et aussi à l'issue de la grande période paléolithique. Pendant cette durée, le type humain avait évolué, et, du type rudimentaire de Galley-Hill, l'humanité en était arrivée aux types élevés de Cro-Magnon et aux Brachycéphales.

La fin du Paléolithique et le commencement du Néolithique paraissent concorder avec une période de misère physique et intellectuelle.

A l'aurore de l'époque moderne, — il y a environ 12,000 ans, — nos contrées sont d'abord habitées par une race de pygmées à industrie minuscule, dite *Tardenoisienne*, puis nous sommes témoins d'une formidable invasion de barbares possédant certainement le type de l'humanité primitive (*Homo primigenius*), à industrie d'aspect absolument éolithique (*Flénusien*).

Mais ces populations, à peine établies, furent l'objet d'attaques de la part de tribus scandinaves, qui s'implantèrent dans le nord de l'Europe et anéantirent les Flénusiens.

C'est ainsi que nous rencontrons, en de très nombreux points, des stations dont l'outillage correspond exactement à celui de la Scandinavie et auquel on a donné le nom de *Campignyien*.

C'est seulement après cette longue époque de dépression qu'une renaissance apparaît, accompagnée de nombreux progrès.

Le goût des beaux instruments de silex bien taillés reprend, et, non contentes de leur œuvre, les populations se mettent à polir leurs haches et leurs principaux outils.

En même temps, nous voyons s'introduire l'agriculture, la domestication des Animaux, la navigation, la confection des étoffes, le perfectionnement de la céramique, etc., de sorte que la fin de l'époque néolithique ou de la pierre polie nous apparaît comme l'un des stades les plus importants de l'histoire de l'humanité, celui où la sauvagerie a fait place à une véritable civilisation.

Mais le progrès, si bien lancé, a pu cette fois persister, car c'est vers 3000 ans avant notre ère que la connaissance du métal a commencé à s'introduire lentement dans nos régions.

Cette introduction du métal, cuivre d'abord, bronze ensuite, a été le signal de nouvelles conquêtes civilisatrices et a mis fin définitivement à la première grande division de l'histoire de l'humanité, c'est-à-dire de la Préhistoire.

Les membres du Congrès remercient vivement M. le conservateur RUTOT pour sa causerie et ses belles démonstrations.

M. le conservateur L. DOLLO guide ensuite les congressistes à travers les paliers tertiaires et secondaires, donnant des explications sur les modes d'exposition et sur la valeur scientifique des collections. Il termine par une courte causerie sur les Iguanodons et leur histoire.

C'est au tour de M. le conservateur G. SEVERIN de guider les membres du Congrès vers les régions plus élevées où l'habitude des installations des musées relègue les Insectes, et les congressistes se souviennent enfin qu'ils sont entomologistes, après avoir été entraînés pendant quelques moments loin de leurs préoccupations favorites par toutes les choses intéressantes qu'ils avaient vues et entendues.

Mais avant de commencer la visite des collections, M. SEVERIN donne des renseignements sur la formation des collections d'Arthropodes, sur leur développement et sur les moyens employés pour les conserver, les augmenter et les étudier.

Les collections d'Arthropodes du Musée royal d'Histoire naturelle de Belgique.

LEUR HISTOIRE ET LEUR DÉVELOPPEMENT.

L'origine première du Musée de Bruxelles remonte à la domination autrichienne. Il fut d'abord un simple cabinet de curiosités de Charles de Lorraine, gouverneur des Pays-Bas, qui se piquait de protéger les arts et les sciences. Plus tard, il devint Musée de la ville de Bruxelles et, en 1840, il fut repris par l'État.

PREMIÈRE PÉRIODE : 1846-1868.

La première preuve de l'existence d'une collection d'Insectes au Musée de Bruxelles date de 1846 (1), par l'inscription, à l'inventaire général, d'un don de CINQ Insectes.

Dons.

Jusqu'en 1869, on enregistre un certain nombre de dons, d'importance diverse; plusieurs ont une valeur sérieuse, telle la collection du directeur d'alors, M. le vicomte DU BUS DE GISIGNIES, comprenant 35 caisses de Lépidoptères, 25 caisses

____

(1) Le Comité exécutif, dans une de ses réunions préliminaires, a émis l'avis qu'une notice historique sur le développement des musées locaux trouverait utilement sa place dans les mémoires qui seront publiés après chacun des Congrès. Il serait donc à désirer que le personnel de ces Musées se chargeât chaque fois d'élaborer ces notices en insistant surtout sur les parties de leur histoire qui présentent de l'intérêt au point de vue de l'entomologie.

Chargé de la Section des Arthropodes et particulièrement des Insectes du Musée de Bruxelles, le premier secrétaire général devait donc prêcher d'exemple. Nous donnons, dans les pages suivantes, _in extenso,_ la notice dont M. Severin, pressé par l'heure tardive, ne put donner qu'un résumé très condensé.

de Coléoptères et 4 ou 5 caisses contenant des Hyménoptères, Diptères et Orthoptères. Nous ne connaissons pas le nombre d'espèces et d'exemplaires renfermés dans ces caisses.

Achats.

En 1856, un achat augmente ces collections naissantes. Il s'agit cette fois de la collection ROBYNS, riche amateur dont les Insectes étaient placés dans 253 caisses payées au prix de fr. 1,391.50, somme importante pour cette époque.

Pas plus que pour la collection Du Bus, nous n'avons pu retrouver le nombre d'Insectes contenus dans ces caisses.

Enfin, en 1858 et 1859, il fut acheté 44 Crustacés au prix de fr. 111.50.

Importance des collections.

M. Du Bus avait confié, depuis quelques années, le classement des Invertébrés à un amateur, M. le pharmacien TH. BELVAL, qui s'occupa surtout des Arthropodes.

Il est très difficile de fixer par des chiffres l'importance numérique des collections entomologiques pour cette première période de formation.

Lorsqu'en 1840 la Ville de Bruxelles proposa à l'État belge la reprise de son Musée d'Histoire naturelle, une commission estima la valeur des collections d'Insectes à 10,710 francs et des Crustacés à 220 francs.

D'autre part, nous trouvons, lors de la fin de cette première période, un relevé du nombre de caisses contenant des Insectes dans cette section :

Coléoptères . .	28 caisses	Diptères . . .	19 caisses
Lépidoptères .	327 —	Orthoptères . .	15 —
Hyménoptères .	30 —	Névroptères . .	11 —
Hémiptères . .	16 —		

M. BELVAL, dans un rapport adressé le 30 avril 1868 à la nouvelle direction, estime impossible de faire un relevé numérique convenable, à cause du peu d'avancement de l'étude des collections, dont la plupart constituent des masses indéterminées, souvent même dépourvues d'étiquettes de localités. Il n'est certain que des exemplaires capturés par M. Bové en Afrique, M. Van Lansberg aux Antilles, M. Dechange en Chine, M. Ghiesbrecht au Mexique et M. Popelaire au Pérou.

Nous admettons donc un total d'environ 8,000 exemplaires, calculé d'après les dimensions des caisses de cette époque que nous possédons encore.

Deuxième période.

L'ancienne administration est remplacée par une administration nouvelle : 1868-1891.

M. E. Dupont est nommé directeur le 4 avril 1868, et il charge M. Preudhomme de Borre de la Section des Articulés (nouvelle création administrative) dès le mois de décembre 1869.

Programme.

La nouvelle direction a un programme bien précis :

« *Exploration scientifique du pays par la réunion et l'étude des représentants de la nature qui ont existé ou existent encore en Belgique.*

Formation de collections étrangères à notre territoire dans la mesure de ce qui est jugé nécessaire pour l'intelligence comparative des collections nationales. »

Méthodes d'application du programme.

Dès le 1er décembre 1869, le nouveau conservateur remet au directeur un rapport sur les collections qu'il aura à administrer, et, si ce rapport est aussi imprécis que tous les précédents en ce qui concerne l'importance numérique des collections accumulées pendant la première période, il est, par contre, fort explicite sur les méthodes à employer pour développer la Section des Articulés parallèlement aux autres Sections du Musée, en se conformant au programme de la direction.

Il y est dit notamment :

Étude des collections par des spécialistes.

« Le classement scientifique des collections entomologiques ne peut s'effectuer convenablement que par la collaboration de tous les spécialistes qui voudront bien y concourir. Ma tâche sera de provoquer, de recueillir et de coordonner tous ces travaux, et d'en fixer le résultat, tant dans les boîtes que dans les inventaires et catalogues du Musée. »

Cette méthode, appliquée pendant plus de quarante ans, a produit d'excellents résultats. Elle fut la source de la richesse et de la valeur scientifiques de nos collections : il n'est presque pas de monographies ou de travaux de moindre importance parus durant cette époque qui ne décrivent ou ne citent quelques-unes de nos espèces.

Mais M. DE BORRE la complète et propose :

« D'éviter d'entourer l'envoi des collections de trop de formalités et de ne pas avoir de crainte de communiquer à des spécialistes sérieux et réputés *l'entièreté* de nos exemplaires, y compris les types et les uniques, avec autorisation de conserver les doubles pour payer le travail et les peines. »

Richesse numérique des collections. Collections éthologiques. Collections paléontologiques.

Un autre point de son programme demande pour la formation des collections générales et surtout pour les collections nationales :

« Que les espèces soient largement représentées par des exemplaires nombreux, de toute provenance, permettant d'embrasser toutes les variations régulières ou accidentelles de la forme, de la taille, de la couleur, d'en saisir au besoin les rapports géographiques, de comparer les exemplaires du printemps à ceux de l'automne, ceux des années froides à ceux des années chaudes, etc., etc., enfin, de donner à l'entomologiste tous les renseignements qu'il a le droit d'exiger. *Naturellement, il faut qu'elle se complète par des collections d'œufs, de larves, de nymphes, d'habitations, quand les Insectes en construisent;* naturellement aussi, il faut leur juxtaposer des collections des rares débris que les âges antérieurs nous ont laissés de cette classe d'animaux. »

Dans un rapport du 31 janvier 1870, M. DE BORRE revient sur cette proposition d'extension du nombre des exemplaires et il dit notamment :

« Je réclame donc la formation graduelle, à mesure que nous aurons les matériaux, d'une collection générale, où l'espèce, représentée par le plus d'exemplaires possible, de toutes provenances, de toutes tailles, etc., pourra être étudiée à fond. »

Accroissement des collections.

Enfin, il traite la question de l'accroissement des collections et il propose de s'adresser aux entomologistes du pays et de l'étranger :

« Pour obtenir des chasses d'Insectes de nombreuses localités, en payant les chasseurs par des collections déterminées tirées de leurs propres récoltes, et conservant le reste pour l'Établissement. »

Il abandonne toutefois cette méthode vers 1872, considérant qu'elle exigeait trop de temps, et il remplaça les collections déterminées par le payement de petites sommes d'argent permettant aux chasseurs de se libérer des cotisations de sociétés scientifiques dont ils font partie ou permettant l'achat de livres, d'outils, etc.

Ces moyens stimulèrent un certain nombre de jeunes entomologistes étrangers qui se mirent à recueillir tout ce qu'ils rencontraient, sans discernement aucun ; de sorte que pendant un certain nombre d'années le Musée reçut des milliers d'exemplaires, dont la préparation jetait une grande perturbation dans les services et qui durent plus tard être écartés comme des non-valeurs.

Il en était à peu près de même pour les chasses faites en Belgique, mais le grand nombre d'exemplaires qu'elles produisirent avait sa raison d'être, puisque le programme du Musée considérait *l'exploration du pays* comme le but principal et qu'il fallait bien connaître la distribution géographique des espèces indigènes.

Collection nationale séparée.

Cette abondance d'Insectes belges obligea la direction à prendre, en 1874, une nouvelle décision : créer une collection nationale nettement séparée des collections générales. La formation de cette collection devenait d'autant plus urgente que la Société entomologique belge n'exécutait pas les clauses que lui imposait la convention intervenue entre elle et l'État, et exigeant la création d'une collection d'Insectes belges à mettre à la disposition du public dans les galeries du Musée.

M. DE BORRE écrit à ce propos : « Je pense qu'il faut décidément renoncer à voir former nos collections par la Société entomologique en exécution de la convention faite avec cette Société. »

Il fut donc décidé que les nombreux Insectes recueillis et à recueillir dans le pays formeraient une collection riche en exemplaires, variétés, aberrations, etc., réserve faite d'un petit nombre d'exemplaires à conserver dans la collection générale pour la comparaison avec leurs congénères étrangers au pays.

Formation des collections éthologiques remise à plus tard.

Un autre projet, qui consistait à former des collections belges comprenant à la fois les Insectes, leurs œufs, larves et chrysalides, leurs industries, etc., fut écarté par le conservateur comme étant inapplicable pendant cette époque de formation des premiers éléments de la faune nationale.

« Au point de vue scientifique. dit-il, le projet répond incontestablement à un besoin réel, et un jour viendra où la réalisation, sur une base sérieuse, d'un plan d'études expérimentales sur les Animaux de toutes classes s'imposera d'elle-même. »

Résumé du programme d'après lequel fut conduite la Section pendant cette deuxième période.

1° Détermination des spécimens par des spécialistes ;
2° Récolte d'un grand nombre de spécimens dans beaucoup de localités étrangères et belges ;
3° Séparation des collections nationales et générales ;
4° Formation d'une collection éthologique renvoyée à plus tard ;
5° Formation d'une collection paléontologique.

LES ACCROISSEMENTS DES COLLECTIONS ENTOMOLOGIQUES DE 1869 A 1891.

M. A. PREUDHOMME DE BORRE dirigea la Section des Articulés depuis décembre 1869 jusqu'en juin 1889, et nous croyons intéressant de montrer en un tableau les accroissements des collections pendant cette époque, en le faisant précéder de quelques notes sur les faits les plus saillants survenus au cours de ces années.

Achats.

En 1870, l'État achète pour 500 francs la collection DE BORRE, comprenant 10,800 exemplaires d'Insectes divers en 2,865 espèces, plus 2,350 Insectes non étudiés.

En 1871, la collection DE FRÉ, comprenant 1,814 espèces et environ 6,000 exemplaires, Papillons et surtout Microlépidoptères du pays, au prix de 1,000 francs, et les *Brenthides, Anthribides* et *Longicornes* de LACORDAIRE, qui servirent de types à son célèbre Genera, sont acquis. Cette dernière collection fut vendue au prix de 1,050 francs, mais il m'a été impossible de connaître sa richesse numérique, laquelle fut, du reste, soumise à de sérieuses soustractions plus tard.

En 1872, le Musée acquiert en vente publique des parties intéressantes de la collection OGIER DE BAULNY, au prix de 500 francs, et comprenant environ 5,000 Coléoptères.

1873 voit arriver la collection des *Dytiscides* et *Gyrinides* de CHEVROLAT, renfermant beaucoup de types d'AUBÉ décrits dans sa monographie. Le prix de cette collection s'élève à 500 francs, comprenant 633 espèces et environ 3,500 exemplaires. La collection WESMAEL, Insectes divers, particulièrement de Belgique, contenant tous les types de ses travaux, sauf ceux sur les *Ichneumonides* et les *Braconides*, et comprenant environ 50,000 exemplaires, pour le prix de 4,000 francs.

En 1874, une partie de la collection GUÉRIN-MÉNEVILLE est achetée au prix de 700 francs, contenant 2,400 *Silphides, Scaphidiides, Throscides, Eucnémides, Malacodermes, Apatéides* et *Cissides*, avec des types précieux de beaucoup d'anciens auteurs.

Puis on obtient la collection de Coléoptères de WEYERS, 13,232 exemplaires, dont plus de la moitié des *Buprestides*, formant une des plus belles collections de ces Insectes alors connues, au prix de 5,000 francs.

En 1875, une petite collection d'Hétéromères de RAFFRAY, 1,832 exemplaires au prix de 80 francs, et, en 1876, la grande collection de Papillons européens et de Coléoptères (Cicindèles et Carabiques du monde), appartenant à BREYER, 16,843 exemplaires pour 6,000 francs.

Viennent alors les années 1878, 1880 et 1881, avec l'acquisition de trois grandes collections. La première n'est qu'une partie des immenses accumulations formées par JAMES THOMSON, comprenant les *Hétéromères*, les *Coprophages* et les *Mélolonthides*, renfermant de nombreuses espèces rares et typiques sorties d'anciennes collections célèbres, telles que celles de BUQUET, avec les Insectes du catalogue de DEJEAN, de DEYROLLE, des chasses des principaux naturalistes voyageurs, de 1855 à 1875, et composées de 13,859 exemplaires, au prix de 5,420 francs.

La seconde comprend les collections de CHAPUIS, l'élève de LACORDAIRE, les *Chrysomélides* dans le sens le plus large et les *Scolytides* qui ont servi aux monographies préparatoires de l'élève et au Genera définitif du maître. Le nombre total des exemplaires est de 35,275, le nombre de types et de cotypes fut considérable, parce qu'aux siens s'ajoutent ceux de LACORDAIRE, de BALY, de EICHHOFF, etc. Le prix est de 8,000 francs.

La troisième collection est plus importante encore, comprenant environ 12,000 à 13,000 espèces en 71,800 exemplaires pour 12,000 francs. C'est la collection de *Curculionides* de W. ROELOFS, formée par la réunion de dix collections déjà célèbres, parmi lesquelles : celle de DEJEAN, considérablement augmentée après la publication de son catalogue ; celles de MM. REICHE, DE LA FERTÉ, MOCQUEREYS, de Rouen, composées exclusivement d'exotiques ; celles de OTT, de Strasbourg, MYARD, de Genève, composées d'exotiques et d'Européens, celles de MM. GAUTIER DES COTTES, PROPHÈTE, etc., composées d'Européens et d'Algériens, etc., puis de toutes les récoltes de M. DE CASTELNAU pendant trente ans, dans l'intérieur du Brésil, à Bahia, en Bolivie, au Cap de Bonne-Espérance, au lac N'Gami, à Siam, au Cambodge, à Malacca et en Australie, d'où il reçoit, en outre, des récoltes faites par MM. MAC LEAY junior, MASTERS, HOWITT, DUBOULAY, BOSTOCK, ODEWAHN, etc.

Cette collection renferme un très grand nombre de types anciens et précieux en plus de ceux des collections citées, notamment de BOISDUVAL, publiés dans son travail sur l'Océanie, et d'autres descripteurs.

C'est le dernier des grands achats faits pendant la direction de M. DE BORRE, car sauf en 1885, où il acquiert une petite collection d'Insectes du pays des Nyam-Nyam, rapportés par BOHNDORFF, — premier achat d'Insectes provenant de la future colonie, — aucune acquisition ne mérite la peine d'être citée particulièrement.

Dons.

Il faut encore mentionner quelques dons importants pendant la même période.

Le premier date de 1869 et est fait par WESMAEL, président du Conseil de surveillance du Musée, qui offre à l'État sa célèbre collection d'*Ichneumonides* et de *Braconides* indigènes ayant servi à ses travaux monographiques publiés, depuis 1845, dans les « Mémoires de l'Académie des sciences », collection d'une valeur scientifique inestimable et d'une grande réputation dans le monde savant.

En 1873, le Dr Breyer donne sa collection de Coléoptères, comprenant 8,000 exemplaires, et, en 1876, les parents de C. van Volxem donnent les collections recueillies par cet actif entomologiste, mort trop jeune. Le total est de 78,687 spécimens, dont plus de 10,000 Hémiptères du monde entier, principalement du Brésil, du Portugal et du Maroc.

Cette collection donna lieu à trente-sept notes et mémoires, avec descriptions de plus de 150 espèces nouvelles dont 22 portent le nom de *Volxemi*.

En 1877, les héritiers du baron A. de Thysebaert offrent au Musée la belle collection de Papillons européens, réunie à grands efforts de temps et d'argent, et renfermant 13,526 spécimens de premier choix, avec toutes les raretés que l'on pouvait acquérir à cette époque en y mettant le prix. Malheureusement cette collection fut, comme celle de Lacordaire, épluchée d'une manière savante par un employé indélicat, et les plus grandes raretés disparurent à jamais.

La même année, R. Weinmann offre sa collection de Papillons belges et européens, formant un total de 7,753 exemplaires.

Exploration du pays.

C'est en 1873 que M. de Borre commence à faire faire des chasses aux Insectes dans diverses régions et localités du pays, afin de constituer une grande et vaste collection nationale, aussi complète que possible.

Les résultats obtenus furent médiocres au début et donnèrent lieu bientôt à des accumulations de vulgarités, à tel point qu'il fallut arrêter cette méthode plus industrielle que scientifique.

Du reste, vers 1882, la santé de M. de Borre et des différends qui surgirent entre lui et la direction du Musée arrêtèrent sa grande activité, et le développement de la Section s'en ressentit cruellement, comme le prouvent les chiffres suivants :

Accroissement des collections pendant les années 1870 à 1890
(2ᵉ période).

ANNÉES.	DONS.	ACHATS.		ÉCHANGE.	EXPLORATION SYSTÉMATIQUE de la Belgique.	
	Nombre d'exemplaires.	Nombre d'exemplaires.	Prix en francs.	Nombre d'exemplaires.	Nombre d'exemplaires.	Frais de récolte. En francs.
1870. . .	7,224	11,150	500 »	4	—	—
1871. . .	2,874	6 010	2 050 »	—	—	—
1872. . .	863	5,077	612 »	4	—	—
1873. . .	9.690	60,096	4,938 50	5,113	—	—
1874. . .	12,342	51,305	6,223 »	9,278	5,585	55 20
1875. . .	81,137	46,144	694 »	4,243	2.555	49 41
1876. . .	2,908	57,573	6.406 25	16	2,846	8 99
1877. . .	25,842	28,967	365 »	2,481	16.755	73 »
1878. . .	2,191	35.501	6,005 50	6,006	7,642	48 50
1879. . .	2.040	40,995	2,253 50	7,459	12,717	86 70
1880. . .	2,346	72,898	9,570 39	2,096	5.116	66 85
1881. . .	12,507	94,484	12,708 50	5,591	21,430	98 50
1882. . .	1.329	7.794	106 50	13,415	11,816	59 15
1883. . .	729	3,944	21 »	2,400	—	—
1884. . .	—	—	—	221	—	—
1885. . .	219	1.467	175 80	81	—	—
1886. . .	607	130	40 »	642	—	—
1887. . .	324	1,980	150 »	2	—	—
1888. . .	2,070	376	225 »	32	—	—
1889. . .	367	627	161 »	43	—	—
1890. . .	34	20	30 »	—	—	—
TOTAUX	167,643	529.538	53,235 91	59,127	86.512	546 30

Soit un total de **842,820** exemplaires et une dépense totale de fr. **53,782.21.**

— 203 —

Troisième période : 1891-1910.

Changement de direction de la Section des Articulés.

1891. Une nouvelle période commence pour la Section. M. de Borre avait donné sa démission le 13 juin 1889. Je fus nommé à la fin de 1890 et pris la direction effective de la Section à partir du mois d'avril 1891, après avoir passé plusieurs mois à étudier l'organisation des collections et le mécanisme employé pour leur développement et leur mise en valeur. De plus, j'avais dû procéder à un inventaire général de reprise :

	Collection générale.	Collection belge.	Totaux.
Insectes déterminés classés . .	97,311	35,356	132 667
Insectes déterminés à intercaler mais à réétudier	250,920	—	250 920
Insectes à déterminer	250 482	—	250,482
Totaux. . .	598.713	35 356	**634,069**

Rebuts : **200,000** exemplaires non préparés.

Cet examen donna les résultats suivants, entraînant quelques modifications ou, pour mieux dire, des adaptations nouvelles au programme général :

Collections nationales.

1° La collection nationale était peu étendue ; elle était fort complète pour quelques familles, mais extrêmement incomplète pour la plus grande partie des autres. De plus, il y règnait un abus d'exemplaires de la même espèce, pris par la même personne dans la même localité, à la même date, réunis en vue d'études à faire sur les variations individuelles, géographiques et autres, pour toutes les espèces de la faune belge. Cet abus, du reste, se retrouve dans les parties des collections générales, formées par les chasses des correspondants entomologiques, et certaines espèces sont représentées parfois par 5,000, 7,000 et même jusqu'à 10,000 exemplaires étiquetés, déterminés et numérotés. Sans doute, pour les collections nationales le nombre d'exemplaires doit être plus élevé que pour les collections comparatives, afin de comprendre toutes les variations, aberrations, etc.; mais il ne doit pas aller jusqu'à des chiffres presque illimités.

Quoique l'exploration documentaire du pays exige une connaissance précise de la distribution géographique, il paraît inutile de garder définitivement tous les spécimens recueillis à cette intention. Après les avoir examinés avec soin, afin d'en retirer les formes présentant un intérêt morphologique, il convient, sinon de les détruire, du moins, tout au plus, de les garder sans leur faire subir des préparations coûteuses et encombrantes, et sans inscrire leur nom, la localité et la date de la capture. Il fut créé, du reste, des archives où chaque espèce belge possède son dossier, et renfermant, avec une carte géographique pointée, toutes les données intéressantes recueillies à leur sujet.

Collections congolaises.

2° Les collections générales offraient une lacune. Elles ne renfermaient pas ou presque pas d'Insectes africains et comptaient même très peu de formes venant du Congo belge. Cette absence rendait impossible la détermination des Insectes, toujours plus nombreux, rapportés par des amateurs ou des personnes désireuses d'étudier la faune de cette région.

Une question se posa alors : n'était-il pas indispensable de développer ces collections de la future colonie, au même titre que les collections de la faune nationale? Cette question fut résolue affirmativement, après examen, et cela pour les deux raisons suivantes :

a) Il était évident que tôt ou tard une section spéciale ou peut-être même un Musée spécial s'occuperait uniquement de cette faune, ce qui éviterait au Musée belge de trop étendre son programme, suffisamment vaste et compliqué. Il s'agissait donc simplement, en attendant la création de cette nouvelle institution, de réunir et de concentrer à Bruxelles les collections destinées, sans cela, à enrichir les musées étrangers;

b) Il s'attache une importance scientifique considérable à la possession des premiers exemplaires d'une faune encore inconnue, premiers exemplaires servant à la description de leurs caractères et constituant la base des travaux futurs, formant des *types scientifiques* auxquels il faut toujours avoir recours plus tard. Il fallait donc non seulement réunir ces collections, mais encore les faire étudier par les spécialistes le plus promptement possible, afin d'en faire acquérir les types, sinon définitivement au Musée, du moins au pays, à la science nationale.

Étiquettes de détermination.

3° Les Insectes déterminés étaient placés, jusqu'à maintenant, dans des caisses portant une seule étiquette en tête, avec le ou les noms des différents spécialistes qui en ont fait l'étude. Or, il était facile de constater que, outre les Insectes déterminés par ces spécialistes, les boîtes en contenaient bien d'autres. Des mains incompétentes avaient procédé à des intercalations, peut-être après des comparaisons hâtives, fausses et inexactes souvent. De ce fait, celles-ci perdaient la haute valeur scientifique acquise aux spécimens par le travail du spécialiste, et de par l'incertitude dans laquelle on se trouvait à retrouver les exemplaires étudiés.

Il fallut prendre la décision de faire réétudier toutes ces collections, et, cette fois, chaque exemplaire déterminé reçut, dès sa rentrée au Musée, une étiquette spéciale portant le nom du déterminateur, l'année de la détermination et, enfin, le nom donné à l'Insecte, et fixant ainsi, avec précision, le travail accompli.

Collections éthologiques.

4° En 1893, ce programme, déjà fort chargé, fut complété par la décision de reprendre les récoltes d'Insectes belges d'une manière raisonnée et d'y ajouter des recherches sur les mœurs et les conditions de vie, afin de former une collection éthologique de toutes les espèces indigènes. Une partie de cette collection devra être exposée dans les galeries, à l'usage du public.

Résumé du programme exécuté dans la Section des Articulés pendant la troisième période.

1° Détermination des spécimens achetés ou recueillis par des spécialistes, avec application, à chaque exemplaire, d'étiquettes de détermination;

2° Augmentation des collections d'Insectes belges. Restriction dans les récoltes d'Insectes étrangers et acquisitions limitées aux collections ayant une valeur scientifique ou nécessaires aux études monographiques;

3° Formation d'une collection spéciale provisoire d'Insectes du Congo;

4° Acquisition des récoltes de faunes comparatives pour l'étude de la faune du Congo;

5° Formation d'une collection éthologique belge.

Avant de développer dans un tableau les résultats obtenus, il paraît utile de donner un relevé succinct des accroissements les plus saillants survenus pendant cette période.

Achats.

En 1891, ma collection de Dytiscides et Gyrinides, comprenant environ 11,000 exemplaires, au prix de 700 francs, vient compléter la collection déjà riche en Hydrocanthares et renfermant notamment des types d'AUBÉ, de SHARP et de RÉGIMBART. J'en ai dressé un catalogue dans les « Annales de la Société entomologique de Belgique », tome XXXVI, 1892, page 469. Cette collection, étudiée et revisée par ces trois maîtres spécialistes, renfermait alors plus de 1,300 espèces, avec 299 types et cotypes.

1892 nous apporte la collection de *Scarabéides* et de *Longicornes* exotiques de LAFONTAINE, pour 250 francs, contenant beaucoup d'espèces anciennes devenues rares, et, en 1893, nous achetons la petite collection de Diptères du Limbourg hollandais et contrées voisines, principalement belges, recueillie par MAURISSEN, de Maestricht, 4,322 exemplaires pour 250 francs.

En 1895 se présente la première occasion d'acquérir non seulement un lot important d'Insectes du Congo, mais une véritable collection, déterminée et étudiée avec soin par J. DUVIVIER, renfermant 16,536 exemplaires. Le prix était de 1,900 francs, et cette collection fut suivie, en 1897, par les premières récoltes de WAELBROECK à Kinshassa, 12,057 exemplaires pour 1,000 francs. WAELBROECK chassait à la lumière, et ses récoltes journalières ont apporté le matériel de petits Insectes le plus considérable que l'on connaisse du Congo. Aussi les travaux faits sur ces récoltes et sur celles qui nous sont parvenues plus tard sont nombreux. Le chiffre d'espèces nouvelles découvertes par cet infatigable chasseur dépasse toutes les proportions connues. Nombre de ces Insectes portent son nom.

En 1899, le Musée a l'occasion d'acheter les collections de mon vénéré maître le Dr E. CANDÈZE, 39,261 exemplaires de choix pour le prix de 25,000 francs. Cette collection comprend environ 24,000 spécimens de *Lamellicornes*, *Lucanides* et *Longicornes*, 12,000 spécimens d'*Élatérides* en 3,400 espèces, et enfin des *Diptères* belges.

La collection d'*Élatérides* n'était pas entièrement celle qui avait servi à sa monographie, laquelle fut vendue à JANSON, de Londres, et se trouve actuellement au British Museum, car comme l'écrit CANDÈZE lui-même : « J'étais tellement fatigué, après dix ans de travail, des *Élatérides* que je n'avais, ce que je regrette aujourd'hui, qu'un désir modéré de me faire une collection de cette famille. » Cette première collection était composée surtout des doubles que CANDÈZE put prélever parmi les Insectes soumis à son travail; il n'en avait acheté lui-même que très peu d'exemplaires.

Le célèbre monographe ne put rester cependant longtemps sans former une nouvelle collection de ces Insectes, à cause des demandes continuelles de détermination qui s'adressaient à lui. Il racheta successivement les collections qui avaient servi de base à sa monographie et qui formèrent une partie de l'ensemble que nous avons acquis. Celui-ci fut complété ensuite par de nombreux achats de récoltes diverses et donna lieu à la publication des sept suppléments qui complètent sa première monographie.

Il put aussi acquérir successivement les collections de CASTEL-NAU, MNISZECH, REICHE, FAIRMAIRE, SEMPER, MONTSCHI-COW, et recevait de nombreux envois de BOUCARD, CLÉMENT, P. CARDON, DESBROCHERS, DEYROLLE, FRÜHSTORFER, GESTRO, HEYNE, JANSON, PLOEM, REITTER, ROSENFELD, SALLÉ, SIKORA, STAUDINGER, etc.

Mais la richesse des collections CANDÈZE réside surtout dans ses séries de *Scarabéides* et de ses *Longicornes*, les Insectes préférés de ce collectionneur, qu'il abandonna sur les instances de son maître LACORDAIRE, afin d'étudier les *Élatérides*, famille embrouillée qui exigeait, à cette époque, de la clarté en vue du grand travail qu'était le *Genera*, en pleine publication. Ces *Scarabéides* comprenaient 11,000 espèces et 24,000 spécimens environ, contenant des types précieux de Burmeister, Kraatz, Dohrn, van Lansberg, van Harold, Newman, Ritsema, Brenske, etc., réunis à force de patience, de travail et de dépenses d'argent, car Candèze n'hésitait pas de faire le voyage de Liége à Londres, moins commode et plus onéreux alors qu'actuellement, pour acquérir, au poids d'or, une espèce rare ou unique qu'on lui signalait dans une vente. A la fin de sa vie, il rechercha les *Diptères* belges et réunit une belle collection de ces Insectes des environs de Liége.

En 1909, nous acquérons la collection Lamarche, Lépidoptères du monde comprenant environ 5,000 exemplaires, la plupart en excellent état de conservation, pour le prix de 6,500 francs. C'était la part réservée à un mineur, les autres héritiers faisant don de leur part à l'État. M. Lamarche avait mis trente-trois ans et une véritable fortune (plus de 100,000 francs) à réunir les espèces les plus rares et les plus recherchées de son époque, de sorte que cette collection venait compléter avantageusement les collections de Lépidoptères fort pauvres du Musée.

La même année, nous achetons la collection Tosquinet, *Hyménoptères* du monde, mais riche en formes belges et contenant la plupart des types d'Ichneumonides qu'il avait créés dans ses travaux sur ces Insectes et provenant de contrées diverses. Déjà la monographie des formes asiatiques avait paru, et celle des formes africaines allait être terminée lorsqu'il mourut.

Ces collections, comprenant plus de 15,000 exemplaires, nous furent cédées au prix de 2,800 francs.

Enfin, en 1909, nous acquérons la petite mais intéressante collection de Papillons belges (4,400 exemplaires) de Haverkampf.

Dons.

Les dons ont été nombreux pendant cette époque. Dès 1891, nous recevons la collection Bouillon, Insectes belges (10,016 exemplaires) et la collection belge et exotique des Araignées de L. Becker (2,509 exemplaires).

L'année suivante, en 1892, J. van Volxem nous lègue sa collection de Coléoptères japonais (3,325 exemplaires), et, en 1893, les héritiers de Reiber, de Strasbourg, nous annoncent qu'ils sont chargés par leur parent défunt de remettre la belle collection d'Insectes et surtout de Coléoptères alsaciens et exotiques, comprenant 25,722 exemplaires, au Musée de Bruxelles, comme étant le milieu le plus apte et le mieux organisé pour faire profiter à la science et à tous les spécialistes le bénéfice des collections réunies par un auteur.

En 1901, M. LAMEERE nous offre sa collection de Longicornes (3,458 exemplaires) qui contient la plupart des types créés dans ses nombreux travaux.

C'est en 1904 que les héritiers SELYS offrent l'immense collection de Névroptères et Pseudonévroptères réunis, pendant soixante ans, par leur père, le baron EDM. DE SELYS LONGCHAMPS.

Cette collection comprend 45,742 exemplaires et renferme plus de 2,000 types de LATREILLE, RAMBUR, PICTET, DE SELYS, MAC LACHLAN, HAGEN, A. WHITE, MARTIN, FOERSTER, BRAUER, RIS, EATON, WESMAEL, KOLENATI, ALBARDA, BRUNNER VON WATTENWYL, FISCHER DE WALDHEIM, SERVILLE, FONSCOLOMBE, etc.; mais cette donation se fait sous condition, acceptée du reste par l'État, de laisser la collection entièrement à la disposition des collaborateurs désignés par la famille DE SELYS jusqu'à l'achèvement de l'œuvre entreprise d'après les volontés du père. Aucune altération dans le classement ou dans l'étiquetage des Insectes, hors les additions nécessaires de la main des collaborateurs eux-mêmes, chacun pour sa partie, ne peut être apportée à cette collection.

Celle-ci est en ce moment l'objet d'une étude approfondie et fait l'objet d'une grande publication portant le titre de *Catalogue Selys*, constituée d'une série de travaux monographiques dont dix-sept fascicules ont paru et qui ont pour auteurs MM. RIS, MARTIN, VAN DE WEELE, ULMER, FRAIPONT, ENDERLEIN. D'autres fascicules, préparés par MM. KLAPALEK, BURR, ROUSSEAU, FOERSTER, DESNEUX, sont sous presse ou en manuscrit, et dans quelques années, dès la fin de la publication du catalogue, la collection DE SELYS pourra prendre la forme définitive à laquelle elle a droit au milieu des autres richesses du Musée.

En 1906, les fils MERTENS nous remettent les collections de Coléoptères belges recueillis par leur père, 14,026 exemplaires. Enfin, en 1908, par l'entremise de M. CHAMPION, nous recevons 4,315 exemplaires (pour la plupart des cotypes) des Insectes du centre de l'Amérique, ayant servi aux travaux de la « Biologia Centrali-Americana ».

Exploration éthologique.

C'est le 19 novembre 1895 que la direction m'invita à m'occuper de la création d'une collection éthologique.

« L'état d'avancement, m'écrivait M. DUPONT, que vous me renseignez pour la mise en ordre de la collection entomologique générale me semble permettre de faire un nouveau pas dans l'ensemble des travaux que vous aurez vraisemblablement à aborder successivement. Il s'agit de la collection entomologique belge conçue dans le sens le plus étendu. Elle comprendrait non seulement les Insectes adultes, mais tous les états intermédiaires depuis l'œuf, et tous les produits de l'industrie de chaque espèce, susceptibles d'être recueillis. »

Après des recherches et excursions préliminaires qui me conduisirent à travers tout le pays, je pus fixer, en 1900, un programme d'exploration à poursuivre d'une manière régulière pendant de longues années. Voici ce que j'écrivis dans mon rapport au directeur du 25 août 1910 :

« L'étude des mœurs et la recherche des matériaux ne peuvent se faire que là où l'Insecte se trouve d'une manière habituelle et en grand nombre, c'est-à-dire dans son milieu de prédilection et normal, et le moyen d'étudier la plus grande quantité d'espèces à la fois de la manière la plus productive consiste alors dans l'installation de l'observateur avec son laboratoire de recherches au milieu des contrées fauniques les plus riches du pays.

» Cette installation doit avoir, sinon un caractère permanent, du moins une durée assez prolongée pour permettre une suite d'observations de plusieurs années, soit en plusieurs saisons consécutives, soit à des intervalles de quelques années.

» Il n'est pas nécessaire que les localités à explorer ainsi pendant de longues années soient très nombreuses en Belgique.

» Quelques centres fauniques bien choisis suffisent : pour la Campine : Calmpthout, Moll, Genck; pour la côte : La Panne et Knocke; pour la Flandre occidentale : les environs d'Ypres; pour la Flandre orientale : Selzaete ou Kieldrecht; pour le sud de la Belgique : Courtrai, Mons, Chimay; pour le centre : Bruxelles et environs; pour les plateaux de la Meuse : Herve; pour les massifs au delà de 500 mètres : Francorchamps et Nassogne, et enfin Bouillon et Torgny pour l'extrémité méridionale du pays.

» Ces points n'ont pas été choisis au hasard. Ils sont le résultat des recherches entreprises par beaucoup d'entomologistes belges et de mes excursions des années précédentes. »

Ce programme fut adopté, et je reçus l'autorisation de disposer de cent jours par an pour faire telle excursion ou recherche que je jugerais nécessaire, autorisation qui fut portée ensuite à cent vingt-cinq jours.

Tableaux numériques.

Nous allons maintenant montrer en une série de tableaux les résultats obtenus pendant cette troisième période :

Accroissement des collections pendant les années 1891 à 1910
(3ᵉ période).

ANNÉES.	DONS.	ACHATS.		ÉCHANGE	EXPLORATION ÉTHOLOGIQUE de la Belgique.		
	Nombre d'exemplaires.	Nombre d'exemplaires.	Prix en francs.	Nombre d'exemplaires.	Nombre d'exemplaires.	Nombre de pièces éthologiques.	Frais d'exploration. — En francs.
1891. . .	12,880	11,780	1.203 20	3,524	—	—	—
1892. .	5 579	11,174	1.886 75	4,651	—	—	—
1893. . .	33,488	12.180	1,696 »	2,218	—	—	—
1894. . .	1,853	17.474	3 110 »	344	—	—	—
1895. . .	2.748	24,562	4,720 »	236	—	—	—
1896. . .	1.161	7,373	1,955 »	1,182	3,650	342	595 08
1897. . .	14,849	19,983	4 457 50	—	1.117	86	338 13
r898. . .	67	28.707	1,865 »	—	487	32	260 95
1899. . .	6.490	52,480	28,455 50	2,220	4,160	610	1.357 81
1900. . .	661	5,493	1.502 50	—	4,250	820	1,528 05
1901. . .	7,186	11.615	1,·85 »	—	2.530	280	1,428 92
1902. . .	9,090	2,803	1,804 75	—	8,324	940	1 445 58
1903. . .	/	3.181	1,268 25	113	1 203	386	1.312 49
1904. . .	46,600	373	95 »	26	5.500	240	1,187 04
1905. . .	211	989	354 25	—	1.258	146	590 28
1906. . .	14.026	42.576	11,170 »	—	1,218	186	691 75
1907. . .	1,196	692	150 »	—	168	18	136 43
1908. . .	5,794	137	50 »	—	215	7	158 »
1909. . .	345	7,207	2,268 75		1.256	128	1 077 65
1910. . .	74	3,776	731 »	—	4,197	415	1 685 37
TOTAUX.	164,305	264,555	70,628 45	14,544	39,533	4,636	13,794 53

Il est intéressant de relever en particulier les nombres d'Insectes provenant du Congo.

Cette collection se développant rapidement, il y eut bientôt utilité d'isoler les formes africaines des Insectes de la collection générale et de constituer un ensemble qui, du moins provisoirement, pourrait rendre des services rapides pour la comparaison et l'étude des nombreux matériaux rapportés journellement pour ainsi dire. Cet ensemble reçut la dénomination de *Collection congolaise.*

Comme nous ne possédons pas de collections géographiques, il était évident que cette unité faunique ne pourrait être que provisoire et devait disparaître avec la cause qui l'avait fait créer. Depuis 1908, le Musée du Congo, à Tervueren, réunissant uniquement la faune du Congo, il n'y avait plus lieu de continuer à réunir plus ou moins spécialement cette faune.

Le tableau suivant, qui indique annuellement le nombre d'Insectes recueillis, le plus souvent par des agents de l'État ou des personnes désireuses de rapporter des choses curieuses, ainsi que les prix payés pour ces achats, montre également le petit nombre de spécimens déterminés que nous avons trouvés parfois dans certaines collections.

En 1897, 1898, 1906, les chiffres d'entrée sont particulièrement forts, à cause des récoltes faites par M. WAELBROECK, notamment à Kinshassa. Ces récoltes constitueront pour longtemps encore l'apport le plus considérable que nous aurons reçu de la Colonie.

Développement de la collection congolaise.
Acquisitions annuelles.

ANNÉES.	NOMBRE de spécimens non déterminés.	NOMBRE de spécimens déterminés.	SOMMES PAYÉES. — En francs.
1891	2,364	—	140 20
1892	1.447	—	375 »
1893	4.295	5	537 »
1894	4.045	122	250 »
1895	9,130	—	2.035 »
1896	2 719	239	1,345 »
1897	17,609	95	4.301 50
1898	15,598	—	1,735 »
1899	11.217	724	2.373 50
1900	1.080	162	250 »
1901	11.507	—	1,735 »
1902	2.488	—	1.226 75
1903	2.386	—	830 »
1904	573	—	85 »
1905	1,231	—	306 25
1906	20 575	—	1.840 »
1907	804	—	150 »
TOTAUX. . .	107.863	1,295	19,815 20

Soit une moyenne annuelle de 6.345 spécimens et une dépense de fr. 1,165.60.

État actuel des collections du Musée de Bruxelles

Après avoir exposé jusque maintenant comment les collections se sont formées depuis 1846 jusqu'à 1910, il nous semble utile de faire un tableau complet de l'état actuel de ces collections.

Résultat des accroissements.

Le résultat des accroissements des collections de 1846 à 1910, au moyen de dons, achats, échanges et explorations, donne les totaux suivants :

1re période : 336 caisses. Nous évaluons leur contenu à   18,000 exemplaires.

2e période : Dons	167,643		
Achats	529.538		
Échange	59,127		
Exploration	86 512		
		842,820	

3e période : Dons	164.305		
Achats	264.555		
Échange	14,544		
Exploration	39,533		
		482.937	

Soit un total de . . . 1 325,757 exemplaires.

Sur ce nombre, plus d'un million, exactement 1,108,522 Insectes, n'avaient reçu au moment de leur acquisition aucune détermination, et, sur le restant, plus de 150,000 devaient être revisés avant d'être considérés comme ayant reçu une détermination exacte.

Détermination par spécialistes.

Le Musée de Bruxelles (1) fut probablement une des premières institutions qui considéra comme indispensable pour l'étude l'envoi de ses collections au dehors, et cela non seulement aux spécialistes désireux de faire des études monographiques, mais en prenant les devants et faisant des propositions à celui qu'il croyait capable d'étudier ses richesses. Il se trouvait, du reste, dès le début dans la situation des musées qui ne possèdent pas de revenus suffisants pour s'attacher une armée de savants spécialistes pour chaque partie de ses collections; d'autre part, le nombre d'entomologistes indigènes, capables de travailler comme collaborateurs spécialistes à l'étude des collections, était fort restreint et ne pouvait en tout cas suffire pour leur ensemble, dont la masse devenait de jour en jour plus imposante (2).

Il est devenu indiscutable, à notre époque, que le seul moyen à employer pour l'étude des collections d'un musée réside dans l'appel temporaire aux spécialistes. Attacher ceux-ci à titre définitif conduirait à réunir plus de deux cents *fonctionnaires*, rien que pour l'entomologie.

Ces spécialistes, dont un musée doit chercher la collaboration, peuvent être divisés en trois catégories :

1° Les pécialiste indigène, résidant à proximité du musée parfois et qui vient y travailler. Il faut l'aider dans son travail, soit par

---

(1) J'emploie le terme *Musée de Bruxelles* au lieu de Musée royal d'Histoire naturelle de Belgique, parce que ce terme est usité communément à l'étranger. Du reste, nous-mêmes parlons avec autant d'incorrection du Museum de Paris, de Londres, de Berlin, de Vienne, etc.

(2) Le relevé approximatif des entomologistes par rapport à la population de divers pays est le suivant : *Allemagne,* 2,200 entomologistes pour 57 millions d'habitants, soit 38.5 pour 1 million; *France,* 1 000 entomologistes pour 40 millions d'habitants, soit 25 pour 1 million ; *Grande-Bretagne,* 1.300 entomologistes pour 42 millions d'habitants soit 32.5 pour 1 million; *Belgique,* 200 entomologistes pour 7,200,000 habitants, soit 28 pour 1 million.

Ces proportions se suivent d'assez près, et celle de la Belgique n'est guère inférieure aux autres.

l'acquisition d'espèces ou même de collections qu'il considère nécessaires pour développer celles du musée, soit en empruntant les espèces rares ou les types à d'autres collections, officielles ou privées, nécessaires à ses études monographiques.

Il faut mettre à sa disposition tous les outils que nécessite son travail et tous les livres qu'il désire consulter;

2° Le spécialiste en faunes géographiques. Ils deviennent de plus en plus répandus, car beaucoup d'entomologistes se confinent dans l'étude des Insectes ou d'une partie des Insectes de leur pays. Il y en a ainsi en Australie, au Cap, aux États-Unis, etc.;

3° Enfin, le spécialiste en un groupe d'Insectes, parfois restreint, mais embrassant les espèces du monde entier et demeurant à l'étranger.

Les deux dernières catégories résident souvent à des distances considérables du musée, ce qui suscite parfois des appréhensions pour les Insectes à envoyer au loin. De plus, — conséquence de ces appréhensions, — le règlement de presque tous les musées s'oppose au prêt des types des espèces rares ou fragiles, etc., ce qui a pour résultat de diminuer, dans une forte mesure, la possibilité d'un travail complet et sérieux. Ces craintes sont puériles et sont dignes des temps où les transports se faisaient par diligences ou par voiliers. Nous avons expédié, en quarante ans, plus de 700,000 exemplaires, rares, fragiles, types, cotypes, etc., sans subir JAMAIS AUCUNE PERTE. Il est vrai que nos expéditions sont faites avec les plus grands soins, entourées de toutes les précautions possibles et, disons-le en passant, dans des conditions très supérieures à celles dans lesquelles se font parfois les expéditions hâtives, négligées et réellement coupables de certaines institutions ou de certains collectionneurs. De plus, les nôtres ne sont jamais faites à des époques d'encombrement ou de difficultés dans le service des chemins de fer, par exemple pendant les périodes de Noël, de Nouvel An, des grèves, etc.

Dans ces conditions, les chances de perte résultant des envois sont en fait très minimes.

Il en est d'autres, hélas, auxquelles les collections d'une grande institution n'échappent guère. Il faut bien le dire, les renseignements sur la valeur morale et scientifique de certains entomologistes se disant spécialistes ne sont pas toujours très sûrs.

Il en est qui n'ont du spécialiste que le désir de le devenir et qui, prenant leurs désirs pour des réalités, aspirent à manier de grandes séries d'Insectes d'un même groupe pour acquérir les connaissances nécessaires à la confection d'une monographie. Ils peuvent être de bonne foi et réussir dans leurs efforts, mais ce n'est pas sans péril qu'une collection précieuse passerait, au début, par leurs mains. D'autres, malheureusement, sont de moins bonne foi... Il n'y a pas lieu d'insister davantage sur certains défauts, certains manques de délicatesse bien connus de ceux qui ont charge d'une grande collection d'Insectes.

Si le souci d'un bon emballage pour les expéditions est sérieux, celui du choix des spécialistes l'est bien davantage. Mais une fois que le vrai et parfait spécialiste est trouvé, il faut le traiter avec une entière confiance et lui ouvrir toutes grandes les portes de la collection. Il deviendra alors un véritable collaborateur, disposé à étudier et à reviser autant de fois que cela sera désirable toutes les parties des collections qui entrent dans le cycle de ses connaissances.

On ne se contentera pas de lui envoyer périodiquement les arrivages d'Insectes indéterminés : toute la collection doit pouvoir passer par ses mains, exemplaire par exemplaire, déterminés ou non, rares ou communs, types ou simples rebuts. Il y trouvera de son côté des avantages et s'attachera à cette collection comme à la sienne, car il sait qu'elle sera toujours à sa disposition, et, s'il se présente des espèces nouvelles représentées par un exemplaire unique, il n'hésitera pas à les décrire et à les renvoyer, parce qu'il sait que, même à l'état de type unique, ils resteront à sa disposition pour ses études ultérieures.

C'est en considérant le spécialiste comme un aide et un ami et non point comme un ennemi indispensable que l'on parvient à augmenter sérieusement la valeur scientifique des collections d'un musée.

Le tableau suivant montre que le système de la collaboration a été établi, depuis bien des années, au Musée de Bruxelles et qu'il y a fleuri longtemps et régulièrement.

Nombre d'Insectes envoyés annuellement aux spécialistes.

2° période.			3° période.		
ANNÉES.	Nombre d'exemplaires.	Nombre de spécialistes.	ANNÉES.	Nombre d'exemplaires.	Nombre de spécialistes.
1870	6.174	9	1891. . . .	19.435	29
1871 . . .	3 742	12	1892	14 035	21
1872	8.978	18	1893. . . .	21.971	29
1873 . . .	9,454	16	1894. . . .	26,666	29
1874	30 765	26	1895. . . .	7,915	21
1875	14.835	29	1896 . . .	13,318	24
1876	20,133	27	1897. . .	17,439	29
1877	43 642	47	1898. . . .	10,724	37
1878	15.554	39	1899. . . .	13,334	26
1879	13,450	21	1900. . . .	14.298	36
1880	11 420	19	1901. . . .	16 793	32
1881 . . .	15 430	27	1902. . . .	14,411	29
1882	18.121	20	1903. . .	12,254	27
1883 . . .	14.350	24	1904. . . .	21 350	44
1884	34,129	26	1905. . . .	14,516	23
1885	16 251	25	1906. . . .	14,510	23
1886	7,358	18	1907. . . .	30,062	60
1887	5 901	16	1908. . . .	50,115	43
1888 . . .	9.687	24	1909. . . .	17,116	34
1889	9.046	17	1910. . . .	15.432	28
1890	8.227	7			
			Total . . .	365,694	
Total . .	316.647				

Soit un total de 682.341 Insectes en quarante ans, déterminés par 256 spécialistes différents. Pour la 2° période, les spécialistes sont au nombre de 123, tandis que ce chiffre s'élève à 200 pour la 3° période.

Ce sont : MM. Abeille de Perrin, Albers, Allard, Alluaud, André, Arrow, Aurivillius, Ball, Baly, Barbiche, Bastelberger, Bates, Baudi de Selve, Beauregard, L. Becker, Th. Becker, Bedel, Behrens, Belon, Bergé, Bergroth, Bezzi, Biró, Blandford, Boileau, Boisduval, Bolivar, Bondroit, Bonnier, de Bonvouloir, Borchman, de Bormans, Bourgeois, Bovie, Brenske, Breyer, Brunner von Wattenwyl, Buchanan White, Burr, E. Candèze, L. Candèze, Capronnier, Carter, Champion, Chapuis, Chevrolat, Chobaut, Clavareau, Clouet des Perruche, Coubeaux, E. Coucke, L. Coucke, de Crombrugghe de Picquendaele, Crotch, De Fré, De Jonck, Desbrochers des Loges, Desneux, Distant, C.-A. Dohrn, Dollfus, Dours, Du Buysson, D'Orchymont, Dupuis, Duvivier, Eaton, Eichhoff, Emery, Enderlein, Escherich, Everts, Fairmaire, Faust, Fauvel, Fleutiaux, Finot, F. Förster, Forel, Fowler, Friese, Frühstorfer, Ganglbauer, Gebien, Gedoelst, Gehin, Gérard, Gestro, Giard, Gillet, Gobert, Gorham, Gribodo, Griffini, Grouvelle, Guilleaume, Guilliaume, Haag-Rutenberg, Hagedorn, Haglund, Handlirsch, Haverkampf, Heller, Herman, Heylaerts, Holdhaus, W. Horn, Horváth, Huyghens, Jacobs, Jacoby, A. Janet, Edw. Janson, Jordan, Kerremans, Kirkaldy, Klapálek, Kohl, Kolbe, Kraatz, Kräpelin, Konow, Kuwert, Lacordaire, Lallemand, Lallemant, Lambillion, Lameere, de Lapouge, Latzel, Lea, Leesberg, Ledrou, Lefèvre, Lesne, Lethierry, Leveillé, Lewis, Mabille, Mac Lachlan, Maessen, Maindron, Magretti, de Man, Martin, de Marseuil, G. Marshall, Rev. T. A Marshall, Matthews, Mélichar, Mélise, de Meyère, Miedel, Mocsáry, P. de Moffarts, Montandon, Moser, Neumann, Newstead, Nobili, R. Oberthür, Ohaus, Ogier de Baulny, E. Olivier, Oor, Pascoe, Péringuey, Pic, Piochard de la Brûlerie, Plateau, Poppius, Potel, Power, Preudhomme de Borre, Puls, Puton, Putzeys, Quadvlieg, Raffray, Ragonot, Régimbart, Reitter, O.-M. Reuter, Richardson, Ris, Ritsema, Robbe, Roeschke, W. Roelofs, P. Roelofs, Rousseau, Rübsaamen, de Saulcy, de Saussure, Sauveur, Seeldrayers, Seidlitz, Seitz, de Selys Longchamps,

Semper, Sénac, Senna, Schaufuss, Schenkling, Schlet-
terer, A. Schmidt, E. Schmidt, Schmiedeknecht, Schoen-
feldt, Schouteden, Schulze, Schultz, O. Schwarz,
Sharp, Shelford, G. Severin, Sicard, Signoret, Silvestri,
E. Simon, Sjöstedt, Snellen van Vollenhoven, Solari,
Spaeth, Stadelman, Stål, Staudinger, Stein, Sternberg,
Stierlin, Strand, Strohmeyer, Surcouf, Tappes, Tenn-
stedt, Thomas, Tosquinet, Tournier, Tschitscherine,
Ulmer, Vachal, Van den Branden, Van der Wulp, Van de
Weele, Van Lansberge, Van Segvelt, Van Volxem,
von Harold, von Heyden, von Kiesenwetter, von
Porath, von Stein, Wagner, Walter, Wasmann, Wal-
singham, Weinman, Weise, Werner, Wesmael, Weyers,
Wheeler, Willem.

Cette liste fort belle renferme le nom de presque tous les spécialistes qui ont publié des travaux pendant les derniers quarante ans.
La plupart d'entre eux ont décrit des espèces nouvelles, parfois des
collections entières du Musée de Bruxelles, de sorte que nous
possédons de nombreux types et cotypes de ces auteurs. De par ce
fait, peu de collections ont pu, au même titre que celles de notre
Musée, contribuer d'une manière aussi intense au progrès des
connaissances scientifiques en entomologie. Mais pour la rendre
complète, il faudrait ajouter à tous ces spécialistes qui ont directement travaillé sur nos collections, ceux qui avaient travaillé
antérieurement les collections, appartenant à des spécialistes, que
nous avons acquises successivement, telles les collections Roelofs,
Chapuis, Candèze, de Selys, etc., etc. Chose impossible, et
nous nous contentons d'en citer un certain nombre parmi les plus
connus :

Albarda, Attems, Aubé, Bakewell, C. Berg, Black-
burn, E. Blanchard, Boheman, Boieldieu, Brancsik,
Brauer, Brisout de Barneville, Burmeister, L. Buquet,
Cambridge, Capiomont, Casey, Chaudoir, Chyzer, Clark,
Cotes, Cresson, Curtiss, Depuiset, Dieck, Drapiez, L.
Dufour, Dugès, Ehlers, Erichson, Escalera, Fabricius,
Fåhraeus, de la Ferté-Senectère, A. Fry, Gadeau de
Kerville, Gazagnaire, Gebler, Gemminger, Gerstäcker,
M. Girard, Graëlls, Guerin-Méneville, Hampe, von
Hagen, van Hasselt, E. Higgins, Hope, Horn, Jacquelin
du Val, O. Janson, Jekel, Karsch, Keyserling, Kiesen-

WETTER, TH. KIRSCH, KLUG, KOLENATI, KULZYNSKI, LABOUL-
BÈNE, LATREILLE, LECONTE, LEDERER, LEITHNER, LENZ, DE
LÉSÉLEUC, LETZNER, H. LUCAS, MAC LEAY, MÄKLIN, DE
MATHAN, MAYR, MEINERT, MELLIÉ, MIALL, MNISZECH, MO-
RISSON, MORS, MORSBACH, MOTSCHULSKY, NEES AB ESEM-
BECK, NICKERL, NIETNER, D'ORBIGNY, OSTEN-SACKEN, PALI-
SOT DE BEAUVOIS, PANDELLÉ, A. PARYS, PAULINO D'OLIVEIRA,
J. PEREZ, PERRIS, PERROUD, PETERS, PFEIL, PICTET, PIPITZ,
PLASON, PRELL, QUEDENFELD, RAMBUR, RATZEBURG, RED-
TENBACHER, REICHE, W. ROTSCHILD, RÜHL, SAHLBERG,
SALLÉ, SAY, EDW. SAUNDERS, W.-W. SAUNDERS, SCHAUM,
SCHÖNHEER, SCUDDER, SNELLEN VAN VOLLENHOVEN, SOLIER,
SOLSKY, STAINTON, STEINHEIL, STEPHENS, SUFFRIAN, THOMAS,
THORELL, THOREY, VANDERLINDEN, VERHOEFF, WALKER,
WALLACE, WATERHOUSE, WENCKE, WESTWOOD, A. WHITE,
WIEDEMANN, WOLLASTON.

Nous allons faire voir maintenant les résultats obtenus par ce
travail intense de détermination poursuivi méthodiquement, en
donnant en une série de tableaux l'importance actuelle des collections du Musée de Bruxelles en espèces, variétés, types et cotypes,
ainsi que le nombre d'exemplaires. À cet effet, nous représenterons
les collections d'après les divisions indiquées dans les pages précédentes en commençant par la :

Collection belge.

	Espèces.	Variétés.	Types et cotypes.	Exem- plaires.
1. Lépidoptères. . .	1.557	401	—	12,025
2. Coléoptères . . .	2,901	428	2	24,534
3. Hyménoptères . .	857	84	—	8.373
4. Diptères	1,024	12	1	7.737
5. Hémiptères . . .	589	37	—	4,017
6. Orthoptères . . .	63	6	—	671
7. Névroptères et Ar- chiptères . . .	254	10	—	1,132
TOTAUX. . .	**7,245**	**978**	**3**	**58,489**

Ce relevé comprend les Insectes de la collection belge *déter-*

minés et placés dans les caisses définitives. Faute de place, ce classement n'est pas terminé, et il reste à intercaler des collections déjà étudiées, notamment pour les Hyménoptères, Diptères et Hémiptères, et, d'autre part, d'importants suppléments sont à revoir ou à déterminer; en voici la liste dans son état actuel :

	Espèces.	Variétés.	Exemplaires.
1. *Lépidoptères :*			
Collection WEINMANN avec environ	50	—	130
2. *Coléoptères :*			
Collection MERTENS avec environ .	2,008	—	14,141
— BOUILLON —	1,997	149	8,803
— SAUVEUR (Chrysomélides) avec environ .	369	2	9.432
3. *Hyménoptères :*			
Collection BOUILLON avec environ .	177	13	451
— WESMAEL (Ichneumonides à reviser) avec environ . . .	—	—	21,024
TOSQUINET (Hyménoptères à reviser) avec environ. . . .	—	—	39,991
4. *Diptères :*			
Collection BOUILLON avec environ .	100	2	238
Hémiptères :			
Collection BOUILLON avec environ .	193	5	695
— WESMAEL —	187	3	631
TOTAUX . . .	5,081	174	95,536

On remarque le fait assez étrange que la collection WESMAEL (*Ichneumonides*) et la collection TOSQUINET (*Hyménoptères* du pays) comprennent plus de 60,000 exemplaires non déterminés. Ce nombre influe puissamment sur les proportions de l'ensemble des formes que possède le Musée, proportions qui paraissent relativement fortes, étant donné notre système de collaboration intense exposé précédemment.

La présence de cette masse d'indéterminés s'explique très naturellement :

WESMAEL comme TOSQUINET se sont trouvés devant un vaste champ en friche. Les Hyménoptères de toute taille et surtout les Micro-hyménoptères de la Belgique étaient complètement inconnus, et il n'existait, pour les guider dans leur étude, aucun travail basé sur des faunes avoisinantes et similaires.

Ils durent récolter et faire récolter des matériaux en très grand nombre. Ils examinaient ces matériaux au fur et à mesure des besoins de leurs études, laissant en arrière les formes qui ne rentraient pas dans le cadre du travail entrepris pour le moment. Ces chasses étaient donc examinées et réexaminées de temps en temps, et il est vraisemblable que la plupart des espèces sont représentées dans les collections déterminées qu'ils nous ont laissées. Néanmoins ces chasses, faites avec le soin qui caractérisait ces entomologistes, peuvent renfermer encore bien des exemplaires rares et précieux, voire même des espèces nouvelles, car l'étude de ces Insectes s'est développée, précisée et élargie, et, en attendant que de nouveaux spécialistes aient eu le temps et la patience de reviser une dernière fois ces imposantes masses, il est de notre devoir de les conserver et surtout de les inscrire parmi les collections à déterminer, quoique en réalité elles méritent une place à part.

Collection belge éthologique.

A. — Partie terminée et définitivement installée.

	Espèces.	Exemplaires.	Pièces éthologiques.	Dessins.	Caisses exposées.
1. Lépidoptères . .	776	2 321	162	761	200
2. Coléoptères.	721	1,377	102	199	68
3. Hyménoptères .	28	62	56	139	32
4. Arachnides . . .	1	1	68	325	80

B. — Partie en préparation.

	Espèces.	Exemplaires.	Pièces éthologiques.	Dessins.	Caisses exposées.
1. Lépidoptères . .	150	359	147	90	152
2. Coléoptères. . .	222	544	390	37	204
3. Hyménoptères. .	—	—	204	29	104
4. Diptères. . . .	—	—	259	17	136
5. Hémiptères. . .	—	—	181	97	80
6. Névroptères et Archiptères. . .	53	85	54	17	64
7. Arachnides. . .	—	—	289	630	96
TOTAUX. .	1,951	4 749	1,912	2,341	1,216

La collection d'exposition, entièrement terminée, comprendra environ 16,500 espèces en 1,216 caisses avec 30,000 à 35,000 exemplaires, plus 3,500 pièces éthologiques et de 5,000 à 6,000 dessins ou figures noires et coloriées, et exigera de 4,000 à 5,000 notes explicatives.

De plus, l'espace est prévu pour la collection éthologique réservée à l'étude, permettant l'installation de 3,600 caisses avec matériaux.

Cette dernière partie de la collection éthologique complétera, avec la collection belge citée précédemment, l'exécution du programme national de notre Section d'entomologie. Alors que la collection belge contiendra toutes les espèces, variétés de toutes sortes, observations, etc., en nombreuses séries représentant les régions fauniques diverses de la Belgique, la collection éthologique comprendra, à côté de la partie exposée au public, de grandes séries de pièces représentant les mœurs et les industries de toutes ces espèces, variétés, etc.

Il faut ajouter que ces deux séries de collections sont complétées par une série de dossiers, un par espèce, renfermant toutes les données géographiques, éthologiques et observations quelconques recueillies par tous ceux qui s'adonnent sérieusement à former des collections d'Insectes belges.

Nous arrivons maintenant aux collections comprenant les Insectes étrangers à la Belgique :

Collection générale (y compris la faune congolaise).

	Espèces.	Variétés.	Types et cotypes.	Exemplaires.
1. Lépidoptères . . .	11,332	855	82	45.947
2. Coléoptères . . .	53 235	2,418	8,796	279,270
3. Hyménoptères . . .	4,342	342	183	28,296
4. Diptères	1,367	—	11	8,023
5. Hémiptères	5,808	150	581	32.436
6. Orthoptères	1,500	30	179	8,006
7. Névroptères et Archiptères.	406	18	3	2,636
Totaux . . .	77.990	3,813	9,835	404.614

A cet ensemble, renfermé dans 5,676 caisses, il faut ajouter les collections suivantes :

1. *Coléoptères :*	Espèces.	Variétés.	Types et cotypes.	Exemplaires.
Collection Putzeys . . .	2,935	9	355	20,802
— Candèze . . .	3,839	52	2,131	13,464
2. *Orthoptères :*				
Collection Selys	178	6	2	1,952
3. *Névroptères et Archiptères :*				
Collection Selys	3,088	119	1,203	36,270
Totaux . . .	10,040	186	3 691	72,488

Les Insectes à l'étude chez des spécialistes sont au nombre de :

	Espèces.	Variétés.	Types et cotypes.	Exemplaires.
1. Lépidoptères . . .	—	—	—	1,323
2. Coléoptères	1,542	—	31	29,590
3. Hyménoptères . . .	155	—	1	3,250
4. Diptères.	—	—	—	1,069
5. Hémiptères. . . .	—	—	—	3,161
6. Orthoptères . . .	—	—	—	947
7. Névroptères et Archiptères	—	—	—	2,449
Totaux . . .	1,697	—	32	41,789

Enfin, il reste à étudier ou à reviser par des spécialistes :

1. Lépidoptères	88 caisses avec	10.810 exemplaires.
2. Coléoptères	177 caisses avec	66,764 —
3. Hyménoptères. . . .	83 caisses avec	19,555 —
4. Diptères.	72 caisses avec	21,920 —
5. Hémiptères.	39 caisses avec	11,766 —
6. Orthoptères	47 caisses avec	5,056 —
7. Névroptères et Archiptères.	11 caisses avec	1,092 —
Totaux . . .	517 caisses avec	136,963 exemplaires.

Ici encore le chiffre d'Insectes à déterminer est relativement élevé pour un musée qui possède tant de collaborateurs, et nous devons encore, pour la vérité, donner une explication à ce propos.

En premier lieu, beaucoup d'exemplaires ont déjà reçu une première détermination, et le nombre de formes sans aucun nom est relativement petit. Néanmoins, la détermination pour beaucoup n'est pas suffisamment établie pour ne pas exiger une revision. Il y a toutefois de nombreuses séries bien étudiées, mais que nous devons maintenir dans les séries des suppléments faute de place pour les intercaler dans les collections définitives. D'autre part, le travail de détermination a dû être ralenti depuis quelques années, l'espace pour le maniement et la préparation des formes à envoyer aux spécialistes, et le placement à leur retour faisant défaut. En un mot, le Musée de Bruxelles, comme tant d'autres, souffre de l'éternel facteur qui arrête tant de développements et travaux sérieux, le manque de place et le manque de caisses, le tout résultant d'un manque d'argent provenant d'un manque d'intérêt des gouvernants pour les choses scientifiques. Le véritable mal mondial.

L'ensemble des collections générales donne, en exceptant les suppléments à déterminer et ceux qui restent à étudier :

88,090 espèces, **3,999** *variétés,* **13,526** *types et cotypes,* **487,102** *spécimens.*

Chiffres totaux.

Nous avons donc :

Insectes belges :	Collection systématique. . . exempl.		58.489
	Suppléments à étudier . . .	—	95 536
	Collection éthologique . . .	—	4,749
			158,774
Insectes non belges :	Collection générale . . . . . exempl.		404,614
	Suppléments à intercaler . .	—	72.488
	Suppléments à l'étude . .	—	41,789
	Suppléments étudiés et à étudier	—	136,963
			655,854
	Total des exemplaires . .		824,628

A ce chiffre il faut ajouter ceux des collections de Crustacés, Myriapodes, Araignées, Insectes et larves d'Insectes dans l'alcool, dont il faut estimer le nombre à environ 80,000 exemplaires.

L'écart entre le nombre d'Arthropodes entrés au Musée depuis

1896, soit plus de 1,300,000 exemplaires, et celui de nos collections actuelles, soit 900,000 environ, constitue la part des rebuts, doubles ou sans valeur, qui ont dû être écartés pour éviter des accumulations inutiles et dangereuses pour l'ordre et la conservation. Il faut donc toujours considérer l'inventaire d'entrée, pour des masses semblables, comme un inventaire provisoire, corrigé pour l'inventaire définitif comprenant les collections étudiées.

Considérations générales.

Ainsi que M. le Prof^r GILSON, directeur du Musée, l'expliquait dans son discours de réception, le programme fondamental du Musée de Bruxelles est l'*exploration de la Belgique*.

Ce programme est exécuté d'une manière stricte et continue dans toutes les sections qui constituent l'ensemble du Musée, de sorte que les riches collections belges proviennent uniquement d'une exploration méthodique. Toutefois, il est indispensable à l'étude des matériaux d'une région de posseder des objets d'autres pays à titre comparatif, de même qu'il faut souvent des livres nombreux pour étudier complètement les matériaux recueillis. Ces collections comparatives, comme les livres, sont installées dans des salles spéciales qui n'ont rien à voir avec le Musée belge.

En ce qui concerne l'entomologie, le principe de la nécessité des collections de comparaison dut recevoir une application plus étendue que dans les autres départements du Musée.

Cela tient à plusieurs causes : les besoins tout particuliers de l'étude du groupe immense des Arthropodes et certaines circonstances spéciales propres à la Belgique comptent parmi les prinpales.

Tout d'abord cet embranchement comprend un nombre colossal d'espèces, dépassant, à lui seul, celui de tout le reste du monde organisé; il est naturel que son étude nécessite aussi des collections comparatives plus étendues.

Mais, en outre, l'étude des Insectes de Belgique réclamait impérieusement la revision complète de bien des groupes insuffisamment fouillés, et une révision ne se fait pas en portant exclusivement sur les formes d'une région : il faut que l'ensemble du groupe soit révisé, et c'est seulement lorsque ce travail général est fait qu'il devient possible d'identifier avec certitude les formes d'une région donnée et de les différencier d'espèces très voisines. Or, pour exécuter ce travail, il fallut se procurer des séries étrangères considérables qui bientôt formèrent un ensemble imposant.

Ce n'est pas tout. Il n'était pas possible, dans l'acquisition des collections, par dons ou par achats, de faire la part de ce qui était nécessaire à l'étude comparative des formes, ou plutôt des groupes de notre faune. Il fallait prendre tout ce que renfermaient les collections offertes en dons ou mises en vente, et souvent elles contenaient des trésors extrêmement précieux en fait de types ou de formes rares.

Ces matériaux de valeur étant acquis, on ne pouvait les laisser à l'abandon. Il fallait aussi les mettre en valeur, c'est-à-dire en faire faire l'analyse par des spécialistes, et ceux-ci, à leur tour, réclamaient le complétement de leurs séries pour les besoins de leurs études.

Bref, les nécessités toutes spéciales du groupe des Arthropodes conduisirent la direction du Musée à laisser prendre à la collection entomologique un caractère général, et, chose remarquable, elle put agir ainsi sans encourir le reproche de s'être écartée de son programme, parce que sous le rapport du nombre des espèces le groupe des Arthropodes occupe dans la nature une position unique et que les nécessités du programme lui en donnent une toute spéciale dans l'économie du Musée. La collection comparative d'entomologie, pour jouer efficacement un rôle dans l'ensemble scientifique si remarquable du Musée de Bruxelles, doit être une collection d'un caractère général.

On voit donc que la position particulière qu'occupe cette collection dans le système général de l'institution ne constitue qu'une exception apparente et non pas un écart arbitraire du programme; aucun autre embranchement n'est comparable aux Arthropodes au point de vue des nécessités de l'étude comparative.

Ajoutons que d'autres considérations encore l'ont conduite, secondairement, à donner au développement de la Section d'entomologie une allure particulière. Elles sont expliquées dans un rapport adressé au Ministre par M. Dupont, le 22 septembre 1898, à l'occasion d'une demande de crédit extraordinaire pour l'achat de la collection CANDÈZE :

« Il est peu connu en Belgique que nous possédons une École entomologique depuis plus de quatre-vingts ans, qu'elle n'a cessé de fournir des travaux faisant autorité dans la science et tenant même une place éminente dans son développement. WESMAEL,

M. DE SELYS LONGCHAMPS, LACORDAIRE et ses deux disciples, CANDÈZE et CHAPUIS, PUTZEYS, le Dr TOSQUINET et une pléiade d'entomologistes groupés autour de la Société entomologique, fondée en 1855, ont fait intervenir activement notre patrie dans l'étude de cette partie du règne animal.

» Cette situation, constatée par le Musée en 1868, lui fit adopter un programme spécial dérogeant de ses principes pour les autres collections de l'établissement. C'était de former une collection générale d'entomologie aussi complète qu'il serait possible, d'acquérir successivement, à la mort de nos entomologistes de renom, les collections qu'ils auraient formées et qui avaient servi à leurs écrits; l'exploration entomologique de la Belgique venait ensuite. Ce programme a été mis à exécution surtout pour ses deux premières parties; la dernière partie n'est entrée dans la voie réellement scientifique que depuis peu d'années.

» En premier lieu, nous nous attachons à réunir ce qu'on appelle les *spécimens types*, c'est-à-dire ceux sur lesquels les auteurs ont fait porter leurs descriptions et, par conséquent, ceux qui ont dans la science une valeur qu'on peut qualifier d'historique. En effet, par suite des progrès permanents dans la manière d'envisager les questions, les descriptions et les figures en arrivent souvent à ne plus suffire. On se demande ce que l'auteur a voulu dire ou bien s'il a tout observé; les descriptions doivent être complétées, et, trop fréquemment, les figures surtout anciennes, alors que les arts du dessin scientifique et la dépense ne permettaient pas de leur donner les soins requis, ne lèvent pas les perplexités. Il faut, dès lors, avoir recours aux types de l'auteur lui-même, à ses sources, et c'est la réunion et la conservation de ces types qui constituent l'un des *principaux rôles des musées de l'État*. Plus un musée possède de ces types, plus ses collections sont précieuses. Les nombreux types que possède notre Musée sont une des causes de la réputation élevée de nos collections entomologiques.

» En second lieu, nous devons réunir le plus d'éléments possible pour les grandes monographies et entretenir par là dans le pays le mouvement entomologique qui s'y est créé depuis un si grand nombre d'années. »

Étude des collections.

Tous les Insectes de provenances diverses, appartenant à des collections typiques ou à des lots entrés au Musée au hasard des dons ou des acquisitions en bloc, sont soumis aussi souvent que possible à des premières déterminations ou à des revisions par les meilleurs spécialistes.

Toujours à l'affût des travaux d'ensemble qu'entreprennent les entomologistes du monde entier, le Musée de Bruxelles n'attend pas qu'ils viennent solliciter l'examen d'un type ou d'une pièce unique et rare se trouvant dans nos boîtes, il va au-devant de ces désirs et prie le spécialiste de reviser toute la collection, d'une valeur scientifique parfois fort élevée déjà, à cause de tous les travaux que d'illustres spécialistes y ont consacrés. L'Insecte type ou non qui portera sur son épingle : « Décrit ou déterminé par AUBÉ », puis une seconde étiquette : « Revision D. SHARP », enfin : « Revision RÉGIMBART et revision SEIDLITZ, ou EVERTS », etc., acquiert une valeur scientifique incontestable, devant laquelle l'intérêt de toutes les discussions de protype, métatype, cotype, etc., pâlira complètement. Et lorsqu'on peut montrer des types de LATREILLE, revus et étudiés par RAMBUR, PICTET, DE SELYS et ULMER, je pense que l'authenticité de l'espèce est bien établie ! Elle est autrement précise que celle de ces pièces portant l'étiquette « type unique », et qui, après avoir été vues par une seule individualité, sont enfouies à jamais et sans rémission dans les recoins les plus secrets d'une armoire dont la serrure restera inabordable, protégées par l'article X du règlement d'ordre intérieur, défendant la communication de tout type rare ou unique. Seul, l'infaillible conservateur, spécialiste en Articulés en général, pourra comparer l'Insecte douteux avec la pièce unique, et son opinion, rarement spécialisée, fera foi.

Cette manière d'opérer donne, en plus du type unique, cher à tant de possesseurs de collections, des séries parfois importantes d'exemplaires vus et revus d'une même espèce, qui enrichiront parfois plusieurs musées et augmenteront considérablement la valeur spécifique des descriptions établies, non sur un seul, mais sur le plus grand nombre d'exemplaires possible.

Importance des collections.

La richesse du Musée de Bruxelles en Insectes autres que les belges consiste donc en familles bien représentées, bien étudiées et riches en valeurs typiques et comparatives, à côté d'autres collections comprenant des familles peu développées, mais où cependant le nombre de pièces vues et revues est encore considé-

Collections comparatives réservées aux spécialistes.

Collections éthologiques belges exposées au public.

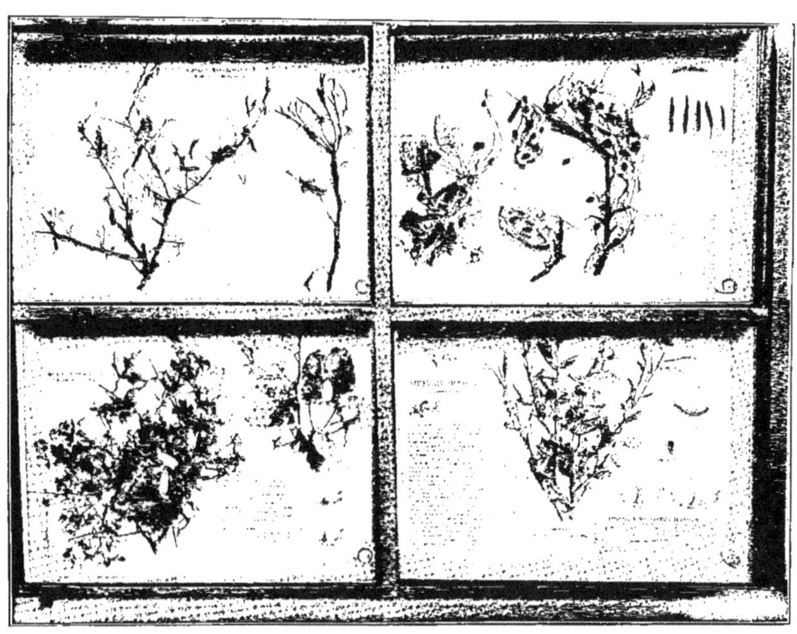

Collection éthologique belge exposée au public. — *Porthesia chrysorrhea* L. et *Stilpnotia salicis* L.

Collection éthologique belge exposée au public. — *Eriophyides* divers.

rable et le nombre d'exemplaires indéterminés reste en rapport avec l'existence des spécialistes. Nous savons, en effet, très bien qu'il se produit de véritables éclipses de longue durée ne révélant aucun travailleur pour certaines familles.

Le développement de l'importance et de la valeur scientifique de nos collections est contrecarré, comme je le disais plus haut, par l'exiguité des locaux, l'absence d'armoires et de caisses suffisantes et, par conséquence, par la possibilité de donner une extension suffisante aux Insectes étudiés. Nous terminons donc en faisant le vœu que, lors d'une prochaine visite, les entomologistes de tous les pays qui ont bien voulu suivre mes explications trouveront des installations à la hauteur des riches collections accumulées dans notre Musée.

VENDREDI 5 AOUT.

SÉANCE GÉNÉRALE.

a. Allocution de M. le Prof^r A. LAMEERE, Président du Congrès.
b. Élection d'un Comité international permanent.
c. Élection d'un Bureau central de nomenclature.
d. Élection d'un Comité exécutif.
e. Choix de la ville où se tiendra le IIe Congrès.
f. Élection du Président et du Secrétaire général.

Président :   M. A. LAMEERE (Bruxelles).
Vice-Président : M. G. HORVÁTH (Budapest).
Secrétaire :   M. G. SEVERIN (Bruxelles).

La séance est ouverte à 9 $^1/_2$ heures, par le Président qui donne la parole au Secrétaire général.

M. SEVERIN lit un télégramme reçu de M. P. SCHERDLIN (Strasbourg) :

« Empêché d'assister Congrès, prière de transmettre regrets et meilleures salutations aux collègues réunis banquet, suis en pensée auprès d'eux ce soir. »

Il annonce que M. A. SEMENOW TIAN-SHANSKY (Saint-Pétersbourg) fait hommage au Congrès de son travail sur les « Taxonomische Grenzen der Art und ihre Unterabtheilungen »; de même, M. J. LAUFFER (Madrid) envoie quelques exemplaires de sa brochure sur « Nomenklatorische und synonymische Bemerkungen ».

Il a reçu en outre des travaux de M. O.-E. IMHOFF (Aargau), de M. G. DEWITZ et de M. F.-W. URICH (Trinidad), qui sont membres du Congrès, mais qui n'ont pu y assister. Il propose de faire imprimer ces notes. (*Adhésion.*)

Le Secrétaire général invite les membres présents à se faire inscrire et à retirer leur carte d'invitation au raout que le Bourgmestre et le Conseil communal de Bruxelles offrent aux congressistes, le dimanche 7 août, à 9 heures du soir. Il insiste également pour que les membres signent le livre d'or, souvenir de leur présence au Congrès d'Entomologie, et qu'ils s'inscrivent nombreux aux excursions à Ostende, Bruges et Anvers, organisées pour le lendemain.

Il rappelle qu'il y aura trois séances de Sections pendant l'après-midi : 1° celle de muséologie et de l'histoire de l'entomologie, 2° une de zoogéographie et 3° une séance supplémentaire pour l'entomologie économique.

Le Président prend la parole et s'exprime comme suit :

« MESSIEURS,

» Nous avons vécu ensemble quelques journées inoubliables qui nous laisseront à tous, je l'espère, le meilleur souvenir; tous aussi nous serons unanimes à constater la pleine réussite de ce premier Congrès entomologique; nos réunions ont été fructueuses pour nous-mêmes d'abord, et elles auront aussi été utiles à l'entomologie.

» Nous avons entendu de merveilleuses conférences qui ont été un régal scientifique et parfois littéraire; elles nous ont été précieuses et par leur saveur particulière et par l'enseignement que nous pouvons en retirer; rien n'est plus utile à l'entomologiste que de compléter son instruction générale afin de lui permettre de bien mettre en évidence les quelques parcelles essentielles de vérité qu'il peut retirer de l'énorme ballast de faits que sa spécialisation forcée lui fait amonceler.

» Tant au point de vue de l'entomologie appliquée qu'à celui de la science pure, les communications faites à ce Congrès ont été du plus haut intérêt; laissez-moi vous rappeler seulement, dans le domaine des applications, la conférence de M. J. KUNCKEL D'HERCULAIS, l'auteur du beau travail sur les Volucelles, consacrée aux dégâts des Acridiens en Algérie, et surtout le magnifique exposé que nous a fait M. RAPHAEL BLANCHARD de l'état actuel de l'entomologie appliquée à la médecine; sous le charme de la parole ailée du savant professeur de Paris s'est fortifiée en nous la conviction de l'importance énorme que prend aujourd'hui l'étude des Diptères et des Acariens pour l'humanité ; en même temps a été mise en pleine lumière l'utilité de recherches entomologiques approfondies faites dans les régions tropicales, ce dont nous sommes également convaincus pour les progrès de la science pure : la belle conférence faite par M. Sjöstedt sur les résultats de son exploration au Kilima-n'djaro nous a montré tout ce que nous pouvons attendre de l'envoi d'entomologistes expérimentés dans les colonies.

» Le R. P. Wasmann, le maître incontesté de la biologie des Fourmis et de leurs hôtes, nous a fait une conférence pleine d'attraits sur ses études favorites ; regrettons seulement qu'il ait si peu d'élèves et sachons gré à M. Donisthorpe de nous avoir également fait part de ses recherches assidues dans ce domaine difficile et captivant.

» Le mimétisme, sujet éminemment entomologique, a pris, comme il fallait s'y attendre, une place prépondérante dans nos travaux. Tour à tour M. Dixey, dans une conférence magistrale illustrée de splendides projections lumineuses colorées, et M. le Prof^r Poulton, dans un exposé démonstratif appuyé sur de riches documents convaincants, sont venus nous parler des résultats des recherches qu'ils poursuivent depuis longtemps déjà en vue de donner une base positive à l'explication du phénomène par la sélection naturelle ; avec M. Schaus, nous avons entendu une note discordante : la discussion qui s'en est suivie a montré que le champ est encore ouvert à bien des découvertes.

» Comme suite à ces communications, M. le Dr Jordan nous a montré excellemment l'importance que l'étude méthodique minutieuse des espèces et des variétés doit prendre dans l'édification de nos conceptions générales ; cette étude, qui a absorbé les efforts de tant d'entomologistes, conserve aujourd'hui toute sa valeur scientifique, et nous avons eu à ce Congrès même un écho de l'application qui commence à y être faite de la méthode expérimentale, par les communications si intéressantes de MM. Merrifield et Punnett.

» L'ordre du jour de nos assises n'aurait pas été complet si nous ne nous étions occupés que des formes vivantes ; nous avons eu l'heureuse fortune d'entendre M. Handlirsch qui a su, par l'application aux Insectes fossiles des découvertes faites par Comstock et Needham sur la nervation alaire, mériter le nom de Cuvier des Insectes; notre savant collègue de Vienne a projeté à nos yeux émerveillés des reconstitutions fidèles des formes du Primaire et du Secondaire, ce qui a été pour nous tous une révélation pleine de joie.

» Je relève encore, dans la section d'Anatomie et d'Ontogénie, la communication du R. P. Assmuth sur le curieux genre *Termitoxenia*, dans laquelle se trouve définitivement établi l'hermaphrodisme de ce Diptère commensal des Termites, et l'étude de M. le Prof^r Kolbe sur l'application de l'anatomie comparée à la classification des Coléoptères.

» Je devrais encore vous parler de bien d'autres communications, tout aussi intéressantes, qui ont été faites dans les diverses sections, mais je dois me borner; qu'il me soit permis seulement de regretter que les Insectes à peu près seuls aient fait les frais de tous nos travaux; personne n'est venu nous parler d'Araignées, de Myriapodes, ni de Crustacés : seul, M. le Prof^r Bouvier nous a entretenu des formes si remarquables des Pantopodes décapodes.

» Quels qu'aient été les nombreux travaux présentés à ce Congrès, tous ont offert un intérêt suffisamment général pour que chacun de nous, dans sa spécialité, ait pu en retirer un enseignement; ces réunions ont donc été utiles aux entomologistes mêmes, et nous pouvons dire aussi qu'elles ont été utiles à l'entomologie; la lecture des comptes rendus de ce Congrès nous vaudra un peu plus de respect de la part des zoologistes, et, si par hasard ces comptes rendus tombent entre les mains de profanes, ceux-ci pourront se convaincre que nous ne sommes pas seulement des piqueurs de petites bêtes...

» Nous autres entomologistes, nous comprenons qu'il y a quelque chose de supérieur à l'Homme sur le globe, c'est la Nature : celle-ci nous remplit avant tout d'admiration, et c'est dans l'observation des Insectes peut-être que nous pouvons surtout apprécier sa beauté. L'adage de Linné, qui est la devise de la Société entomologique de France, reste toujours vrai : *Natura maxime miranda in minimis.* »

M. Lameere donne ensuite lecture des règles proposées par la Section de nomenclature. Elles sont adoptées après de légères modifications de rédaction demandées par MM. E. Simon et A. Janet. Il est décidé que ces règles seront transmises au Congrès international de Zoologie à Graz. Toutefois, sur la proposition de M. A. Janet, elles seront présentées au nom de la Section de nomenclature et non pas au nom du Congrès tout entier, afin de laisser à chacun toute sa liberté lors des discussions qu'elles pour raient soulever. M. M. Burr demande l'impression de ces règles dans nos procès-verbaux. (Voir pp. 145 et suivantes de ce volume.)

Sur la proposition du Président, le Congrès charge M. le Dr Jordan de le représenter au Congrès zoologique de Graz dans les débats relatifs aux règles sur la nomenclature qui sont proposées. M. Lameere saisit cette occasion pour adresser à M. le Dr Jordan les vifs remerciements que nous lui devons pour avoir été l'initiateur des Congrès entomologiques L'assemblée s'associe par de chaleureux applaudissements à cet hommage.

Le Président exprime ensuite à M. Severin, qui, en qualité de Secrétaire général, a été la cheville ouvrière du Congrès, toute la gratitude des entomologistes : ses paroles sont accueillies par d'enthousiastes acclamations.

MM. Jordan et Severin remercient le Président pour ses paroles aimables et reportent sur leurs collaborateurs, trop nombreux pour être cités tous, la réussite de l'organisation du Congrès.

Le Congrès décide d'instituer un Comité permanent des Congrès internationaux d'Entomologie, formé des entomologistes notoires de tous les pays, lesquels seront chargés de faire de la propagande dans leur milieu en faveur des Congrès et de recruter le plus possible d'adhérents, ainsi que d'obtenir l'assistance des Institutions et Sociétés scientifiques de leur région.

Le Secrétaire général donne à cet effet lecture d'une liste dressée par les soins du Comité exécutif, et cette liste est approuvée par l'assemblée après addition de quelques noms proposés par MM. Everts, Holland, Horváth, Lahille, Magretti, Poulton et Simon.

Liste des membres du Comité permanent des Congrès internationaux d'Entomologie.

(Les membres adhérents au Ier Congrès international d'Entomologie sont désignés par un °.) (*Voir pages 38 et suivantes pour les adresses.*)

———

AFRIQUE DU SUD.

Hewitt, J., Albany Museum, Grahamstown (Cape Colony,.
* Lounsbury, C.-P., Cape-Town.
* Peringuey, L., Cape-Town.

ALLEMAGNE.

* Becker, Th., Liegnitz.
* Buttel-Reepen, H von, Oldenburg i. Gr.
  Eckstein, C., Dr, Profr der Zoologie a. d. Forstakademie, Eberswalde.
  Enderlein, G., Dr, Kustos a. Städtischen Zool. Museum, Stettin.
  Escherich, K., Dr, Profr der Zoologie a. d. Kgl. Forstakademie, Tharandt.
  Friese, H., Dr, Kirchenstrasse, 1, Schwerin (Mecklenburg).
* Heller, K.-M., Dresden.
* Horn, W., Berlin-Dahlem
* Kolbe, H.-J., Berlin.
  Kraepelin, K.-M.-F.-M., Profr-Dr, Director d. Naturh. Museums, Hamburg.
  Seidlitz, G., von, Dr, Ebenhausen bei München.
* Speiser, P., Dr, Labes in Pommern.

ARGENTINE.

* Bruch, C., La Plata.
* Lahille, F., Buenos-Aires.

AUSTRALIE.

* Froggatt, W.-W., Sydney.
Lea, A.-M., Government Entomologist, Museum, Adelaide.

AUTRICHE.

* Ganglbauer, L., Vienne.
* Handlirsch, A., Vienne.
* Klapálek, F., Prague.
Werner, F.-J.-M., Prof^r d. Zoologie a. d. Universität, Wien.

BELGIQUE.

* Desneux, J., Bruxelles.
* Kerremans, Ch., Bruxelles.
* Lameere, A., Bruxelles.
* Schouteden, H., Bruxelles.
* Severin, G., Bruxelles.

BRÉSIL.

Cruz, O.-G., Directeur de l'Institut Oswaldo Cruz, Rio de Janeiro.
* Jhering, H., von, Sâo-Paulo.

CANADA.

* Bethune, C.-J.-S, Guelph.
Howitt, J.-E., Ontario Agricultural College, Guelph.
* Lyman, H.-H., Montréal.

CEYLAN.

* Green, E.-E., Peradeniya (Ceylan).

CHILI.

Germain, P., Museo Nacional, Santiago de Chile.

DANEMARK.

Hansen, H.-J., D^r, Temte Jùni Plads, 1, Copenhague.
Klöcker, A., Trekroner, Valby.

ÉGYPTE.

* Andres, A., Alexandrie.
* Innes Bey, W.-F., Le Caire.

ESPAGNE.

* Bolivar y Urrutia, I., Madrid

ÉTATS-UNIS.

* Calvert, P.-P., Philadelphia.
Cockerell, T.-D.-A. (1), Prof. University of Colorado, Boulder,
   Col.
Comstock, J.-H., Prof. Cornell University, Ithaca, N. Y.
* Fall, H.-C., Pasadena, Calif.
Gillette, C.-P., Prof. Colorado Agricult. Experiment Station,
   Fort Collins, Col.
* Holland, W.-J., Pittsburgh.
Hopkins, A.-D., Bureau of Entomology, U. S. Department of
   Agriculture, Washington, D. C.
* Howard, L.-O., Washington.
Kellogg, V.-L., Prof. of Entom. in Leland Stanford Junior Uni-
   versity, California.
Johnson, C.-W., Boston Society of Nat. History, Berkeley street,
   Boston.
* Osborn, H., Columbus.
* Skinner, H., Philadelphia.

------

(1) Décédé.

* Smith, J.-B., New Brunswick N. Y.
Stiles, C.-W., Prof. of Zoology, Washington.
Wellman, C., Prof.-D[r], Laboratory of Tropical Medecine, Oakland, Cal.
* Wheeler, W.-M., Forest Hills.

FINLANDE.

Poppius, B.-R , D[r], Amanuens a. Zool. Museum d. Universität, Helsingfors.

FRANCE.

* Blanchard, R., Paris.
* Bouvier, E.-L., Paris.
* Grouvelle, A.-H., Paris.
Henneguy, L.-F., Prof. au Collège de France, La Croisie (Loire-Inférieure).
* Janet, A., Paris.
* Janet, C., Paris.
* Lesne, P., Paris.
' Marchal, P., Paris.
* Oberthür, Ch., Rennes.
* Olivier, E., Moulins.
Pérez, C., Prof., avenue de Breteuil, 88, Paris.
* Peyerimhoff de Fontenelle, P. de, Alger.
* Simon, E., Paris.
* Villeneuve, J.-T., Rambouillet.

GRANDE-BRETAGNE.

* Brown, H., Rowland, Londres.
* Burr, Malcolm, Dover.
* Carpenter, G.-H., Dublin.
* Dixey, F.-A., Oxford.
* Gahan, C.-J., Londres.
* Jordan, K., Tring.
* Longstaff, G.-B., Putney Heath.
' Mac Dougall, R. Stewart, Edinburgh.
* Marshall, G.-A.-K., Londres.

* Merrifield, F., Brighton.
* Newstead, R., Liverpool (1).
* Poulton, E.-B., Oxford.
* Punnet, R.-C., Cambridge.
* Rothschild, Hon. L.-W., Tring.
Sharp, D., Editor Zool. Record, Brockenhurst (Hants).
* Theobald, F.-V., Wye.
* Trimen, R., Guildford.
* Verrall, G.-H. (2), Newmarket.

GRÈCE.

Krüper, T.-J., D^r, Conservateur au Musée de l'Université, rue
Botasi, 6, Athènes.

GUATEMALA.

* Rodriguez, J.-J., Guatemala.

HAWAÏ.

Perkins, R.-C.-L., *hib.* Honolulu (Park Hill House); *est.* Angleterre (Paignton, Devon).

HONGRIE.

Horváth, G., Budapest
* Kertész, K. Budapest.

INDES OCCIDENTALES.

* Morris, Sir D., 14, Crabton Close, Boscombe, Hants (Angleterre).

---

(1) NEWSTEAD ROBERT, M. Sc., A. L. S., F. E. S., Hon. F. R. H. S., Dutton
Memorial Professor of Entomology, School of Tropical Medicine, University
of Liverpool *(corrig.)*.
(2) Décédé.

Indes orientales.

Lefroy, H.-M., Entomologist Imperial Department of Agricul-
ture for India, 5, Cheyne Court, Chelsea, London.
Stebbing, E.-P., Member of the Imperial Forest Research
Institute, Hollycot House, Lasswade, Midlothian, Scotland.

Italie.

Bezzi, M., Prof^r, Via Pio Quinto, 3, Torino.
' Gestro, R., Gênes.
Grassi, G.-B., Prof^r à l'Université, Rome.
' Magretti, P., Paderno-Dugnano.
* Silvestri, F., Portici.

Japon.

' Sasaki, Chujiro, Tokyo.

Luxembourg.

Ferrant, V., Luxembourg.

Nouvelle-Zélande.

Broun, T., Major, Mount Albert, Auckland.

Paraguay.

Schrottky, C., Prof^r, Villa Encarnacion, Alto-Paraná.

Pays-Bas.

Everts, Jh^r-E.-J.-G., La Haye.
Meyere, J.-C.-H., de, Amsterdam.
Oudemans, J.-T , D^r, Paulus Potterstraat 12, Amsterdam.
Ritsema, E.-C., Conservateur au Musée de Leiden, Rapen-
burg, 94, Leiden.
Wasmann, P.-E., Valkenburg.

PHILIPPINES.

Banks, C.-S., D^r, Government Entomologist, Bureau of Science, Manila.

PORTUGAL.

Seabra, A.-F., de, Directeur de l'Aquarium Vasco de Gama, Lisbonne.

ROUMANIE.

Montandon, A.-L., Membre correspondant de l'Académie roumaine, Bucarest-Filaret.

RUSSIE.

* Jacobson, G.-G., Saint-Pétersbourg.
Kusnezov, N.-J., Conservateur, Imperial University, 21, Saint-Pétersbourg.
* Oshanin, B., Saint-Pétersbourg.
Petersen, W., Director, Realschule, Reval
* Schnabl, J., Varsovie.
* Semenov-Tjian-Shansky, A.-P., de, Saint-Pétersbourg
* Zaitzew, P., Saint-Pétersbourg.

SUÈDE.

* Aurivillius, Ch., Prof^r-D^r, Sekretär der Academie der Wissenschaften, Stockholm.
* Sjöstedt, Y., Stockholm.
* Tullgren, A., Experimentalfältet.

SUISSE.

* Bugnion, E., Blonay-sur-Vevey.
Forel, A.-H., Docteur en médecine, Yvorne près Aigle.
* Ris, F., Rheinau.
* Schulthess-Rechberg, A., von, Zürich.
* Standfuss, M.-R., Zürich.

(Tous les membres ont accepté officiellement leur nomination et

ont reçu un diplôme spécial leur conférant le titre de membre permanent des Congrès internationaux d'Entomologie. D'autres membres proposés par l'assemblée n'ont répondu à aucune des lettres leur annonçant leur nomination et leur demandant leur acceptation.

Le titre de membre permanent ne donne pas droit aux publications du Congrès, mais il n'exige pas non plus l'obligation d'être adhérent.)

Sur la proposition du Président, le Congrès décide qu'un Comité exécutif sera choisi parmi les membres du Comité permanent; ce Comité aura pour mission de prendre toutes les mesures nécessaires pour la préparation d'un Congrès futur. Il sera chargé d'assister éventuellement le Président et le Secrétaire général désignés par le précédent Congrès. Il aidera le Secrétaire général dans la publication des mémoires et il surveillera la liquidation des comptes de chaque Congrès. Il sera responsable devant les Congrès de l'avoir, consistant en : 1º les sommes versées par les membres à vie; 2º les bénéfices que pourra apporter la vente des comptes rendus des Congrès; 3º le stock des publications, les dons, les archives, etc.

Ce Comité pourra également décider la publication de certains travaux généraux, catalogues, règles de nomenclature, etc., etc., et prendre enfin toutes les mesures qu'il jugera utiles à la concentration des efforts des entomologistes.

Le Congrès désigne pour faire partie du Comité exécutif : MM. MALCOLM BURR, K. JORDAN (Angleterre), W. HORN (Allemagne), LESNE (France), G. SEVERIN (Belgique), H. SKINNER (États-Unis).

Ce Comité devra se réunir une fois par an à une date qu'il fixera lui-même. Il aura le droit, sur la proposition faite par M. MAGRETTI, de compléter les vides qui pourraient se produire dans le Comité permanent et d'y ajouter éventuellement de nouveaux membres.

Il pourra aussi se compléter éventuellement lui-même en faisant son choix parmi les membres du Comité permanent.

Le Président propose ensuite de fixer la date à laquelle se tiendra le prochain Congrès et de désigner le pays et la localité où il aura lieu.

Le Secrétaire général expose les raisons qui ont fait choisir la date du premier Congrès international d'Entomologie, raisons exposées dans la première circulaire annonçant la création de ces Congrès.

« Notre principal désir est d'amener les entomologistes en contact plus étroit, d'une part, avec la zoologie générale et, d'autre part, avec les applications pratiques de leurs propres études. C'est dans ce but que nous proposons de tenir un Congrès entomologique tous les trois ans, environ quinze jours avant chaque Congrès zoologique triennal, de sorte que les résolutions et conclusions d'intérêt général puissent, si on le juge nécessaire, être présentées à la discussion du Congrès zoologique suivant.

» De plus, il nous semblait avantageux que les entomologistes venant de pays lointains pussent assister aux deux Congrès. »

The Hon. WALTER ROTHSCHILD considers that it would be advisable to hold the Entomological Congress every two years on account of the great number of questions which arise in so large a field as that of entomology. This will be specially felt now, at the commencement of the new era created by the participation of so many entomologists in these Congresses. Moreover, the questions connected with medical and economic entomology are accumulating rapidly in number and importance from day to day. For these reasons he would wish to shorten as much as possible the time intervening between the Congresses and he thinks that a biennial period would be the most suitable. However, he afterwards agreed that the preparation of the reports and other necessary work of the Permanent Committee would preclude the meetings being held oftener than every three years.

Prof. E. B. POULTON said that the number of scientific meetings of different kinds is increasing to such an extent, that it becomes absolutely necessary to allow three years to intervene between two successive Entomological Congresses. He did not consider that the arguments in favour of holding the Congress in the same year on the Zoological Congress had very great weight, while on the contrary many who would wish to attend both Congresses would find the expense and loss of time more than they could manage. The speaker cordially agreed with Mr. ROTHSCHILD's opinion that the date of the second Congress should be two years hence. This date would being the Entomological Congress in 1912 into the year before the Zoological Congress. After 1912 he proposed that the Congress should adhere to a period of three years, as originally suggested.

La date de 1912 proposée par M. le Prof^r POULTON est adoptée.

M. le Président annonce qu'il vient de recevoir la proposition de réunir le deuxième Congrès international d'Entomologie en 1912 à Oxford, et il donne la parole à M. le Prof^r POULTON, auteur de cette proposition.

Prof. POULTON (Oxford) said that he hoped the members of the Congress would consider favourably the selection of Oxford as the place for the second meeting, in 1912. He was sure that he could count on the sympathy and help of many Oxford entomologists, who would be glad to work in order to make the meeting as successful and enjoyable as possible. The position of Oxford was very favourable for promoting the chief object of the Congress -- the study of entomology from every point of view. Not only were the Hope Collections in the University Museum of great extent, but, at a short distance by rail, were the National Collections in the Cromwell Road and Mr. ROTHSCHILD's collections at Tring. Furthermore, the meetings of the Congress could be held in close proximity to the Hope Collections. It was believed that some of the Colleges would permit members of the Congress to occupy rooms during the meeting. He begged to offer a most cordial invitation to members of the Congress to visit Oxford in 1912.

Dr. F. A. DIXEY said that he wished to associate himself with Prof. POULTON in hoping that the Congress would accept the invitation to select Oxford for their meeting in 1912. He was sure that he might promise, on behalf of himself and his colleagues, that no effort would be spared to make the visit a pleasant and profitable one to all members of the Congress.

Dr. MALCOLM BURR (Douvres) said that as the third Delegate of Oxford University he was most happy to support the invitation expressed by Profr. POULTON and Dr. DIXEY : he was sure that the members of the Congress would throughly enjoy a visit to the beautiful old city, where he could assure them a most cordial welcome.

Mr. H. ROWLAND-BROWN (Londres) as a member, also, of the University, expressed on behalf of his Oxford entomological colleagues the great pleasure which it would give them all to welcome the Congress of 1912 at Oxford.

La proposition de choisir *Oxford* comme siège du deuxième Congrès international d'Entomologie est adoptée.

Le Président propose de nommer M. le Prof^r POULTON président de ce Congrès et M. MALCOLM BURR secrétaire général.
Cette proposition est admise par acclamations.

M. HOLLAND et l'Hon. W. ROTHSCHILD émettent le vœu que la date précise du Congrès soit connue le plus tôt possible.

M. ED. EVERTS, au nom de la Société entomologique néerlandaise, remercie le Président et exprime la gratitude des membres du Congrès pour la réception cordiale que les entomologistes belges ont faite à leurs collègues des autres pays.

M. le Prof^r LAMEERE remercie, au nom de la Société entomologique de Belgique, le Comité exécutif d'avoir choisi Bruxelles comme siège du premier Congrès international d'Entomologie. Il remercie M. EVERTS pour ses aimables paroles et il adresse également des remerciements aux présidents et secrétaires des sections. Il les félicite de la bonne entente et de la cordialité qui ont régné dans nos réunions ; les entomologistes de tous les pays ont montré qu'ils communient dans une même pensée : le progrès de la science ; ils préparent ainsi le règne futur de la paix universelle.

Le Président prononce la clôture du Congrès et lève la séance à midi.

SÉANCES DES SECTIONS.

I. — SECTION DE MUSÉOLOGIE ET D'HISTOIRE DE L'ENTOMOLOGIE.

a. M. W. J. HOLLAND (Pittsburg) : On the conservation of types in museums.

Discussion : F. KLÁPALEK, Hon. W. ROTHSCHILD, MALCOLM BURR, W. SCHAUS, K. JORDAN, H. SKINNER.

b. M. R. GARCIA Y MERCET (Madrid) : Histoire de l'entomologie en Espagne.

c. M. H. SKINNER (Philadelphie) : One hundred years of entomology in the United States of America.

Discussion : E. OLIVIER.

d. M. HENRY H. LYMAN (Montreal) : Variation in the use of certain scientific terms and changes in the spelling of scientific names.

e. M. J. M. HOWLETT (Pusa) : Preservation of collections in tropical climates.

Président :   M. W. J. HOLLAND (Pittsburg).
Vice-Président : M. J. C. H. DE MEYERE (Amsterdam).
Secrétaire :   M. K. JORDAN (Tring).

Le Président, en ouvrant la séance, prononce les paroles suivantes :

LADIES AND GENTLEMEN,

I wish, on assuming the chair this afternoon, to express my thanks to you for the signal honour you have conferred upon me in making me the president of this Section of the Congress. I accept not only as a token of kindness to myself, but also much more as a token of regard for the country which I represent and for the great brotherhood of American entomologists to which I have the honor of belonging.

I have with pleasure acceded to the suggestions of the Committee of arrangements that I should open the discussion upon the

Conservation or preservation of types.

(*Résumé.*)

I. The importance of preserving types arises from the fact that :

a) Written descriptions often fail to convey correct ideas of things;

b) Even carefully executed drawings and photographs frequently fail to convey desirable information as to a species;

c) Without the types at hand it would be impossible in many cases to know to what species the name given by an author applies;

d) Types are the last court of appeal in all cases of disputes as to nomenclature ;

e) Types and typical material throw light on the processus of evolution, and should be preserved as being so to speak « landmarks ».

II. Types should be sedulously cared for and preserved in institutions capable of properly preserving them. The museums of colleges and universities as a rule are not proper depositories for valuable scientific collections. The changes in the personal of such institutions, which frequently occur and their generally inadequate resources, make them improper custodians of such things. The scattering of types through small private collections is to be deprecated.

III. The preservation of the types of any author includes the careful preservation of any designation marks attached to the specimen. To tamper with labels, to misplace them or to substitute others is generally speaking an impardonable offence.

IV. Types should never be placed in the exhibition services of a Museum. (**Vol. II, Mémoires**, p. 361.)

Herr KLAPÁLEK (Prague) schliesst sich dem Antrage des Herrn Vorsitzenden an und hält es für wichtig, dass es diesen Instituten zur Pflicht gemacht werden soll, dafür zu sorgen, dass die Typen durch genaue, wo möglich farbige Abbildungen allgemein zugänglich werden.

Hon. W. ROTHSCHILD (Tring) supported Dr. HOLLAND's contention for preservation of types by the example of the errors caused by the confusion in the genera of fossil shells *Murchissonia* and *Aclesina* owing to the temporary loss of the types of *Murchissonia striatula* and *M. subsulcata*.

Mr. MALCOLM BURR (Dover) said that it was essentiel to create a healthy public spirit, in order that it should become a general accepted principle that the ultimate destination of all types, with full data and author's signature, should be the great national collections.

It appeared to him essential for monographs, that authentic specimens should be sent to specialists, for we can not expect them to travel from museum to museum to compare material. Even if they were able to do that. The comparison would be dependant upon the memory unless they were able to carry the types from one place to another.

Speaking as a worker who had experienced the greatest courtesy from almost all the museums of the civilised world, he had found that any value, which might eventually be attached to his work, would be entirely due to the fact that he had been able to see with one pair of spectacles, so to the speak, an overwhelming proportion of the types of the species of the group in which he was interested, and without such assistance, he would have found it impossible to make any progress whatever in his studies.

The Congress had full legislative power, but little executive strength; but if a healthy public spirit were created, that alone would be enough to justify this great Congress, if no other results had been attained.

M. SCHAUS (Londres). — He makes it the practice of giving his original type of new species to the National Museum in Washington, his second specimen to the British Museum.

Dr. K. JORDAN (Tring) said : Dr. A. PAGENSTECHER has published a list of specimens of the GERNING collection preserved in the Museum at Wiesbaden. Many of these specimens were figured by ESPER in his Europäische Schmetterlinge and his Ausländische Schmetterlinge. The Insects are mostly in good order and of great value to systematists. *Papilio amulius* ESPER is represented in the collection by the type, which appears to be still the only example in museums.

Dr. H. SKINNER (Philadelphie) said it was the thought of some entomologists that unique types are the property of the scientific world and that the museums where deposited are only custodian and that the scientific world have a just grievance if such types were destroyed through being loaned for study.

La parole est donnée à M. R. GARCIA Y MERCET (Madrid) pour la lecture de son travail, écrit en espagnol, sur l' « Histoire de l'entomologie en Espagne » et dont nous n'avons pas reçu ni le résumé, ni le manuscrit.

Le Président donne la parole à M. HENRY SKINNER (Philadelphie) :

One hundred years of entomology in the United States.

The earliest notes on Insects date from 1745 to 1763, but very little was accomplished prior to the year 1800. In 1806, F. V. MELSHEIMER of Pennsylvania published a catalogue of the Coleoptera of his State.

Real progress dates from the time of THOMAS SAY, who has been called the father of American entomology. In 1812, when SAY became a member of the Academy of Natural Sciences of Philadelphia, the collection consisted of a half dozen common Insects, a few corals and shells, a dried toad Fish and a stuffed Monkey. SAY's work on American Insects was a fine piece of work for that time and reflects credit on this pioneer worker. In 1859 the American Entomological Society was founded and the work it accomplished made a great impression on the study in America. Its publications are well known throughout the world. At the present time there are many magnificent institutions carrying on entomological work and hundreds of careful and painstaking students of the subject and the growth of entomology now is something phenomenal and the future promises great things.

M. E. OLIVIER (Moulins) fait remarquer que le naturaliste BOSC, de Paris, est un des premiers naturalistes européens qui aient parcouru les États-Unis au point de vue entomologique. Il a rapporté de nombreuses séries d'Insectes de tous les ordres et il possédait une collection assez importante qu'il avait mise à la disposition de son ami G.-A. OLIVIER, qui a décrit un grand nombre de ces espèces dans son « Entomologie ».

M. HENRY H. LYMAN (Montréal, Canada), le représentant de « Entomological Society of Ontario », lit un travail portant comme titre :

Variation in the use of certain scientific terms and changes in the spelling of scientific names.

(Résumé.)

He referred to the different terms applied to types such as type, co-type, para-type, and the various senses in which some of these were used by different authors, and urged that such terms, as it was desirable to use, should be accurately defined by some authoritative body of naturalists and then that individual naturalists should accept the decision.

He also called attention to such changes in names as *Walkeri* to *valkeri*, *Williamsi* to *villiamsi* and *Blakei* to *blacei* and urged that the stability of nomenclature was of more importance than adherence to an appearance of strict Latinity. (**Vol. II, Mémoires,** p. 423.)

M. F. M. HOWLETT (Pusa) parle ensuite :

A note on methods of preserving Insects in tropical climates.

(Résumé.)

Ideal store-house under tropical conditions. Need of resistant store-boxes. Condensation of moisture. Necessity of non-corrosive pins. Paraffin-wax method of lining boxes; supports for Mosquitos in place of paper discs. New method of rough mounting for Mosquitos. (**Vol. II, Mémoires,** p. 357.)

II. — Section de Zoogéographie.

a. M. E. Olivier (Moulins) : Distribution géographique et physiologie des Coléoptères Lampyrides.

b. M. W. Horn (Berlin) : Ueber die Weddabrücke (tertiäre Landverbindung zwischen Ceylon und dem Südosten des asiatischen Kontinents).

Discussion : Prof H. Kolbe, Dr Speiser, F. Klapálek.

c. M. J. Sainte Claire-Deville (Epinal) : Limites en France des faunes hypogées et cavernicoles.

d. M. K. Holdhaus (Vienne) : Ueber die Abhängigkéit der Fauna vom Boden (Einfluss der Bodenbeschaffenheit auf die Biocönotik und geographische Verbreitung der Insekten).

Discussion : Prof H. Kolbe, Dr Speiser, Dr Holdhaus, Prof Klapálek, Dr Hasebroek.

Président : M. R. Holdhaus (Vienne).
Vice-Président : M. E. Olivier (Moulins).
Secrétaire : M. J. Desneux (Bruxelles).

Le Président ouvre la séance et donne la parole à M. E. Olivier (Moulins) pour sa communication sur :

La distribution géographique et la physiologie des Coléoptères Lampyrides.

(Résumé.)

Les Lampyrides sont des Coléoptères du groupe des Malacodermes remarquables entre tous par la faculté lumineuse dont ils sont doués. Il en existe un grand nombre sur toute la surface du globe, et cependant leur étude systématique avait été bien négligée jusqu'à présent. En 1832, CASTELNAU qui en connaissait 200 espèces trouvait ce chiffre exorbitant, et cependant en 1867 MM. GEMMINGER et DE HAROLD en énuméraient 449 espèces, et dans le « Genera Lampyridarum, » en 1907, j'en ai catalogué 1,002 espèces. Trois ans après, ce chiffre est monté à 1,109 dans le « Catalogus Lampyridarum », et il en reste encore un stock important inédit.

Je ne viens pas ici discourir sur le pouvoir phosphorescent dont ces Insectes sont doués et qui a fait le sujet d'un grand nombre de mémoires. Je veux seulement présenter quelques observations que m'a suggérées leur étude.

La faculté photogène n'a pas été donnée à ces Insectes pour que la femelle puisse indiquer sa présence au mâle, attendu que dans la grande majorité des espèces le mâle est plus lumineux que la femelle. Il ne faut voir là qu'un ornement analogue au plumage de noces des Oiseaux à l'époque des amours.

Les antennes des Lampyrides sont très variables, et de leur observation il résulte ce fait que plus les antennes sont compliquées, plus la lueur émise est faible; chez les espèces à femelles aptères, ces dernières sont beaucoup plus lumineuses que les mâles, chez les espèces dont les deux sexes sont ailés, le mâle est plus lumineux que la femelle.

Chez les espèces dont les deux sexes sont ailés, la lueur émise durant le vol est intermittente; elle disparaît pour reparaître un instant après : cette disposition a évidemment pour but de soustraire l'Insecte à la poursuite des Chauves-souris et des Oiseaux crépusculaires qui auraient trop de facilités pour s'en emparer si la lumière était continue.

Au contraire chez les espèces à femelles aptères, qui sont toujours plus ou moins cachées dans les gazons et les détritus où elles trouvent une défense naturelle, la lumière est permanente pendant toute la durée de son émission, qui est de plusieurs heures.

Les mâles des femelles aptères, pourvus d'yeux très gros et très saillants, sont exposés à blesser ces organes quand ils marchent à travers les détritus du sol à la recherche de leurs femelles. Alors le prothorax recouvre complètement ces yeux leur formant une sorte de capuchon protecteur, mais en même temps interceptant la vue, et pour que les Insectes y voient, ce prothorax est pourvu en avant de deux plaques vitrées qui constituent des petites fenêtres permettant la vue et préservant des obstacles.

Les Lampyrides comptent des représentants sur toute la terre.

Les *Lampyrini* sont essentiellement palæarctiques ; les *Photinus* et les *Photuris* sont exclusivement américains. Les *Luciolini* sont répandus partout, sauf en Amérique où ils manquent complètement. Existant sur tout le rivage nord et oriental de la Méditerranée, ils offrent ce fait remarquable de ne pas exister sur le littoral nord africain et de ne se retrouver qu'aux environs de l'Équateur d'où ils sont abondamment répandus jusqu'au cap de Bonne-Espérance et à Madagascar.

En Océanie, chaque archipel paraît contenir des formes spéciales, mais les observations précises à ce sujet font encore défaut, et il serait prématuré de tirer dès à présent des conclusions sur leur répartition. (**Vol. II, Mémoires**, p. 273.)

Le Président remercie M. E. OLIVIER de son intéressante communication et donne ensuite la parole à M. W. HORN (Berlin) qui parle

Ueber die Weddabrücke.

Welche Bezeichnung er für die hypothetische tertiäre Landverbindung zwischen Ceylon (Malediven, etc.) und dem Südosten des asiatischen Kontinents (Andamanen, Birma, Malayische Halbinsel, Nias, etc.) 1909 (« Deutsche Entom. Zeitschrift » 1909, p. 461), eingeführt hat.

(Résumé.)

R. WALLACE und BLANFORD haben die Vermutung eines direkten Zusammenhanges dieser Länder aufgestellt und auch bereits die Möglichkeit seiner direkten Verlängerung bis zu den Philippinen, etc. erörtert. Der Vortragende hat 1909 (l. c.) publiziert, dass 5 Cicindelinenspecies durch ihre rezente Verbreitung für diese Landbrücke sprechen. Jetzt fügt er 3 neue Fälle von Cicindelinen (*Collyris punctatella :* Ceylon und Nias ! *Cicindela discrepans :* Ceylon und Nias ! *Cicindela foveolata :* Süd-Vorderindien und Birma, Tonkin, Philippinen, Sumatra, Celebes? Bengalen!) hinzu, und belegt durch 3 weitere recente Verbreitungen von Cicindelinen (*Cicindela aurovittata :* Birma und Philippinen? Japan! *Cicindela limosa :* Birma und Shanghai! *Cicindela despectata :* Perak und Philippinen!) die Möglichkeit einer Verlängerung der « Weddabrücke » nach Nordosten. Die Cicindelinen bieten nach dem Vor-

trazenden ein für solche Studien besonders geeignetes Material
(Flugfähigkeit und Wanderlust, Unmöglichkeit zufälliger oder
künstlicher Transporte, Variationsfähigkeit mit Neigung zu Loka-
lisationen, vorgeschritten in unsere systematischen Kenntnisse
dieser Insektengruppe). (**Vol. II, Mémoires,** p. 313.)

Herr H. KOLBE (Berlin) macht auf die zoogeographischen Verhältnisse der Sundainseln aufmerksam, die von dem Gesichtspunkte aufzufassen sind, dass dieser Archipel als Rest eines mit
dem Kontinent Asien zusammenhängenden grösseren Ganzen
aufzufassen sei. Wahrscheinlich lässt sich diese Auffassung mit
Erfolg auch auf die Insekten anwenden. Bekanntlich ist die Auf-
einanderfolge der Senkungen und Hebungen des ehemaligen
Sundakontinents in zeitlicher Beziehung eine verschiedene. Das
ist das Resultat aus den zoogeographischen Verhältnissen der
Mammalien. So hat z. B. Java mehr indische Formen als Malakka,
Sumatra und Borneo, wo die echte malayische Fauna vorherrscht.
Näheres darüber finden wir bei WALLACE und JACOBI. Es wären
daher dankbare Studien, wenn auch die Coleopteren, die sich ganz
besonders gut zu zoogeographischen Forschungen eignen, zu der
Begründung der Hypothesen über die Verbreitung der Tiere und
die geologischen Verhältnisse der Sundainseln herangezogen
würden.

Dr. P. SPEISER (Labes) erinnert an die Tatsache, dass die
Fauna des südlichen Japan — soweit man die Dipteren kennt,
über die er nur sprechen kann — auch zahlreiche Arten mit
Formosa und den Sundainseln gemeinsam hat. Ob nun nicht die
von dem Herrn Vortragenden besprochene Brücke nicht noch über
die Philippinen hinaus nach Süd-Japan hinauf reicht?

Prof. F. KLAPÁLEK (Prague) bemerkt, dass wir auch unter den
Plecopteren eine ähnliche Art der Verbreitung finden. Die
Gattungen der Gruppe der *Neoperla* und *Aeroneuria* sind von
Ceylon, über Vorder- und Hinterindien, Malayischen Archipe-
lago nach Japan verbreitet. Aehnliche Verbreitung der Gattung
Perla und von der Neuropteren der Ascalaphus-Arten erscheint
darauf hinzuweisen, dass die jetzigen Verbreitungsbezirke der
Tiere durch die Glazialperioden determiniert worden sind.

M. le capitaine J. Sainte-Claire-Deville (Épinal) a la parole
pour lire sa note sur :

L'utilisation des Insectes, et particulièrement des Coléoptères, dans l'étude des questions de zoogéographie.

(Résumé.)

L'ordre des Coléoptères fournit pour la zoogéographie des matériaux particulièrement précieux à cause du nombre considérable de
ses représentants. Il a pourtant à ce point de vue un côté faible, qui
est la rareté des formes fossiles. Mais il n'est pas impossible, en
interprétant avec sagacité les courbes de dispersion, de suppléer à
cette lacune et de reconnaître les mouvements des espèces. Il est
nécessaire, pour que les résultats d'une pareille étude soient signi-
ficatifs, de ne pas tenir compte des espèces ubiquistes ou douteuses
qui faussent les statistiques. Il convient aussi de ne jamais envisager l'aire de dispersion d'un Insecte parasite ou phytophage
indépendamment de celle de son hôte ou de sa plante nourricière.
(**Vol. II, Mémoires**, p. 305.)

Puis le Président, le Dr K. Holdhaus (Vienne), donne lecture
de la note suivante :

Ueber die Abhängigkeit der Fauna vom Gestein.

(Résumé.)

Die Gesteinsbeschaffenheit des Untergrundes übt einen grossen
Einfluss auf die Verbreitung der Insekten aus. Nach dem Grade
der Abhängigkeit der einzelnen Arten vom Gestein lassen sich
innerhalb der einheimischen Fauna folgende Lebensgemeinschaften
unterscheiden :

1. Gesteinsindifferente Arten, auf jedem beliebigen Untergrund
lebend;
2. Halophile Arten, nur auf Salzboden lebend;
3. Psammophile Arten, nur auf tiefgründigem Sandboden lebend;
4. Petrophile Arten, nur auf festem Gestein (Felsboden) lebend.

Namentlich die Petrophilfauna bietet in œkologischer und zoogeographischer Hinsicht grosses Interesse. Die petrophilen Insekten leben vorwiegend im Gebirge. In Nordeuropa (Skandinavien, Finland) fehlt echte Petrophilfauna; es hängt dies mit dem Einfluss der Eiszeit zusammen. (**Vol. II, Mémoires**, p. 321.)

Herr Prof. Dr. KOLBE macht hinsichtlich der vielfach verbreiteten Ansicht, dass ganz Nordeuropa in der Glazialzeit vom Eis bedeckt gewesen sei, darauf aufmerksam, dass zahlreiche im Norden Europas endemische Arten es wahrscheinlich machen, dass Nordeuropa nicht ganz unter einer ununterbrochenen Eisdecke lag. Dahin gehören beispielsweise unter den Carabiden die Diachila-Arten, verschiedene Bembidium-Arten, etc., viele Staphyliniden, auch manche Lepidopteren, Hemipteren, etc. Diese Arten sind teilweise im arktischen Nordamerika, im arktischen Europa und im arktischen Asien identisch und müssen als Nachkommen (Relikte) der praeglazialen Fauna dieser Länder betrachtet werden.

Dr. HOLDHAUS bemerkt hiezu : Die Anschauung, dass das continentale Nordeuropa während der Eiszeit total vergletschert war und alles Leben daselbt vernichtet wurde, ist gegenwärtig die von den meisten Glazialgeologen, Zoogeographen und Botanikern (1) vertretene herrschende Lehre. Wenn man das Kartenbild betrachtet, wie sich an der Westküste von Skandinavien Fjord an Fjord drängt, wenn man bedenkt, dass sich das nordische Inlandeis über die ganze norddeutsche Ebene hinweg bis an den Nordrand der Sudeten und Karpathen vorschob, so scheint es wohl kaum möglich, an die Existenz bewohnbarer eisfreier Areale in Termoskandia während der Phase intensivster Vergletscherung zu glauben. Das Vorkommen zahlreicher endemischer Tiere und Pflanzen im arktischen Eurasien steht mit dieser Annahme nicht in Widerspruch. Es sind dies gesteinsindifferente Arten, die während der Eiszeit nach Süden auswichen und in postglacialer Teil wieder in ihre ursprüngliche Heimat reimmigrierten und in Mitteleuropa ausstarben. Ueberzeugende Argumente dafür, dass die arktische Fauna während der Eiszeit in Mitteleuropa lebte, sind die zahlreichen

---

(1) Vergl. z. B. GUNNAR ANDERSSON, die Entwicklungsgeschichte der skandinavischen Flora (« Wiss. Ergebnisse des internat. botan. Congresses, Wien, 1905 ». p. 45).

Fossilfunde nordischer Säugetiere (Rentier, Lemming, etc.) im Diluvium von Mitteleuropa, sowie die zahlreichen nordischen Relikte, welche sich in den hohen Lagen unserer mitteleuropäischen Hochgebirge erhalten haben. Das arktische Asien war übrigens während der Eiszeit nicht vergletschert.

Herr Dr. SPEISER bemerkt zu den Ausführungen des Herrn Prof. KOLBE, dass *Miscodera arctica* allerdings einen sehr weit nach Süden vorgeschobenen Fundort hat, und zwar in Ostpreussen. Andere ausgesprochen nordische Tiere, z. B. die Dipteren *Pogonota* und *Ernoneura*, finden sich in Westpreussen, so dass durch solche Funde darauf hingewiesen wird, dass die skandinavisch-nordische Fauna von Süden her nordwärts gedrungen ist. Die Tatsache, dass die Wurzellaus *Orthezia cataphracta* SHAW sowohl auf Grönland, als auch auf Island und den Faroern etc. vorkommt, lässt indess doch die Annahme nicht ganz unwahrscheinlich erscheinen, dass auch im Norden während der Eiszeit einzelne eisfreie Flecke noch organisches Leben trugen.

Dr. HOLDHAUS erwähnt, dass auch er es für wahrscheinlich hält, dass die extrem verarmte Fauna von Island und der Faroer an Ort und Stelle die Eiszeit überdauerte. Das ungewöhnlich milde ozeanische Klima dieser Inseln (1) mag die Persistenz eisfreier Areale daselbst ermöglicht haben.

Herr Prof. KLAPÁLEK bemerkt, dass die Arten der Gattung *Arcynopteryx* als unzweifelhafte Glazialrelikte zu betrachten sind. Diese Arten leben in Nordeuropa und ausserdem nur an den höchsten Seen der Karpathen und Ostalpen.

Herr Dr. HASEBROEK frägt nach dem Zusammenhang des Bodens mit der Fauna bei den carnivoren Insekten.

Dr. HOLDHAUS antwortet : Die carnivoren Insekten entnehmen die zu ihrem Gedeihen nötigen Nährsalze ihrer (oftmals sehr spe-

---

(1) Die Faroer haben eine mittlere Jännertemperatur von + 3.1 Grad, eine mittlere Jahrestemperatur von + 6.4 Grad. Dem gegenüber hat Bergen ein Jännermittel von — 0.9 Grad, ein Jahresmittel von + 7 Grad.

zialisirten) animalischen Nahrung, die letzte Quelle dieser Nährsalze ist aber doch der Boden, beziehunsgweise das Wasser. Viele
carnivore Tiere, namentlich zahlreiche terricole Insekten, werden
in ihrer Verbreitung ausserdem wesentlich durch die physikalischen
Eigenschaften des Bodens, besonders durch die Wassercapacität
beeinflusst.

La séance est levée à 5 heures.

III. — Section d'Entomologie économique.
(Séance supplémentaire.)

a. M. A. Andres (Bacos-Ramleh) : Bemerkungen über die den Baumwollpflanzen in Egypten schädlichen Schmetterlinge und über die Methoden, sie zu vertilgen.

Discussion : M. F. V. Theobald.

b. M. Ch. Sasaki (Rigakuhakushi) : A new Aphis-gall on *Styrax japonicus* Sieb. et Zucc.

c. M. F. M. Howlett (Pusa) [and H. Maxwell-Lefroy] : Progress of economic entomology in India.

d. M. F. Lahille (Buenos-Aires). L'entomologie dans la République Argentine.

Président :   F. Lahille (Buenos-Aires);
Vice-Président : Ch. Sasaki (Rigakuhakushi) ;
Secrétaire :   L. Gedoelst (Bruxelles).

Le Président ouvre la séance à 2 ¹⁄₂ heures. Il remercie pour l'honneur fait au délégué envoyé par la République Argentine au Congrès.

Il demande à M. A. Andres, de Bacos-Ramleh (Egypte), de donner lecture de sa communication :

Bemerkungen über die den Baumwollpflanzen in Egypten schädlichen Schmetterlinge und über die Methoden, sie zu vertilgen.
(Résumé.)

In Egypten ist der Ertrag der Baumwollpflanzungen in den letzten Jahren stark zurückgegangen. In diesem Jahre war der

Ertrag kaum 5 Millionen Centner, was gegen früher einen Verlust von mehreren Millionen Pfund Sterling bedeutet.

Die Ursache liegt zum Teil in der durch nachlässige Drainage hervorgerufenen Verschlechterung des Bodens, hauptsächlich aber in einer schlimmen Raupenplage.

Die den Baumwollpflanzen schädlichen Raupen teilt Redner in drei Gruppen :

1° Die *Agrotis*-Gruppe mit *A. ypsilon, pronuba, spinifera* und *segetum* sowie *Caradrina exigua ;*
2° *Prodenia littoralis;*
3° *Earias insulana.*

Alle angeführten Tiere, vor denen *Prodenia littoralis* der schlimmste Schädling ist, werden nach Vorkommen und Lebensweise eingehend besprochen. Die Eier von *Prodenia* können leicht vernichtet werden (Effeuillage), da sie in Paketen von 300-600 Stück auf der Unterseite der Baumwollblätter angeklebt werden, die Eier der anderen genannten Schmetterlinge sind aber schwer aufzufinden. Gegen Raupen und Puppen läst sich kaum ankämpfen, es bleibt also nur der Schmetterling. Vortragender hat nun ein Verfahren erfunden, Schmetterlinge in Mengen zu fangen. Die Methode wird in Egypten schon überall mit gutem Erfolg angewandt, der Vortragende kann aber aus Gründen patent-technischer Natur nicht näher darauf eingehen, wird jedoch bald eine Broschüre über den Gegenstand herausgeben. (**Vol. II, Mémoires,** p. 317.)

Mr. F. V. THEOBALD (Wye). Has the compulsory collection of *Prodenia littoralis* ova in the cotton fields been in any way successful ?

Herr A. ANDRES. Die Effeuillage hat ohne Zweifel einen gewissen Effekt auf die Zerstörung der Raupe von *Prodenia*, aber es ist grosse Sorgfalt und beständige Ueberwachung nötig, um Erfolg zu erzielen. Im Jahre 1905, wo die Sache energisch durchgeführt wurde, hatte diese Massregel sicher Erfolg, leider wurde in den darauffolgenden die Sache wieder vernachlässigt und dies hatte die traurigen Ergebnisse der letzten Jahre zur Folge.

Le Président remercie, puis il donne la parole à M. Ch. Sasaki (Rigakuhakushi) qui communique une note intitulée :

A new Aphis-gall on « Styrax japonicus » Sieb. et Zucc.

(Résumé.)

This gall is closely allied to those found on *Styrax Benzoin*. They are produced by an Aphis of the genus *Astegopteryx* with the new specific name *Nekoashi*. Speaker gives many details of the formation of the galls, metamorphosis of the teeth and structures of the wingless viviparous female, imago, etc. (**Vol. II, Mémoires**, p. 449.)

M. F. M. Howlett (Pusa) donne lecture d'un travail fait en collaboration avec M. H. Maxwell-Lefroy qui n'a pu, à son grand regret, assister aux séances du Congrès :

Progress of economic entomology in India.

(Résumé.)

The authors describe the efforts that are being made to deal with Insect pests of crops in India and the general work in applied entomology of the agricultural department there. An account is first given of the conditions of agriculture, of the people and of the way in which the Government deals whit agricultural problems. The losses to agriculture from crop pests are mentioned and the attitude of the agriculturist in regard to them is discussed. The authors then discuss the work of the entomological section and deal in detail with some species against which extensive campaigns have been carried out.

Insecticides are not much in use and experience has shown which are valuable and how far they can be used. A separate division deals with Insects which affect Cattle or convey disease, this work being done in the Agricultural Department in conjunction with Medical and other Departments. Publications and other means of reaching the public are fully discussed, showing that some progress has been made.

In India there are large Insect industries and the Section of

Entomology has done work with these. The authors then discuss the progress made up to the present time, mention their technical difficulties and express the opinion that a foundation has been laid for future work. (**Vol. II, Mémoires,** p. 465.)

Le Président remercie l'orateur pour sa communication intéressante. Il prie ensuite le Vice-Président, M. le Prof^r SASAKI, de prendre la présidence afin qu'il puisse donner communication d'une note sur :

Recherches sur la biologie de nombreux Insectes indigènes ou importés, ennemis, dans l'Argentine, de l'Homme, des Animaux ou des récoltes, par le Dr FERNAND LAHILLE, chef du Service de zoologie appliquée au Ministère de l'Agriculture de Buenos-Ayres.

(Résumé.)

Il énumère les principaux d'entre eux en donnant quelques renseignements sur leur éthologie, les dégâts qu'ils causent et les moyens qu'on emploie actuellement pour lutter contre eux.

Parmi les **Orthoptères**, il insiste sur la Sauterelle dévastatrice (*Schiztocerca paranensis*) qui a motivé la création d'une répartition administrative : la Défense agricole, dont le budget annuel dépasse 10 millions de francs et qui est chargé non seulement de la destruction des Sauterelles, mais aussi de celle des Insectes que le Gouvernement déclare fléaux de l'agriculture, sur le rapport de ses services techniques.

En outre de *S. paranensis*, on rencontre quelques autres espèces de Sauterelles du même genre. Mais leur nombre est relativement infime, *S. flavofasciata* et *S. pallens*.

SCUDDER cite encore *S. peregrina* et *S. americana*; mais le conférencier est convaincu que toutes ces espèces se réduiront à un plus petit nombre, lorsqu'on s'occupera sérieusement de l'étude de leurs variations.

A côté des Sauterelles migratrices, il en existe dans l'Argentine de sédentaires qui causent souvent de véritables ravages, l'*Elæochlora viridicata*, par exemple, et surtout les Sauterelles nommées « tucuras » *Dichroplus pratensis, D. arrogans, D. patruelis* et quelques autres.

Parmi les **Hémiptères**, le conférencier cite : *Phylloxera vastatrix,*

Margarodes vitium, Schizoneura lanigera, Pemphigus bursarius; de nombreux Coccidés : *Diaspis pentagona, Mytilaspis citricola, Chrysomphalus aonidum, Saissetia oleæ, Aspidiotus hederæ* et autres.

Il insiste ensuite sur quelques ennemis des tomates (*Phitia picta*) et du tabac, des pommes de terre, de la vigne, etc. (*Edessa meditabunda*), que l'on désigne dans quelques provinces sous le nom d'*alquiche*.

Quelques Hémiptères attaquent l'Homme; la *Vinchuca* par exemple (*Conorhinus infestans*), et on l'accuse même, dans la région de Mendoza, de transmettre la syphilis.

Parmi les **Diptères**, il y en a un grand nombre de nuisibles : *Cellia argyrotarsis* et *Anopheles annulipalpis*, moustiques du paludisme; *Stegomyia fasciata*, susceptible de transmettre la fièvre jaune; *Ceratopogon* et *Simulium* à piqûres fort douloureuses; *Dermatobia cyaniventris* ou *Ura* de Missiones, *Stomoxys nebulosa*, qui transmet facilement le charbon. *Chysomyia macellaria, C. Wheeleri* et quelques autres espèces qui causent la myasis des Animaux et même de l'Homme; *Melophagus ovinus* et *Oestrus ovis*, qui s'attaquent aux Moutons; de nombreux Tabanides et le *Gastrophilus nasalis*, qui tourmentent les Chevaux; *Sarcopsylla penetrans* ou chique, Puce pénétrante de Missiones et du Chaco; *Anastrepha fraterculus*, ennemie des Chirimoyas et autres arbres fruitiers; en revanche, il en existe de fort utiles, *Sarcophaga acridiorum* par exemple, et d'autres espèces de ce genre, qui luttent avec avantage contre la terrible Sauterelle.

Parmi les **Coléoptères**, il faut citer peut-être en premier lieu ceux dont les larves perforent les troncs d'arbres (orangers, peupliers, saules, etc.) et qu'on nomme vulgairement *Taladros*. Les principaux d'entre eux sont *Mallodon spinibarbis, Trachyderes striatus, Dorcacerus barbatus*, etc.

Si le ver blanc du Hanneton n'existe pas dans l'Argentine, on trouve à sa place une larve qui cause des dégâts analogues, c'est celle du *Diloboderus abderus*, nommée « touto ».

Les orangers sont attaqués par *Platypus Wesmaeli* et *Scolytus rugulosus*.

Le blé par *Calandra granaria*.

Le tabac par *Epitrix parvula*.

Les crins et les peaux par *Dermestes vulpinus*, etc.

Parmi les **Hyménoptères** nuisibles, deux espèces opposent dans certaines régions des difficultés fort sérieuses aux cultures. C'est la Fourmi noire ou *Atta Lundi* et la Fourmi de Missiones ou Sauva : *Atta sexdens*.

Iridomyrmex humilis, qu'on désigne aux États-Unis sous le nom de « Argentine Ant », ne cause dans l'Argentine, que l'on considère comme son pays d'origine, que des dégâts tout à fait insignifiants, sans doute à cause des ennemis naturels qu'elle y rencontre et qu'il conviendrait d'étudier.

Parmi les **Lépidoptères**, le conférencier cite quatre espèces qui se sont montrées tout particulièrement nuisibles; *Leucania unipuncta* ou Army Worm, désigné souvent dans l'Argentine sous le nom : Isoca del trigo ò de los alfalfares; *Laphygma frugiperda*, isoca de la luzerne; *Heliothis armiger*, isoca du maïs et du lin; *Hylesia nigricans* dont la chenille à poils urticants (*Bicho quemador*) s'attaque aux plantations fruitières et horticoles.

Antomeris liberia est un autre *bicho quemador;* la chenille vit sur les poiriers et les ceibos.

Carpocapsa pomonella est malheureusement très commun, et on peut en dire autant du singulier *Æceticus platensis* ou bicho canasta.

A certaines époques, *Colias lesbia* abonde dans les luzernières. Les céréales sont attaquées par *Sitotraga cercalella;* la canne à sucre par *Diacræa saccharatis;* les orangers par *Papilio thoas;* les choux par *Tatochila autodice;* les arachides par *Eurema elathea*, le lin par *Laora deserticola,* les pépinières d'ailanthes par *Crameria vobilitella*, etc.

Le Dr F. LAHILLE termine son exposé en faisant remarquer tout l'intérêt que la République Argentine prend aux travaux du Congrès d'entomologie et l'importance qu'elle attache à l'étude de la biologie des ennemis de ses troupeaux et de ses récoltes, afin d'y puiser des armes toujours plus efficaces pour défendre deux de ses plus importantes richesses : l'élevage et l'agriculture.

La dernière séance de Sections clôturant définitivement la partie scientifique du Congrès est levée à 4 ¹/₂ heures, après une courte allocution du Vice-Président aux orateurs et particulièrement à M. LAHILLE.

SÉANCE DU COMITÉ EXÉCUTIF.

Vendredi, après la clôture des séances des Sections du Congrès, le Comité exécutif nommé par l'assemblée générale du matin s'est réuni et s'est occupé des préliminaires de son travail futur.

Étaient présents : MM. MALCOLM BURR, K. JORDAN, W. HORN, P. LESNE, G. SEVERIN et H. SKINNER. M. JORDAN est élu président, M. M. BURR secrétaire du Comité. Les membres décident de constituer un Comité de surveillance qui aura comme mission de former les archives, afin d'y conserver les documents importants réunis pendant les Congrès. Il s'occupera du stock des publications non distribuées, de la bibliothèque éventuelle, etc.

Il est décidé, en outre, que le compte rendu du Congrès qui vient de se terminer sera tiré à 500 exemplaires, et il est admis en principe que le Secrétaire général de chaque Congrès sera chargé de la publication du compte rendu en faisant choix des fournisseurs qu'il juge les plus aptes à en assurer la bonne exécution.

En conséquence, M. G. SEVERIN est chargé de rédiger les procès verbaux du Ier Congrès international d'Entomologie et de les publier. Il sera assisté par MM. JORDAN et HORN, ainsi que par le Président du Congrès.

BANQUET.

Vendredi soir, à 7 heures, plus de quatre-vingts congressistes se retrouvaient, autour des tables fleuries de dahlias rouges, dans les salons de la *Taverne royale*. Réunion cordiale et animée, bruyante et gaie, au point que le bruit des conversations étouffait le bruit des instruments de musique qui égayaient la fête. Brouhaha international, véritable table de Babel où le Suédois coudoyait l'Américain du Nord, tandis que le Suisse devisait gaiement avec un voisin japonais.

Peut-être quelques-uns des congressistes se sont-ils aperçus de la chair délicate et ont-ils donné, le ventre heureux, un souvenir de regrets aux jours disparus. Nous craignons toutefois que la plupart d'entre eux ignorent et ignoreront toujours ce qu'ils ont mangé pendant leurs discussions savantes ou gaies, et c'est à leur intention que nous retraçons ici le menu de ces agapes :

Potages { Bisque de langoustines
{ Crême de santé

Saumon en gelée au vin du Rhin

Poularde de Bruxelles à la Richelieu

Turban de ris de veau aux champignons crème

Céléris nouveaux à la moelle

Bécassine fine champagne

Rocher de foie gras de Strasbourg

Parfait aux fraises

Corbeille de fruits

Friandises.

Mais voici l'heure des toasts ! Le rocher de foie gras de Strasbourg vient de délecter les papilles gustatives. Aux tympans d'être en joie.

Le président LAMEERE se lève et annonce qu'il sera bref. L'habitude dans les banquets, dit-il, est de porter le premier toast à une tête couronnée, au Roi du pays. Nous sommes ici les représentants d'États nombreux et divers, mais, tous, nous sommes les fidèles sujets d'une Reine : l'Entomologie!... Mesdames et Messieurs, je bois à l'Entomologie!

M. le Prof^r L. BOUVIER (Paris) lève sa coupe au succès du Congrès et à ses organisateurs; il est heureux, comme voisin parlant la même langue, de dire aux amis belges avec quel intérêt lui et ses compatriotes suivent leurs efforts et leurs travaux. M. W.-J. HOLLAND (Pittsburg) remercie, au nom des entomologistes américains, pour la cordialité avec laquelle les membres étrangers ont été reçus en Belgique par les membres de la Société entomologique de Bruxelles, et il fait l'éloge de la Belgique. M. G. SEVERIN remercie au nom des entomologistes belges et il exprime la joie que tous ont ressentie lorsqu'ils apprirent que la première réunion de tant d'entomologistes fameux se ferait dans leur ville, leur apportant l'occasion précieuse de faire la connaissance personnelle de tant d'hommes reputés par leurs travaux. Hon. W. ROTHSCHILD (Tring) boit au président A. LAMEERE, qui a su donner à la direction des assemblées une si grande allure et dont le discours a été fort remarqué. Il associe le secrétaire général G. SEVERIN à ses éloges pour le travail énorme qu'il a dû faire et il finit en s'associant chaleureusement aux paroles prononcées par M. Holland. M. G. HORVÁTH (Budapest) proclame les mérites de la Société entomologique de Belgique dont il suit les travaux avec le plus grand intérêt. Il rappelle combien l'entomologie a toujours été en honneur dans ce milieu et combien de spécialistes célèbres en formaient les cadres. Il lève sa coupe en l'honneur de la prospérité de la Société. M. H. SCHOUTEDEN (Bruxelles), secrétaire général de la Société, remercie pour ces vœux. Il reporte à M. le Prof^r LAMEERE le mérite du développement des connaissances entomologiques auxquelles il donne une si large et si importante extension dans ses cours; à M. le conservateur SEVERIN celui de l'extension des connaissances techniques si nécessaires pour scruter les mœurs et la manière de vivre de nos Insectes. Tous les deux ont donné une grande impulsion aux études de nos jeunes entomologistes par l'emploi de nouvelles méthodes d'investigation.

Le Dr P. SPEISER (Labes) parle au nom des congressistes allemands. Il a été frappé de l'ampleur de nos collections et de nos études, et il estime que les Belges sont passés maîtres dans l'exploration de leur pays, dont les résultats ont été si féconds. Il estime que les congressistes ont appris quelque chose et que cela suffira à assurer que le Congrès portera ses fruits. Le chevalier J. EVERTS (La Haye) se lève à son tour et prononce un petit discours polyglotte du plus réjouissant effet, où le français, l'allemand, le hollandais, l'anglais et l'italien se succèdent tour à tour, tout en regrettant que le volapuck et l'esperanto ne soient pas encore vulgarisés pour la facilité des relations entre entomologistes. L'humoriste parleur termine par un sonore : Vivo la Fédération des entomologistes !

M. A. JANET (Paris) vante la Belgique et sa devise nationale : *L'Union fait la Force.* Elle a plané par-dessus les travaux du Congrès, dit-il, souhaitons de rester toujours unis et forts.

M. CH. KERREMANS (Bruxelles) boit à toutes les nations voisines et à leurs représentants au Congrès, à tous ceux qui ont servi souvent de guides aux travaux des Belges et auxquels ceux-ci doivent beaucoup.

M. le Prof[r] E.-B. POULTON, qui présidera le Congrès de 1912, se déclare heureux de la réussite du Ier Congrès, et, tout en remerciant pour l'honneur d'avoir obtenu que le IIe Congrès se tienne à Oxford, il lui souhaite un succès égal.

Le Rév. P. WASMANN représente les « sans patrie », ceux qui n'ont pas de nationalité et errent d'une contrée à l'autre. Il reporte le succès du Congrès en grande partie au secrétaire général, dont l'énergie et l'inflexible sévérité ont obligé tous à marcher dans la ligne droite. C'est ainsi que, présidant une section, il me fut enjoint d'avoir à terminer la séance à une heure fixée d'avance, et, afin que je n'oubliasse pas cette recommandation, je trouvais écrite en lettres de feu, sur les murs, la sévère obligation qui me hantait sans cesse pendant toute la durée des discussions. Et c'est en tremblant que je vis ouvrir, à l'heure fatale, la porte et se présenter, comme l'ange du destin, la figure refrognée du secrétaire m'enjoignant d'avoir à cesser ma présidence.

M. G. SEVERIN répond et reporte à l'aide constante de tous ses collaborateurs la bonne exécution de la lourde tâche du secrétariat, non seulement les hommes de la première heure, mais aussi tous ceux qui pendant des mois l'ont assisté dans l'application de tous les moyens nécessaires à faire connaître la création des Congrès entomologiques, jusqu'au plus modeste des serviteurs, qui tous travaillèrent avec conviction et dévouement. Ils sont trop nombreux pour les citer tous. Mais il concentre tous les compliments sur la personne de M. K. JORDAN, qui eut l'idée première du Congrès et dont l'inlassable persévérance a dû lutter contre l'indifférence, d'abord, l'hostilité, ensuite, qui a su enfin, à force d'insistance, persuader le plus grand nombre à faire un premier essai, suivi d'autres en cas de réussite. M. K. JORDAN remercie pour toutes les paroles qui lui ont apporté des éloges, et il boit à tous, avec l'espoir de se rencontrer maintes fois.

M. A. VON SCHULTHESS (Zürich), comme représentant les entomologistes suisses, est heureux de constater le succès du Ier Congrès. Il associe le Dr W. HORN à tous ceux qui ont peiné pour la réussite. Il lève son verre également en l'honneur de la famille SEVERIN.

M. E. OLIVIER (Moulins) prononce un toast en l'honneur de M. CH. KERREMANS, le monographe des Buprestides, ancien officier de l'armée belge, qui a dirigé l'excursion de Waterloo et a donné des explications saisissantes sur ce célèbre champ de bataille.

M. J.-C.-H. DE MEYERE (Amsterdam) boit à l'amitié qui résultera des relations personnelles conclues lors des journées du Congrès et que seules ces réunions internationales peuvent faire éclore.

M. VAUGHAN-WILLIAMS (Londres) prononce le toast aux dames qui ont bien voulu embellir de leur présence et de leur gaîté cette réunion cordiale. Il boit particulièrement aux dames du Comité de réception, à Mme et Mlle SEVERIN, qui se sont dévouées sans cesse en faveur des dames congressistes qui ont accompagné leurs maris, leurs frères ou leurs pères.

M. F. MERRIFIELD (Brighton) remercie tout le monde, les organisateurs et les congressistes, des agréables moments qu'il a passés à Bruxelles, et le président, M. LAMEERE, clôture la série des toasts par une courte allocution, souhaitant de les voir tous groupés autour du nouveau président M. le Prof^r POULTON, en août 1912, à Oxford.

Et comme le dit le charmant compte rendu de la fête que fit le spirituel revuiste THÉO HANNON, excellent entomologiste à ses heures de mélancolie et de repos : « Vers minuit seulement, nos papillons, devenus noctuelles, ne lutinant plus autour de la table étincelante de cristaux et fleurie de dahlias rouges, suivirent le secrétaire général, la chenille ouvrière, pardon ! la cheville ouvrière du Congrès, vers d'autres régions, emportant de leur réunion le plus aimable souvenir et se donnant rendez-vous en 1912 à Oxford. »

Samedi 6 août.

EXCURSION A BRUGES ET A OSTENDE.

Ce jour fut consacré à des excursions dont la plus importante et la plus suivie fut celle qui conduisit les congressistes à Bruges et à Ostende.

Dans la vieille cité célèbre, ils visitèrent, sous la conduite de M. J. BONDROIT et de M. J. DESNEUX, les églises de Saint-Sauveur et de Notre-Dame, pour se rendre ensuite au Beffroi que la plupart des congressistes escaladèrent pour jouir du splendide panorama. Ils visitèrent également le petit musée de l'hôpital, avec ses merveilleuses peintures gothiques, ainsi que la châsse de Sainte-Ursule attribuée à Memling.

L'après-midi fut consacrée par une partie des congressistes à visiter les vieux coins pittoresques de la ville, le Béguinage et le Lac d'amour, tandis que d'autres préférèrent rendre visite à la Reine des plages et faire la connaissance d'Ostende et de la mer du Nord, que beaucoup virent pour la première fois.

Ce n'est que très tard qu'ils retrouvèrent ceux de leurs collègues et amis restés à Bruxelles, ayant ainsi une dernière occasion de se revoir et de se souhaiter mutuellement un heureux retour dans leurs pays.

Dimanche 7 août.

RAOUT A L'HOTEL DE VILLE DE BRUXELLES.

Un petit nombre d'excursionnistes, dont MM. LYMAN (Montréal), SKINNER (Philadelphie), BURR (Douvres), JORDAN (Tring), JUNK (Berlin), LAHILLE (Buenos-Ayres), Hon. W. ROTHSCHILD (Londres), etc., ainsi que des membres de la Société entomologique de Belgique, se retrouvèrent, pour une dernière fois, au raout offert par le Bourgmestre, M. MAX, et le Conseil communal dans les féeriques salons de l'Hôtel de ville.

Soirée dansante et animée, qui fut une digne fin de notre Congrès, montrant aux étrangers émerveillés les splendeurs réunies dans cette maison commune ancienne, d'une ville riche.

TABLE DES MATIÈRES

ERRATA ET ADDENDA.

Liste des membres.

Page 41, *à ajouter :* à HOWARD, C.-W., Lourenço Marquez : Department of Agriculture (Mozambique).

Page 42, *à ajouter :* M. JABLONOWSKY, J., Directeur de la Station entomologique du royaume de Hongrie, Budapest.

Page 43, *à ajouter :* DE LIMA CASTRO, EDUARDO, Caixa, 43, Pernambuco, Brésil.

Page 43, *à ajouter :* M. le Prof. Dr MÜNZEL, A., Directeur de la Stadtbibliothek à Hambourg (Speersort).

Page 43, *à ajouter :* M. NASSAUER, Dr M., Rédacteur de l' « Entomologische Zeitschrift », Rheinstrasse, 25, Frankfurt s/M.

Page 43, *à ajouter :* * Dr W. W. NEWCOMB, 48 Webb Avenue, Détroit, Mich. États-Unis.

Page 44, *à supprimer* le nom de REH, L., Dr, Naturhist. Museum, Hambourg I.

Page 44, *remplacer :* à RIMSKY-KORSAKOW. Zoologisches Institut (alte Akademie) München, *par :* Zootomisches Institut der Universität, St-Petersburg.